无人机系统研究与应用丛书

无人机蜂群及其反制技术研究

主　编　李五洲

副主编　罗　波　张文伟　彭　非

西北工业大学出版社

西安

【内容简介】 本书围绕无人机蜂群及其反制的相关技术展开,涉及无人机蜂群技术、无人机蜂群反制技术、无人机蜂群及其反制运用等专题,内容具有跨领域、跨学科的特性,所涉技术紧跟无人机蜂群及其反制领域前沿,涵盖最近几年该领域的最新成果。

本书可供学习和研究无人机蜂群及其反制技术的学者、科研人员和工程技术人员使用。

图书在版编目(CIP)数据

无人机蜂群及其反制技术研究 / 李五洲主编.
西安:西北工业大学出版社,2024. 8. -- ISBN 978 - 7
- 5612 - 9450 - 5

Ⅰ. V279

中国国家版本馆 CIP 数据核字第 2024HV7803 号

WURENJI FENGQUN JIQI FANZHI JISHU YANJIU

无人机蜂群及其反制技术研究
李五洲 主编

责任编辑:孙 倩		策划编辑:杨 军	
责任校对:朱辰浩		装帧设计:高永斌 李 飞	

出版发行:西北工业大学出版社
通信地址:西安市友谊西路 127 号　　邮编:710072
电　　话:(029)88493844,88491757
网　　址:www.nwpup.com
印 刷 者:兴平市博闻印务有限公司
开　　本:787 mm×1 092 mm　　　1/16
印　　张:14.125
字　　数:326 千字
版　　次:2024 年 8 月第 1 版　　2024 年 8 月第 1 次印刷
书　　号:ISBN 978 - 7 - 5612 - 9450 - 5
定　　价:69.00 元

《无人机蜂群及其反制技术研究》

编辑指导委员会

《无人机蜂群及其反制技术研究》
编写委员会

主　编：李五洲

副主编：罗　波　张文伟　彭　非

编　者：熊　伟　吴　超　胡雷刚　王旭东　张　翼

　　　　贾雅岚　张　乐　马小博

前　言

为贯彻落实习近平主席关于"加强无人作战研究,加强无人机专业建设,加强实战化教育训练,加快培养无人机运用和指挥人才"的指示精神,陆军航空兵学院以"无人机蜂群及其反制技术研究"为主题,举办学术论坛,并征集学术论文。本书共收录论文29篇,涵盖无人机蜂群技术、无人机蜂群反制技术、无人机蜂群作战运用、外军无人机蜂群/反制技术等4个专题,供有关学者交流使用。

由于时间有限,书中难免存在疏漏之处,恳请读者批评指正。

编写委员会

2023 年 12 月

目　　录

第一部分　无人机蜂群技术

第二部分　无人机蜂群反制技术

第三部分　无人机蜂群作战运用

第四部分　外军无人机蜂群/反制技术

第一部分

无人机蜂群技术

基于改进粒子群的集群协同区域全覆盖方法

李江江[1]　梁月乾[2]　王向向[1]

(1 中国人民解放军 92228 部队，北京 10072
2 中国电子科技集团公司 智能科技研究院，北京 100041)

【摘　要】 区域覆盖是无人机集群的一个典型应用，可以用于搜索感兴趣区域中的潜在目标，在搜救、侦察等任务中广泛存在。本文研究了无人机集群的协同区域全覆盖问题。待覆盖区域可以是任意形状和大小的。对于待覆盖区域，首先计算出其凸包，然后通过确定区域的直径方向找到该区域的最佳扫描方向，并将其用于计算扫描端点。由于待覆盖区域的不规则性，存在覆盖缝隙和冗余。对此，提出了一个端点调整策略来实现缝隙修补和冗余消除。以最小化覆盖时间为优化目标，将该问题建模为一个多车辆路由问题，并设计了一种改进粒子群算法用于确定每架无人机的覆盖路径。通过两种情形的仿真结果验证了该区域全覆盖方法的有效性。

【关键词】 区域覆盖；无人机集群；粒子群算法；完全覆盖；多车辆路由

引言

区域覆盖是多无人机（Unmanned Aerial Vehicle，UAV）应用中的常见任务要求，例如搜索救援[1]、监视[2]、精确农业[3]、航空摄像[4]等。鉴于多无人机在鲁棒性、可扩展性和灵活性方面的巨大优势，越来越多的研究人员和工程人员选择使用无人机群协同执行区域覆盖任务。

协作区域覆盖主要包括两个步骤：区域划分和子区域分配。区域划分指的是将整个区域进行划分的过程。区域划分可以通过精确的细胞分解法、基于 Morse 的细胞分解方法、网格法等实现[5]。子区域分配是根据不同的标准将划分好的子区域分配给合适的无人机。

协作区域覆盖方法可以分为两类，即基于优化的方法和非基于优化的方法。第一类将问题建立为优化模型，旨在利用经典或智能优化算法寻求最优合作策略。Ahmadzadeh 等人[6]考虑无人机的机动限制和机载摄像机的覆盖模型，然后通过离散化空间、时间和曲率函数将其建模为整数规划。Nedjati 等人[7]考虑了地震后损失评估场景中的区域完全覆盖，他们基于网格分解将问题建模为 4 指标混合整数线性规划（Mixed Integer Linear Programming，MILP）模型和 5 指标模型，然后通过分支定界算法进行求解。Dai 等人[8]考虑到地形遮挡，设计了两步最小-最大能量路径规划算法，首先通过求解 MILP 以计算无人机从一个航路点飞到另一个航路点的最小能量,然后利用遗传算法来规划所有无人机的路径。

第二类主要包括启发式方法、基于聚类的方法、基于图的方法、生成树方法等。这些方法试图通过计算量较低的方式获得次优覆盖策略。Chen 等人[9]的目标是通过局部信息交换迭代更新 Voronoi 分区,使每架无人机的所有分区的面积相同。Wang 等人[10]提出了部署熵的概念,用于评估覆盖效率,并用其设计了一种两级重部署方法,以实现微型无人机群的最大覆盖。对于具有多个障碍物的区域覆盖问题,Ann 等人[11]结合了聚类方法和基于图论的方法来分别解决区域划分和区域分配问题。Karapetyan 等人[12]提出了用于多机器人覆盖问题的两种近似启发式算法。第一种方法将单个机器人的精确细胞分解扩展到多个机器人,第二种方法首先将区域划分为近似相等的分区,然后对每个分区应用文献[13]中的完全覆盖算法。

已有区域覆盖成果多是基于简化的传感器视野模型,且未考虑不规则区域带来的覆盖缝隙问题。因此,本文针对光电传感器的梯形视野模型,对不规则区域的完全覆盖问题进行研究,并提出了一种改进粒子群算法,用于解决集群中各无人机的路由选择问题。

1 区域全覆盖问题

设任务无人机个数为 N。第 k 架无人机的巡航速度为 V_k,航时为 T_k。第 k 架无人机的初始位置记为 $\boldsymbol{p}_{0k} = [x_{0k} \quad y_{0k}]^T$,初始航向角记为 ψ_{0k}。

假设每架无人机的飞行高度略有不同,因此在生成区域全覆盖策略时,可以不考虑无人机之间的避撞,这也能保证无人机集群区域覆盖路径最短,覆盖过程更高效。

如图 1 所示,设每架无人机的探测范围是一个梯形区域,上底和下底的长度分别为 L_1、L_0,高度为 L_2。探测偏移角度(无人机飞行方向与无人机位置-视野中心的连线的夹角)为 α,视野中心与无人机位置的距离为 d。要求探测重叠率为 $\rho(0 < \rho < 1)$。

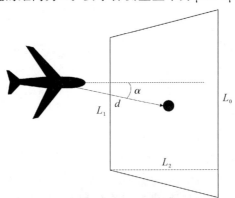

图 1 无人机机载相机视野示意图

设共有 M 个发射装置,每个发射装置一次只能发射一架无人机,发射完一架无人机后需要准备 T_l 时间才能发射下一架无人机。

给定一个待覆盖区域(见图 2),它由 L 个已知坐标的顶点围成。

区域全覆盖问题可以描述为如何为每架无人机规划扫描区域和扫描航路,使得无人机集群在最短的时间内覆盖指定区域。

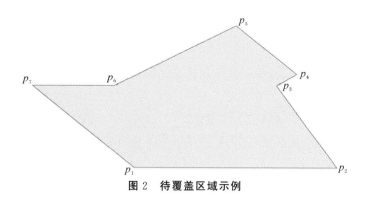

图 2　待覆盖区域示例

2　模型建立

2.1　凸包计算

利用 Graham 扫描算法计算待覆盖区域的凸包,大致步骤如下。

1)找到纵坐标最小的顶点,记为 q_0;若有多个顶点纵坐标均为最小,则选其中横坐标最小的顶点作为 q_0。

2)计算每个其他顶点相对于顶点 q_0 的时钟角,并按时钟角从小到大排列为 $q_0,q_1,\cdots,q_{L-1}$;若有多个顶点相对于顶点 q_0 的时钟角相同,则与顶点 q_0 距离更小的顶点排在前面。

3)将 q_0,q_1 作为初始凸包顶点集,并将凸包顶点集中顶点个数记为 J,凸包顶点集的最后两个顶点记为 r_{J-1},r_J,对 $q_i(i=2,3,\cdots,L-1)$ 依次执行如下操作:

①计算向量坐标 $\overrightarrow{r_{J-1}r_J}=\begin{bmatrix}x_1 & y_1\end{bmatrix}^{\mathrm{T}},\overrightarrow{r_Jq_i}=\begin{bmatrix}x_2 & y_2\end{bmatrix}^{\mathrm{T}}$;

②计算 $a=x_1y_2-x_2y_1$;

③若 $a\geqslant0$,说明向量 $\overrightarrow{r_Jq_i}$ 在向量 $\overrightarrow{r_{J-1}r_J}$ 的逆时针方向,将顶点 q_i 加入凸包顶点集,令 $J=J+1$,并更新最后两个顶点 r_{J-1},r_J;

④若 $a<0$,说明向量 $\overrightarrow{r_Jq_i}$ 在向量 $\overrightarrow{r_{J-1}r_J}$ 的顺时针方向,将凸包顶点集中的最后一个顶点去掉,令 $J=J-1$,并更新最后两个顶点 r_{J-1},r_J。

4)最终得到的凸包顶点集 $\{r_1,r_2,\cdots,r_{J-1},r_J\}$ 即为原区域的凸包。

图 2 中待覆盖区域的凸包如图 3 所示。

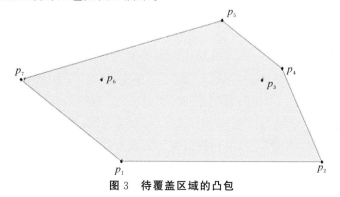

图 3　待覆盖区域的凸包

将凸包顶点集 $\{r_1, r_2, \cdots, r_{J-1}, r_J\}$ 重记为 $\{q_1, q_2, \cdots, q_{J-1}, q_J\}$，其中 q_1 为纵坐标最小且位置最左的点。

2.2 覆盖方向计算

理论研究和试验均表明，由于机载探测载荷在无人机平稳飞行时才能很好地执行探测任务，所以在无人机集群执行区域覆盖任务时，应尽可能减少转弯次数。因此，无人机集群的最优扫描方向是沿待覆盖区域的长度方向。

对一个规则的四边形区域，可以很容易地确定其长度方向；但是，对一个不规则的凸多边形，不能直观地确定其长度方向，需要借助下面的扫描方向确定算法来确定。

扫描方向计算步骤如下：

1）计算凸多边形每条边 $q_1q_2, q_2q_3, \cdots, q_{J-1}q_J, q_Jq_1$ 的时钟角，记为 $\theta_{12}, \theta_{23}, \cdots, \theta_{J-1,J}, \theta_{J,1}$；

2）对每个时钟角 θ_{ij}，计算凸多边形顶点集绕原点逆时针旋转 θ_{ij} 角度后的凸多边形顶点集 $\{q_{1,ij_i}, q_{2,ij_i}, \cdots, q_{J-1,ij_i}, q_{J,ij_i}\}$；

3）将旋转后顶点集的最大纵坐标与最小纵坐标的差值作为时钟角 θ_{ij} 对应的凸多边形的宽度值，记为 h_{ij}；

4）将最小宽度值对应的时钟角 θ_{ij} 记为 θ_{opt}，表示将原凸多边形绕原点逆时针旋转 θ_{opt} 角度后得到的凸多边形在 y 轴方向跨度最小、在 x 轴方向跨度最大，这两个跨度分别对应原凸多边形的宽度和长度，分别记为 $h_{\min}$ 和 $L_{\max}$；

5）扫描方向的角度为 θ_{opt}，单位方向矢量为 $[\cos(\theta_{\text{opt}}) \quad \sin(\theta_{\text{opt}})]^{\mathrm{T}}$。

仍将凸多边形经过逆时针旋转角度后的凸多边形顶点集记为 $\{q_1, q_2, \cdots, q_{J-1}, q_J\}$，其中 q_1 为纵坐标最小且位置最左的点。

2.3 扫描行端点计算

根据探测重叠率计算有效探测宽度 $L_1' = (1-\rho)L_1$，有效探测高度仍为 L_2。

计算扫描行端点的步骤如下。

1）计算扫描行数 $N_r = \lceil (h_{\min} - L_1)/L_1' \rceil + 1$，其中 $\lceil \ \rceil$ 为向上取整函数。

2）当扫描行数 $N_r = 1$ 时，该扫描行的两个端点为由点 $s_{1l} = [-100 \quad y_{\min} + h_{\min}/2]^{\mathrm{T}}$ 和点 $s_{1r} = [100 \quad y_{\min} + h_{\min}/2]^{\mathrm{T}}$ 确定的直线与凸多边形的两个交点。

3）当扫描行数 $N_r > 1$ 时，扫描行端点有两种情形。

①情形一：当 $L_1/2 + (N_r-1)L_1' < h_{\min}$ 时，最后一个扫描行仍与凸多边形有交点。此时，对每个扫描行 $i (i=1,2,\cdots,N_r)$，其端点为由点 $s_{il} = [-100 \quad y_{\min} + L_1/2 + (i-1)L_1']^{\mathrm{T}}$ 和点 $s_{ir} = [100 \quad y_{\min} + L_1/2 + (i-1)L_1']^{\mathrm{T}}$ 确定的直线与凸多边形的两个交点。

②情形二：当 $L_1/2 + (N_r-1)L_1' \geqslant h_{\min}$ 时，最后一个扫描行将位于凸多边形外部，所以与凸多边形没有交点。此时，前 N_r-1 个扫描行的端点与第一种情形相同；对第 N_r 个扫描行，令其两个端点分别为第 N_r-1 个扫描行两个端点在纵坐标分量上加 L_1'。

将每个扫描行 $i (i=1,2,\cdots,N_r)$ 的左端点和右端点分别记为 r_{2i-1}、r_{2i}。

对上述待覆盖区域，两种情形的扫描行端点如图 4 所示。

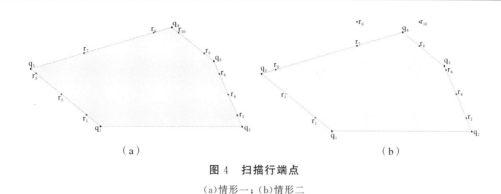

图 4 扫描行端点

(a)情形一;(b)情形二

2.4 端点调整

利用 2.3 节方法对待覆盖区域进行牛耕式扫描时,很可能会出现扫描缝隙,未将其完全覆盖的情况,如图 5 所示,其中椭圆形所包围的区域部分均未被覆盖。

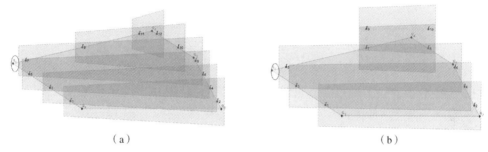

图 5 未完全覆盖示例

(a)情形一;(b)情形二

图 6 中两个扫描矩形和凸多边形顶点之间的椭圆形所包围区域为未覆盖区域。因此,需要对扫描缝隙做进一步修补,以实现对待覆盖区域的完全覆盖。

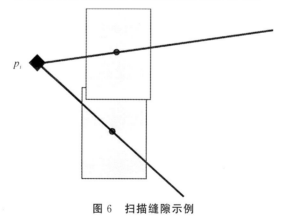

图 6 扫描缝隙示例

修补思想是将缝隙对应的扫描行端点左移(一般而言,对扫描行的左端点)或右移(一般而言,对扫描行的右端点)。

对图 6 中下方扫描行的缝隙,修补原理图如图 7 所示,将扫描行左端点向左横移 L_{gap} 距离,即可修补缝隙。L_{gap} 按下式计算:

$$L_{\text{gap}} = \frac{L_1' \tan\gamma - L_2}{2} = \frac{L_1'}{2 |\tan\beta|} - \frac{L_2}{2} \tag{1}$$

式中：β 为该端点所在凸多边形边的时钟角。不难看到，当 $L_{\text{gap}} > 0$ 时，该端点将左移，此时，说明有扫描缝隙；而当 $L_{\text{gap}} < 0$ 时，该端点将右移，此时，说明有扫描余量。

可以验证，图 6 中上方扫描行的缝隙也可以用上述方法进行修补。而扫描行右端点的缝隙，也可以利用上述方法，只不过要将左移 L_{gap} 距离改为右移 L_{gap} 距离。

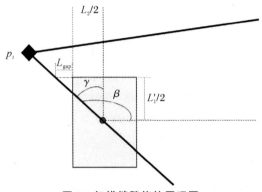

图 7　扫描缝隙修补原理图

对情形二的第 N_r 扫描行端点，若第 $N_r - 1$ 个扫描行的扫描上界直线与凸多边形有交点（见图 8），则令第 N_r 扫描行左端点和右端点的横坐标分别为 $x'_{N_r,l} + L_2/2$ 和 $x'_{N_r,r} - L_2/2$，纵坐标均保持不变。

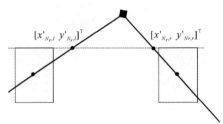

图 8　情形二扫描行端点调整原理图

两种情形经过缝隙修补后的扫描端点如图 9 所示。图中，菱形点为待覆盖区域的顶点，顶点所包围的内部区域为待覆盖区域；方点为经过扫描缝隙修补后的扫描行端点；每个灰色梯形区域为相应扫描行的覆盖范围。从图中可以看到，待覆盖区域可以被完全覆盖。

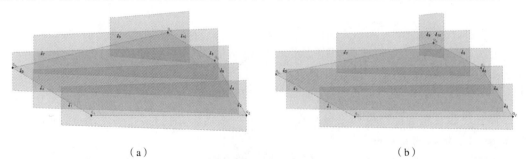

（a）　　　　　　　　　　　　　　　（b）

图 9　端点调整后的区域全覆盖图

（a）情形一；（b）情形二

2.5 多车辆路由模型建立

对每架无人机 k，将其初始位置记为端点 0。引入 0-1 变量 σ_{ij}^k，令 $\sigma_{ij}^k = 1$ 表示分配无人机 k 执行从端点 i 到端点 j 的扫描任务，令 $\sigma_{ij}^k = 0$ 表示不分配无人机 k 执行从端点 i 到端点 j 的扫描任务。引入代价值 c_{ij}^k，表示无人机 k 执行从端点 i 到端点 j 的扫描任务的代价，并将该值选为端点 i 到端点 j 的欧式距离。

据此，可建立如下最小最大 0-1 规划模型

$$\min_{\langle Z, \langle \sigma_{ij}^k \rangle_{i,j=0,1,2,\cdots,2N_r,k=1,2,\cdots,N}, \langle u_i \rangle_{i=1,2,\cdots,2N_r} \rangle} Z \tag{2}$$

$$
\left.
\begin{aligned}
&\sum_{i=0}^{2N_r} \sum_{j=0}^{2N_r} \frac{c_{ij}^k}{V_k} \sigma_{ij}^k + T_l \lceil \frac{k}{M} \rceil \sum_{j=0}^{2N_r} \sigma_{0j}^k \leqslant Z, \quad k=1,2,\cdots,N \\
&\sum_{i=0}^{2N_r} \sum_{j=0}^{2N_r} \frac{c_{ij}^k}{V_k} \sigma_{ij}^k \leqslant T_k, \quad k=1,2,\cdots,N \\
&\sum_{k=1}^{N} \sum_{i=0}^{2N_r} \sigma_{ij}^k = 1, \quad j=1,2,\cdots,2N_r \\
&\sum_{i=0}^{2N_r} \sigma_{il}^k = \sum_{j=0}^{2N_r} \sigma_{lj}^k, \quad l=1,2,\cdots,2N_r, k=1,2,\cdots,N \\
&\sum_{k=1}^{N} \sigma_{i,i+1}^k + \sum_{k=1}^{N} \sigma_{i+1,i}^k = 1, \quad i=1,3,5,\cdots,2N_r-1 \\
&u_i - u_j + N \sum_{k=1}^{K} \sigma_{ij}^k \leqslant N-1, \quad i,j=1,2,\cdots,2N_r \\
&\sum_{j=1}^{2N_r} \sigma_{0j}^k = 1, \quad k=1,2,\cdots,N \\
&\sum_{i=1}^{2N_r} \sigma_{i0}^k = 1, \quad k=1,2,\cdots,N \\
&\sigma_{ij}^k = 0 \text{ 或 } 1, \quad i,j=0,1,2,\cdots,2N_r, \quad k=1,2,\cdots,N \\
&0 < u_i < 2N_r, \quad i=1,2,\cdots,2N_r
\end{aligned}
\right\} \tag{3}
$$

式中：Z 为引入的辅助变量，$\langle u_i \rangle_{i=1,2,\cdots,2N_r}$ 为引入的整型辅助变量，第一个约束条件为总任务时间约束，第二个约束条件为无人机航时约束，第三个约束条件表示到每一个非初始端点的次数为 1，第四个约束条件表示到每个端点的次数等于从每个端点出发的次数，第五个约束条件为区域覆盖约束，第六个约束条件为 Miller-Tucker-Zemlin 子回路消除约束，第七个约束条件表示所有无人机均从初始端点出发，第八个约束条件表示所有无人机最终均回到初始端点，第九个约束条件为 0-1 约束，第十个约束条件为辅助变量 $\langle u_i \rangle_{i=1,2,\cdots,2N_r}$ 的上下界。

当无人机数目大于扫描行数时，可视无人机数目的不同，将每个扫描行的左、右端点中间添加若干中间点，将扫描行进行拆分，使扫描行个数不小于无人机数目。然后，利用新的

扫描行及对应端点,建立相应的优化模型。

3 改进粒子群算法

粒子群优化算法(Particle Swarm Optimization,PSO)是 Kennedy 等人[14-15]根据鸟群的觅食行为提出的一种群体智能优化算法,利用一群粒子在解空间中的随机移动来寻找优化问题的解。该算法由速度更新和位置更新两个步骤组成。为求解第 2 节中的 0-1 规划问题,我们将传统的用于解决连续空间问题的粒子群算法进行如下改进。

3.1 速度更新

为防止算法过早陷入局部最优,将速度更新公式改进为

$$v_i^{t+1} = \chi\{\omega v_i^t + c_1 r_1(l_i - x_i^t)\} + \\ \chi\{c_2 r_2(p_i - x_i^t) + c_3 r_3(g - x_i^t)\} \tag{4}$$

式中:v_i^t 为粒子 i 在时刻 t 的速度矢量;x_i^t 为粒子 i 在时刻 t 的位置矢量;χ 为收缩因子;ω 为随时间变化的惯性因子,这里令其随时间线性变化;l_i、p_i、g 分别为本地、局部、全局最优粒子的位置;c_1、c_2、c_3 分别为本地、局部、全局学习因子矢量;r_1、r_2、r_3 均为取自(0,1)的随机矢量。不同于传统的粒子群算法,除了本地最优结果外,这里的速度更新既利用了全局最优结果,也利用了局部最优结果。这里的局部最优结果是指与当前粒子有通信关系的所有粒子中的最优结果。

3.2 位置更新

为将所有粒子的位置限制在 0 或 1,使用如下位置更新公式:

$$x_i^{t+1} = \begin{cases} (x_i^t)^{-1}, & r_x < T(v_i^{t+1}) \\ x_i^t, & r_x \geqslant T(v_i^{t+1}) \end{cases} \tag{5}$$

式中:$(x_i^t)^{-1}$ 表示 x_i^t 的补;r_x 为取自(0,1)的随机数;$T()$ 为将连续空间值转换为 0-1 二元变量的转换函数,可以取为[16]

$$T(z) = \left| \frac{2}{\pi} \arctan\left(\frac{\pi}{2} x\right) \right| \tag{6}$$

利用粒子群优化算法求解上述多车辆路由问题,可以将所有扫描行端点分配给合适的无人机,使得各无人机的最大总任务时间最小,即集群区域全覆盖时间最小。然后,可以利用 Dubins 路径原理,为每架无人机生成可飞的路径。

4 仿真结果

对图 2 所示的区域进行区域覆盖仿真。仿真参数见表 1。改进粒子群算法的参数取值见表 2。各无人机的初始位置和初始航向角均随机生成。

表 1 仿真参数

名　称	符　号	数　值	单　位
无人机个数	N	3	—
巡航速度	V_k	5	m/s

续 表

名 称	符 号	数 值	单 位
航时	T_k	5×10^3	s
探测上底长度(情形一)	L_1	12	m
探测上底长度(情形二)	L_1	14	m
探测下底长度	L_0	16	m
探测高度	L_2	10	m
探测重叠率	ρ	0.1	—
发射装置个数	M	1	—
发射准备时间	T_l	10	s

表 2 粒子群算法参数

名 称	符 号	数 值
收缩因子	χ	0.7
惯性因子(初始)	ω	0.9
惯性因子(结束)	ω	0.4
本地学习因子	c_1	2
局部学习因子	c_2	3
全局学习因子	c_3	4
粒子数	—	50
迭代次数	—	500

情形一的仿真结果如图 10 所示。图中黑色菱形点表示凸多边形的顶点,方点表示无人机位置对应的各扫描行的端点。对无人机 1、2、3 均在机头方向进行了标号,无人机前方的梯形区域表示其光电载荷的覆盖范围。

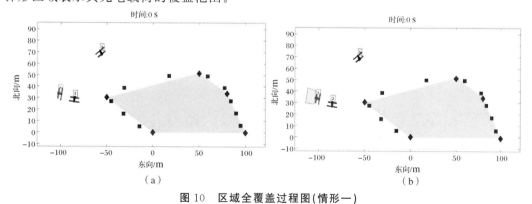

图 10 区域全覆盖过程图(情形一)

(a)初始状态;(b)无人机 1 发射

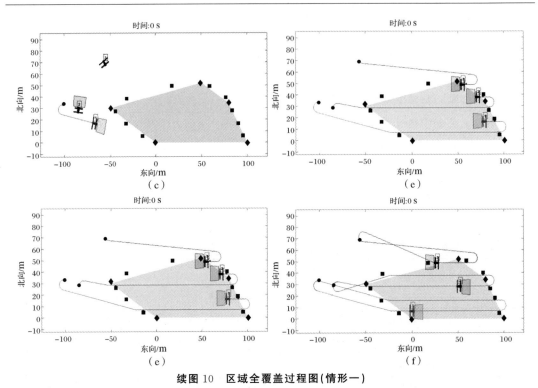

续图 10　区域全覆盖过程图(情形一)

(c)无人机 2 发射；(d)无人机 3 发射；(e)60 s；(f)全局覆盖路径图

情形二的仿真结果如图 11 所示。

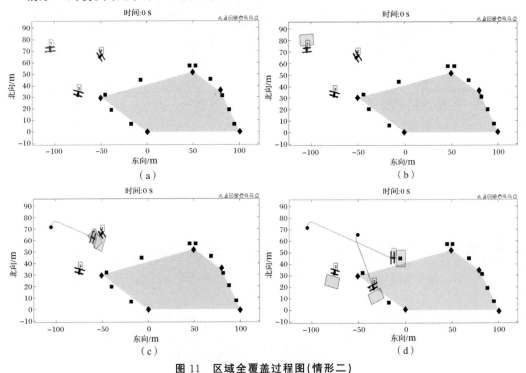

图 11　区域全覆盖过程图(情形二)

(a)初始状态；(b)无人机 1 发射；(c)无人机 2 发射；(d)无人机 3 发射

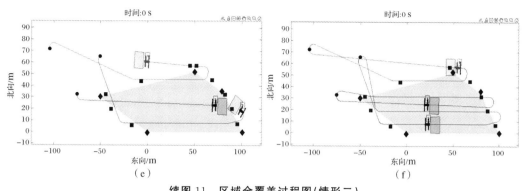

续图 11　区域全覆盖过程图(情形二)
(e)60 s；(f)全局覆盖路径图

5　结论

(1)本文考虑了无人机集群携带光电载荷时的不规则区域的覆盖问题,光电载荷的视野范围被建模为更接近实际的梯形区域。

(2)本文提出了一种端点调整方法,用于解决由区域的不规则性引起的覆盖缝隙问题。

(3)本文对传统的粒子群优化算法进行了改进,很好地解决了所构建的多车辆路由问题。

【参考文献】

[1] HAYAT S,YANMAZ E,BROWN T X,et al. Multi-objective UAV path planning for search and rescue[C]//2017 IEEE International Conference on Roboticsand Automation. IEEE. Singapore：IEEE,2017：5569-5574.

[2] STOLFI D H,BRUST M R,DANOY G,et al. A cooperative coevolutionary approach to maximise surveillance coverage of UAV swarms[C]//2020 IEEE 17th Annual Consumer Communications & Networking Conference. IEEE. Las Vagas：IEEE,2020：1-6.

[3] ELMOKADEM T. Distributed coverage control of quadrotor multi-UAV systems for precision agriculture[J]. IFAC-PapersOnLine,2019,52(30)：251-256.

[4] CHOI Y,CHOI Y,BRICENO S,et al. Energy-constrained multi-UAV coverage path planning for an aerial imagery mission using column generation[J]. Journal of Intelligent & Robotic Systems,2020,97(1)：125-139.

[5] GALCERAN E,CARRERAS M. A survey on coverage path planning for robotics[J]. Robotics and Autonomous Systems,2013,61(12)：1258-1276.

[6] AHMADZADEH A,KELLER J,PAPPAS G,et al. An optimization-based approach to time-critical cooperative surveillance and coverage with UAVs[C]//KHATIB O, KUMAR V,RUS D. Experimental Robotics：the 10th International Symposium on Experimental Robotics. Berlin：Springer,2008：491-500.

[7] NEDJATI A,IZBIRAK G,VIZVARI B,et al. Complete coverage path planning for a multi-UAV response system in post-earthquake assessment[J]. Robotics,2016,5

（4）：26.

[8] DAI R，FOTEDAR S，RADMANESH M，et al. Quality-aware UAV coverage and path planning in geometrically complex environments［J］. Ad Hoc Networks，2018，73：95-105.

[9] CHEN S，LI C，ZHUO S. A distributed coverage algorithm for multi-UAV with average Voronoi partition［C］//2017 17th International Conference on Control，Automation and Systems. IEEE. Jeju：IEEE，2017：1083-1086.

[10] WANG Z J，LI W. A solution to cooperative area coverage surveillance for a swarm of MAVs[J]. International Journal of Advanced Robotic Systems，2013，10(12)：398.

[11] ANN S，KIM Y，AHN J. Area allocation algorithm for multiple UAVs area coverage based on clustering and graph method［J］. IFAC-PapersOnLine，2015，48（9）：204-209.

[12] KARAPETYAN N，BENSON K，MCKINNEY C，et al. Efficient multi-robot coverage of a known environment［C］//2017 IEEE/RSJ International Conference on Intelligent Robots and Systems. IEEE. Vancouver：IEEE，2017：1846-1852.

[13] XU A，VIRIYASUTHEE C，REKLEITIS I. Efficient complete coverage of a known arbitrary environment with applications to aerial operations[J]. Autonomous Robots，2014，36(4)：365-381.

[14] KENNEDY J. The particle swarm：social adaptation of knowledge［C］//Proceedings of 1997 IEEE International Conference on Evolutionary Computation. IEEE. Indianapolis：IEEE，1997：303-308.

[15] KENNEDY J，EBERHART R C. A discrete binary version of the particle swarm algorithm［C］//1997 IEEE International Conference on Systems，Man，and Cybernetics. Computational Cybernetics and Simulation. IEEE. Orlando：IEEE，1997，5：4104-4108.

[16] MIRJALILI S，LEWIS A. S-shaped versus V-shaped transfer functions for binary particle swarm optimization[J]. Swarm and Evolutionary Computation，2013，9：1-14.

基于改进粒子群算法的无人机蜂群航迹规划研究

马小博[1]　俞垚魏[2]　曹　林[3]　马卫国[3]

(1 陆军航空兵学院,北京 101116

2 南京航空航天大学 民航学院,南京 210016

3 31526 部队，北京 100144)

【摘　要】无人机蜂群航迹规划是一个复杂、强耦合的多约束优化决策问题。航迹规划是执行作战任务的重要基础,是发挥联合作战优势的有效保证。无人机蜂群航迹规划是指结合任务规划和目标分配的需求、飞行约束条件以及战场环境等因素,以总路径最短为优化目标,利用改进的粒子群算法为无人机蜂群系统规划出多条协同航迹的过程。仿真结果表明,该算法在空间、时间和时序上同时满足不发生冲突的条件,可保证任务安全、高效完成。

【关键词】无人机蜂群;航迹规划;优化决策;改进粒子群算法;安全高效

引言

在过去的几十年里,无人机(UAV)因其具有在复杂和危险环境中高效工作的能力而受到越来越多的关注。目前,无人机蜂群被部署用于各种任务,包括空中侦察、搜索和救援任务、边境巡逻、监视和安全执行以及高风险目标穿透等。由于无人机蜂群部署在更复杂的任务中,它们可能会穿越充满障碍物的区域,并且它们之间的碰撞风险很高,因此无人机应能够在避障与无碰撞的情况下通过所需的航路点,并以相同且最少的飞行时间到达相同的指定目的地。无人机蜂群路径规划问题是无人机研究领域中具有挑战性的课题之一,需要综合考虑无人机自身特性、环境因素、任务需求等,生成一组互不干涉、互相协同的路径。

现有的路径规划方法主要分为传统优化方法和启发式方法两大类。优秀的传统优化方法有 A* 算法、势场法、Voronoi 图和基于可视图。传统方法实现简单,但缺乏灵活性,只能应用于简单的任务场景。因此,启发式方法在解决复杂的优化问题中越来越受欢迎。启发方法主要包括蚁群优化(Ant Colony Optimization，ACO)、粒子群优化算法(Particle Swarm Optimization，PSO)、萤火虫算法(Firefly Algorithm，FA)、差分进化(Differential Evolution，DE)、遗传算法(Genetic Algorithm，GA)。启发式算法可以用来解决NP‒Hard问题,并可获得接近最优解。而路径规划问题实际上是 NP-Hard 问题的一种。然而,大多数启发式算法存在收敛速度慢、陷入局部最优等缺点。到目前为止,还没有一种方法能够完全解决无人机蜂群路径规划问题。因此,有必要寻求新的、更有效的解决方案或改进现有的方法。

在现有的智能算法中,粒子群算法以其灵活性、简单性和易实现性被广泛应用于解决各种优化问题。近年来,人们进行了许多研究,试图利用粒子群优化算法来解决路径规划问题。如基于 PSO 的算法(dPSO-U),用于探索灾难场景区域,基于 PSO 和 Metropolis 准则的混合算法,可降低 PSO 陷入局部最优的概率。

然而,利用粒子群优化算法求解路径规划问题时,在进化过程中存在早熟收敛问题。虽然已有的一些研究对粒子群优化算法进行了改进,并提出了许多性能更好的算法,但仍存在一些不足。具体地,将粒子群算法应用于路径规划的研究存在以下不足:①随着需要用户调整的控制参数的增加,粒子群算法变得复杂;②很难在勘探和开采之间保持有效平衡;③忽略了 UAV 的运动约束和多 UAVs 之间的协调,这使得规划路径不可飞行。因此,本文针对这些不足,对粒子群优化算法进行了改进,并将改进后的粒子群优化算法应用于复杂环境中无人机蜂群的路径规划。

本文的主要目标可以概括如下:①研究了复杂环境下的无人机蜂群路径规划问题,将无人机蜂群路径规划转化为带约束的多目标优化问题;②采用有效的策略对粒子群优化算法进行改进,然后用改进的粒子群优化算法求解无人机蜂群路径规划问题;③将该算法应用于复杂环境下的无人机蜂群路径规划。

1 无人机蜂群协同路径规划问题

1.1 问题描述

无人机蜂群航迹规划不仅需要考虑任务环境、无人机的运动学和动力学特性,还需要满足时间协同、时序协同以及空间协同的约束。时间协同约束要求无人机同时到达或者先后到达目的地,时序协同约束指无人机根据任务分配序列,空间协调约束要求无人机编队内部不发生碰撞以及无人机与障碍物之间不发生碰撞。因此无人机编队任务路径规划是一个多约束耦合的多目标优化问题,无人机编队路径规划问题的解是各无人机飞行路径的集合,同时,每架无人机的路径是无人机编队路径规划的解的一部分。

图1给出了以环境威胁和飞机物理特性约束为约束条件的从各个起飞点到各自目的地的飞行路径规划方案,约束优化重点是通过无人机物理特性规避环境威胁。全约束优化问题的计算难度大、成本高。将原优化过程分解为两个阶段:①进行飞行环境建模和飞行器能力建模;②构造适应度函数评价优化结果,得到次最优解。采用改进的粒子群算法进行最优路径的搜索。第一阶段,建立飞行环境模型,包括地形和障碍物。路径规划的原则是避开障碍物。第二阶段,采用适应度函数选择最优约束路径和最优结果。

1.2 模型建立

无人机蜂群路径规划是无人机蜂群协同侦察的前提,也是无人机执行任务的关键。无人机蜂群编队路径规划应该满足以下原则。

1)路径可靠。规划出的飞行路径均安全可飞,没有不可到达的目标点。无人机蜂群编队执行任务,会依据任务中分配给每架无人机的目标进行路径规划,要求生成的航迹不互相干涉,空间和时间都不冲突,同时考虑无人机自身的运动特性,路径可飞。

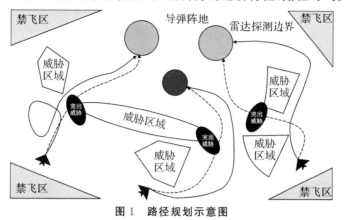

图1　路径规划示意图

2)路径规划算法高效。可以求解出满足一定实时性且质量不差的解,当遭遇突发情况时,在允许的时间内,进行重规划,生成更新的路径。

3)路径最优。在满足路径长度、能源消耗、任务完成率等指标的情况下获得综合最优的路径。

4)满足约束。路径规划需要满足无人机自身包括运动学和动力学特性产生的约束以及安全约束、地形约束,并避开威胁源。

5)编队协同。无人机蜂群编队航迹规划问题不仅包含单架无人机路径规划,同时还需要考虑编队内部的协同问题,包括空间协同、时间协同、时序协同和通信协同。

1.2.1　环境建模

路径规划问题的优化过程是在二维或三维空间中进行搜索。在三维空间中,任务空间可以表示为:$\Omega = \{(x,y,z) \mid 0 \leqslant x \leqslant x_{max}, 0 \leqslant y \leqslant y_{max}, 0 \leqslant z \leqslant z_{max}\}$,其中 x, y 表示水平和垂直坐标,z 表示高度。

山和其他威胁等同于山峰,并与数字地图融合在一起。一座山的数学模型如下:

$$z(x,y) = \sum_{i=1}^{n} h(i) \left[-\frac{x-x_0(i)}{x_i(i)} - \frac{y-y_0(i)}{y_i(i)} \right]$$

式中:$x_0(i), y_0(i)$ 表示第 i 山的中心坐标;$x_i(i), y_i(i)$ 表示沿第 i 山的 x 轴和 y 轴递减;$h(i)$ 表示第 i 座山的高度;n 表示山的数目。通过融合任务空间中的已知地形和威胁信息,生成等效的数字地形图。

1.2.2　威胁建模

编队中每架无人机在飞行过程中必须避开障碍物以及威胁,满足安全性要求。因此需要对无人机编队的任务环境进行建模。环境建模包括地形环境建模以及威胁建模等,基本情况如图1所示。威胁建模的方法有两种:威胁概率和威胁边界。威胁概率建模方法适合于雷达和防空导弹威胁建模,威胁边界建模方法则适合于建筑物与地形等特定对象的建模。

(1)雷达威胁建模

在无人机蜂群编队协同执行任务时,敌方的雷达是重要的威胁之一。影响雷达发现目标概率的因素主要包括地球曲率、大气折射和吸收、地面杂波、无人机与雷达之间的距离等。雷达发现目标的概率分布与泊松分布相关。

雷达方程是用来表示所探测到目标的数学方程。对雷达方程有影响的因素很多,包括雷达系统参数、目标参数、环境因素(干扰、杂波、传播介质等),这些因素对于雷达的探测距离具有重大影响。基本雷达方程如下:

$$P_R = \frac{P_T G_T G_R \lambda^2 \sigma F_T^2 F_R^2}{(4\pi)^3 R_T^2 R_R^2 C_B L_T L_R}$$

式中:P_R 为雷达接收机接收到的回波信号功率;P_T 为雷达发射机信号输出功率;G_T 为雷达发射机增益;G_R 为雷达接收机增益;λ 为雷达工作波长;σ 为探测目标的雷达散射截面积;F_T 为雷达发射方向因子;F_R 为雷达接收方向因子;R_T 为电磁波发射机与无人机之间的距离;R_R 为接收机与无人机的距离;C_B 为雷达滤波器与信号波形的匹配程度系数,当信号波形匹配时,$C_B = 1$,否则 $C_B > 1$;L_T 为雷达发射信号损耗因数;L_R 为雷达接收信号损耗因数。

假设雷达是集成发射和接收电磁波功能的雷达,则 $R_T = R_R = R, G_T = G_R = G, L_T = L_R = L$,$F_T = F_R = F$。

因此基本雷达方程简化为

$$P_R = \frac{P_T G^2 \lambda^2 \sigma F^4}{(4\pi)^3 R^4 C_B L^2} \tag{1}$$

由式(1)可知,对于改型雷达,目标的探测概率与目标的距离的四次方成反比。假设雷达的最大范围设置在高度 h 为 R_h,则发现目标的概率近似如下:

$$P_R = \begin{cases} \dfrac{R^4}{R_h^4 + R^4}, & R \leqslant R_h \\ 0, & R > R_h \end{cases}$$

(2)防空导弹威胁建模

无人机编队在任务区飞行过程中,随时存在遭遇防空导弹击落的概率,在导弹有效攻击范围内,导弹的威胁可以看作是一个以导弹发射位置为中心的圆。假设导弹的有效攻击半径为 $R_{\max}$,最小攻击半径为 $R_{\min}$,攻击高度为 h。则导弹在高度 h 的攻击圆半径为

$$R_h = R_{\max} - k|h - 0.5H|$$

$$k = \frac{R_{\max} + R_{\min}}{0.5H}$$

假设目标攻击的概率是关于水平距离 r 的泊松分布,在高度 h 和 R_h 的位置对目标攻击的概率。导弹对无人机的威胁概率模型如下:

$$P_M = \begin{cases} e^{-\frac{R}{R_h}}, & R \leqslant R_h \\ 0, & R > R_h \end{cases}$$

(3)地形威胁建模

地形建模主要是以地形的数学模型为基础,以山峰的中心为圆心,以各个高度的半径

为坐标构建起来的圆锥,第 i 座山在 z 高度的半径为 $R_{z,h(i)}$,则威胁概率模型为

$$P_E = \begin{cases} \mathrm{e}^{-\frac{R}{R_{z,h(i)}}}, & R \leqslant R_{z,h(i)} \\ 0, & R > R_{z,h(i)} \end{cases}$$

1.2.3　约束建模

在无人机蜂群编队协同路径规划中,为了提高整体任务效率,需要考虑时间约束。此外,为了各自的安全,还需要保持每架无人机之间的距离,即设置空间约束。

(1)空间约束模型

空间约束是指在无人机蜂群编队沿着既定路线或者重规划的路线飞行时,各无人机之间保持的安全距离 d_{safe},保证既不相互碰撞,也不碰撞障碍物。假设 $X_i(t)$ 是 UAV_i 在 t 时刻的位置,同时 $X_j(t)$ 是 UAV_j 在 t 时刻的位置,则应该满足安全条件:

$$\| X_i(t) - X_j(t) \| \geqslant d_{safe}, \quad i \neq j$$

(2)时间约束模型

时间约束是指编队中的每架无人机到达目标点的时间需要满足一定的约束条件。如同时到达或者先后到达。有

$$\max[T_{i\min}, T_{j\min}] < \min[T_{i\max}, T_{j\max}]$$

(3)无人机性能约束

无人机性能约束为

$$\begin{cases} v \in [v_{\min}, v_{\max}] \\ r \geqslant r_{\min} \end{cases}$$

因此总体的约束为

$$\begin{cases} X_i(t) - X_j(t) d_{safe}, & i \neq j \\ \max[T_{i\min}, T_{j\min}] < \min[T_{i\max}, T_{j\max}] \\ v \in [v_{\min}, v_{\max}] \\ r \geqslant r_{\min} \end{cases}$$

1.3　目标函数

代价包括威胁和能耗两个方面。威胁包括地形、雷达和防空导弹威胁。能耗与起点到终点的动力消耗相关。假设无人机的高度和速度不变,飞行中不考虑其他机动,油耗成本与航程成正比。

(1)能耗代价函数

将能耗代价设置为 n 个航路段长度之和,计算公式如下:

$$f_L = \sum_{i=1}^{n} l_i$$

式中:l_i 为航路段 i 的长度。

（2）雷达威胁代价函数

在战场环境中，必须考虑无人机的航路段是否处于威胁区域。飞行轨迹被平均分成 m 个部分，k 代表威胁中心，d_k 是每个分割点之间的距离。

雷达威胁 R_k 在航路段 l_i 的威胁代价函数为

$$t_{R_k \rightarrow L_i} = \sum_{j=1}^{m} P_R(d_{k,j})/m$$

雷达威胁点的总数为 n_R，从雷达到航路段 l_i 的威胁代价 $t_{R \rightarrow l_i}$ 为

$$t_{R \rightarrow L_i} = \sum_{k=1}^{n_R} t_{R_k \rightarrow L_i}$$

整架无人机路径的雷达威胁代价 t_R 为

$$t_R = \sum_{i=1}^{n_L} t_{R \rightarrow L_i} = \sum_{i=1}^{n_L} \sum_{k=1}^{n_R} t_{R_k \rightarrow L_i}$$

导弹威胁和地形威胁的代价可以用类似的方法计算。应当注意，在计算地形威胁成本时，威胁概率设置为 1。

（3）防空导弹威胁代价函数

防空导弹威胁 M_t 在航路段 l_i 的威胁代价函数为

$$t_{M_t \rightarrow L_i} = \sum_{j=1}^{m} P_M(d_{k,j})/m$$

防空导弹威胁点的总数为 n_M，到航路段 l_i 的威胁代价 $M_{\rightarrow l_i}$ 为

$$t_{M_t \rightarrow L_i} = \sum_{k=1}^{n_R} t_{M_t \rightarrow L_i}$$

整架无人机路径的防空导弹威胁代价 t_M 为

$$t_{M_t} = \sum_{i=1}^{n_L} t_{M \rightarrow L_i} = \sum_{i=1}^{n_L} \sum_{k=1}^{n_R} t_{M_t \rightarrow L_i}$$

（4）地形威胁代价函数

防空导弹威胁 E_t 在航路段 l_i 的威胁代价函数为

$$t_{E_t \rightarrow L_i} = \sum_{j=1}^{m} P_E(d_{k,j})/m$$

地形威胁点的总数为 n_E，到航路段 l_i 的威胁代价 $E_{\rightarrow l_i}$ 为

$$t_{E_t \rightarrow L_i} = \sum_{k=1}^{n_R} t_{E_t \rightarrow L_i}$$

整架无人机路径的地形威胁代价 t_E 为

$$t_{E_t} = \sum_{i=1}^{n_L} t_{E_t \rightarrow L_i} = \sum_{i=1}^{n_L} \sum_{k=1}^{n_R} t_{E_t \rightarrow L_i}$$

能耗代价和威胁代价是搜索最短和最安全路径的评估标准。

目标函数为整个路径的总代价，计算公式为

$$f = \omega_R t_R + \omega_M t_M + \omega_E t_E + \omega_L f_L = \omega_R \sum_{i=1}^{n_L} \sum_{k=1}^{n_R} t_{R_k \to L_i} + \omega_M \sum_{i=1}^{n_L} \sum_{k=1}^{n_R} t_{M_t \to L_i} +$$

$$\omega_E \sum_{i=1}^{n_L} \sum_{k=1}^{n_R} t_{E_t \to L_i} + \omega_L \sum_{i=1}^{n} l_i$$

式中：t_R、t_M、t_E 和 f_L 分别为雷达威胁代价、导弹威胁代价、地形威胁代价以及航程代价；ω_R、ω_M、ω_E、ω_L 为对应的权重，所有的权重和为 1。

2　算法设计

粒子群优化算法（PSO）是一种基于种群的随机计算技术，它模拟了一群鸟类、蜂群和鱼群的社会行为，将它们作为多个粒子在多维搜索空间中飞行，并设每个粒子表示为一个点。在进化系统中，粒子群优化算法从随机初始化候选解到基于位置和速度更新的迭代过程，最终得到全局最优解。粒子群优化算法中，粒子群中的每个粒子都是一个个体，表示优化目标的一个潜在解，每个个体都有速度向量和位置向量，对于 d 维的优化问题，每个个体的速度表示为 $\boldsymbol{V}_i = \begin{bmatrix} v_{i1} & v_{i2} & \cdots & v_{id} \end{bmatrix}$，位置 $\boldsymbol{X}_i = \begin{bmatrix} x_{i1} & x_{i2} & \cdots & x_{id} \end{bmatrix}$。

PSO 粒子速度更新公式为

$$v_i(t+1) = v_i(t) + c_1 r_1 [p_i(t) - x_i(t)] + c_2 r_2 [p_g(t) - x_i(t)]$$

位置更新公式为

$$x_i(t+1) = x_i(t) + v_i(t+1)$$

式中：$p_i(t)(i = 1, 2, \cdots, N)$ 为第 i 个粒子迄今位置搜索到的最优位置，按照下式对个体最优位置更新：

$$p_i(t+1) = \begin{cases} p_i(t), & f(x_i(t+1)) < f(p_i(t)) \\ x_i(t+1), & f(x_i(t+1)) \geqslant f(p_i(t)) \end{cases}$$

式中：$p_g(t)$ 为粒子群中迄今最优位置。

PSO 容易陷入局部最优，且难以适应离散优化的问题，本文提出改进粒子群优化算法（Improved Particle Swarm Optimization，IPSO）。IPSO 通过惯性权重平衡全局搜索和局部搜索之间的矛盾，通过粒子映射解决离散区间寻优的难题。PSO 基本流程如图 2 所示。

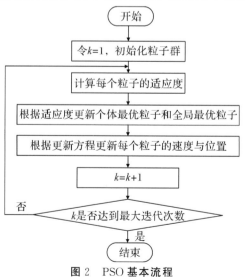

图 2　PSO 基本流程

研究发现粒子具有随机性且本身缺乏记忆能力,具有扩大搜索空间、探索新搜索区域的趋势,因此具有全局优化的能力。实际优化时先采用全局搜索(使搜索空间快速收敛于某一区域),再采用局部精细搜索获得高精度的解。因此将 v_i 乘以一个惯性权重 ω,通过调整惯性权重的大小来平衡算法全局搜索和局部搜索之间的矛盾。惯性权重比较大时,算法的全局搜索能力强;惯性权重比较小时,则局部搜索能力强。一般情况下,PSO 的惯性权重初始值为 0.9,使其随迭代次数增加线性递减至 0.4 来达到上述期望的优化目的。速度和位置更新的公式为

$$v_i(t+1)=\omega v_i(t)+c_1 r_1[p_i(t)-x_i(t)]+c_2 r_2[p_g(t)-x_i(t)]$$
$$x_i(t+1)=x_i(t)+v_i(t+1)$$

式中:ω 为加权粒子惯性的参数;c_1、c_2 分别为加权认知和社会分量的参数;r_1、r_2 为 $[0,1]$ 中的随机数。

此外,还引入了惯性权重 ω 以及认知和社会系数 c_1、c_2 在迭代代数上线性递减的 PSO。

迭代前期的 ω 值应该相对较大,并增加粒子速度的步长,使粒子能够快速搜索到可行解范围,迭代结束时的参数 ω 应该相对较小,并且它更新粒子速度的步长,以便粒子可以在可行解区域执行局部搜索。因此,我们采用了使参数 ω 随迭代次数 t 的增加而呈指数单调递减的方法,如下式:

$$\omega(t)=(\omega_{max}-\omega_{min})\,\mathrm{e}^{-d(t)t/T}+\omega_{min}$$

式中:ω_{max} 和 ω_{min} 分别为惯性权重的上限和下限。

$$d(t)=f_i(t)=\frac{f_g(t)}{f_{ui}(t)}$$

式中:$f_g(t)$ 为第 t 代粒子群的全局最优解的适应度值;$f_{ui}(t)$ 为第 t 代粒子 i 的个体最优解的适应度值;$f_i(t)$ 为第 t 代粒子群的全局最优解与粒子 i 本身的个体最优解的适应度值之比。随着迭代时间的增加,$f_{ui}(t)$ 逐渐接近 $f_g(t)$。因此,$f_i(t)$ 逐渐接近 1,$\omega(t)$ 逐渐接近 ω_{min}。$d(t)$ 是定义为基于适应度函数的自适应惯性调整方法的控制参数,其作用是控制惯性权重的收敛速度。

另外,加权认知和社会分量的参数更新公式为

$$\begin{cases} c_1=c_{1\,start}-\dfrac{c_{1\,start}-c_{1\,end}}{t_{max}}\times t \\[2mm] c_2=c_{2\,start}-\dfrac{c_{2\,start}-c_{2\,end}}{t_{max}}\times t \end{cases}$$

式中:$c_{1\,start}$、$c_{2\,start}$ 和 $c_{1\,end}$、$c_{2\,end}$ 分别为认知系数和社会系数的初始值和终值;t 为当前迭代次数;t_{max} 为最大迭代次数。较大的惯性权重、认知系数和社会系数会使粒子群算法趋向于全局探索,而较小的惯性权重、认知系数和社会系数会实现局部探索。

在迭代过程中,这三个分量的系数是线性变化的,这使得算法在阶段进行全局探索,在后期进行局部开发。然后,通过改进的共生操作得到较好的结果。在这个阶段,个体尝试根据当前最优个体和种群中随机选择的个体更新自己的位置。如果更新的个体较好,则更新成功;否则更新失败,个体位置不变,算法执行下一次迭代,直到满足终止条件。算法步骤见表 1。

表 1　粒子群算法伪代码

Step 1：　　定义目标函数 f

Step 2：　　设置参数,初始化种群,粒子位置、粒子速度以及个体最有位置

Step 3：　　评估最优粒子

Step 4：　　**while** $t=<$ Max iterations **do**

Step 5：　　　　**for** $i=1$ to N **do**

Step 6：　　　　更新速度 v_i,k 和位置 x_i,k

Step 7：　　　　计算粒子的适应度值 fit(x_i)

Step 8：　　　　**if** $f(x_i)<f(x_j)$,将 x_j 设置为最优粒子

Step 9：　　　　**end if**

Step 10：　　**end for**

Step 11：　　选择最优适应度值的粒子为一般最优粒子

Step 12：　　**for** $i=1$ to N **do**

Step 13：　　更新粒子的速度与位置

Step 14：　　更新粒子群参数

Step 15：　　**end for**

Step 16：　　**end while**

Step 17：　　设置最优个体为全局最优粒子

3　实例分析

场景 1:地形威胁下的无人机蜂群协同路径规划

将总空间设定为 $500\ \text{m}\times500\ \text{m}\times500\ \text{m}$。在这个空间里有 6 个山峰,使用了 4 架相同的无人机。这 4 架无人机的起始坐标分别为:UAV$_1$(15.8,37.4,296.5),UAV$_2$(61.6,463.6,129),UAV$_3$(494.5,446.5,228.2),UAV$_4$(493.9,138.1,234.3)。目标点的坐标为:(291.8,219.8,489.4)。无人机速度范围为[10,30] m/s。其他参数如下:种群规模为 2 000,迭代次数为 200,学习因子 $c_1=1,c_2=2$,随机数 $r_1=0.2,r_2=0.8$,雷达威胁权重 $\omega_R=0.25$,导弹威胁权重 $\omega_M=0.25$,地形威胁权重 $\omega_E=0.3$,航程权重 $\omega_L=0.2$,安全距离 $d_{\text{safe}}=100\ \text{m}$。各起飞点与目标点距离分别为:382.957 1 km,492.258 7 m,400.881 1 m,335.552 2 m。

各无人机飞行速度分别为

$$v_{\text{UAV}_1}=23.842\ 7\ \text{m/s},\quad v_{\text{UAV}_2}=30.000\ 0\ \text{m/s}$$

$$v_{\text{UAV}_3}=22.961\ 8\ \text{m/s},\quad v_{\text{UAV}_4}=20.543\ 7\ \text{m/s}$$

各无人机飞行轨迹分别为

$$l_{\text{UAV}_1}=431.264\ 7\ \text{m},\quad l_{\text{UAV}_2}=537.651\ 2\ \text{m}$$

$$l_{\text{UAV}_3}=422.910\ 2\ \text{m},\quad l_{\text{UAV}_4}=367.808\ 7\text{m}$$

同时起飞,同时达到目标时耗时 $t=17.921\ 7\ \text{s}$。无人机飞行速度分别为 24.063 8 m/s、30.000 0 m/s、23.597 7 m/s、20.523 1 m/s。当按照 1—4—2—3 的顺序起飞时,无人机飞行轨迹分别为

$$l_{UAV_1} = 433.3222 \text{ m}, \quad l_{UAV_2} = 533.833\ 4 \text{ m}$$

$$l_{UAV_3} = 415.981\ 2 \text{ m}, \quad l_{UAV_4} = 368.473\ 5 \text{ m}$$

无人机到达时间分别为

$$t_{UAV_1} = 14.444\ 1 \text{ s}, \quad t_{UAV_2} = 32.444\ 1 \text{ s}$$

$$t_{UAV_3} = 41.444\ 1 \text{ s}, \quad t_{UAV_4} = 23.444\ 1 \text{ s}$$

各无人机飞行速度分别为

$$v_{UAV_1} = 30.000\ 0 \text{ m/s}, \quad v_{UAV_2} = 16.454\ 0 \text{ m/s}$$

$$v_{UAV_3} = 10.037\ 2 \text{ m/s}, \quad v_{UAV_4} = 15.717\ 1 \text{ m/s}$$

此时由于不产生干涉,因此路径更短。实验结果如图3所示。

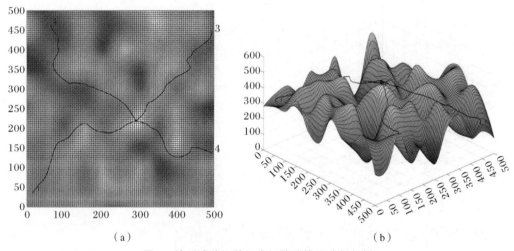

（a）　　　　　　　　　　　　　　　　　　　（b）

图3　地形威胁下的无人机蜂群协同路径规划

（a）路径规划平面图；（b）路径规划三维图

场景2:混合威胁下的无人机蜂群编队协同路径规划

总空间设定为 500 m×500 m×500 m。在这个空间里有 10 个威胁源、2 个地面雷达、2 枚导弹和 6 座山峰。使用了 4 架相同的无人机。这 4 架无人机的起始坐标分别为 UAV_1(15.8,37.4,296.5), UAV_2(61.6,463.6,129), UAV_3(494.5,446.5,228.2), UAV_4(493.9,138.1, 234.3)。目标点的坐标为(291.8,219.8,489.4)。威胁坐标为 R_1(100.1,100.9,451.3), R_2(207.1,333.3,399.9), M_1(393.9,414.1,369.2), M_2(360.8,353.1,479.3)。无人机速度范围为[10,30]m/s。其他参数同场景1。无人机飞行轨迹分别为429.128 6 m、539.949 4 m、413.273 5 m、369.751 1 m。同时起飞,同时到达目标时耗时 17.998 3 s。

当按照1、4、2、3的顺序起飞时,各无人机飞行轨迹为

$$l_{UAV_1} = 435.058\ 6 \text{ m}, \quad l_{UAV_2} = 539.188\ 9 \text{ m}$$

$$l_{UAV_3} = 837.175\ 5 \text{ m}, \quad l_{UAV_3} = 365.848\ 3 \text{ m}$$

无人机到达时间分别为

$$t_{UAV_1} = 14.502\ 0 \text{ s}, \quad t_{UAV_2} = 32.502\ 0 \text{ s}$$

$$t_{UAV_3} = 41.502\ 0 \text{ s} \quad t_{UAV_4} = 23.502\ 0 \text{ s}$$

无人机飞行速度分别为

$$v_{UAV_1} = 30.000\ 0\ m/s, \quad v_{UAV_2} = 16.589\ 4\ m/s$$

$$v_{UAV_3} = 20.172\ 0\ m/s, \quad v_{UAV_4} = 15.566\ 7\ m/s$$

实验结果如图 4 所示。在混合威胁仿真场景中,该算法能够有效地生成无人机蜂群的路径规划,并满足空间和时间约束。

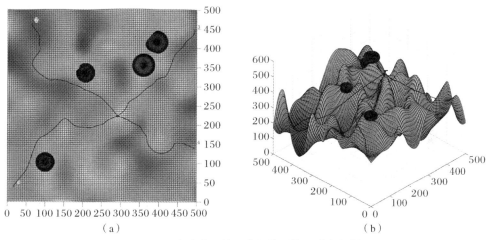

图 4 混合威胁下的无人机蜂群协同路径规划

(a)路径规划平面图;(b)路径规划三维图

4 结束语

本文针对无人机蜂群协同路径规划问题,构建了无人机蜂群路径规划模型,包括:进行了环境建模;建立了山峰数字地形图;威胁建模,包括雷达威胁建模、防空导弹威胁建模以及地形威胁建模;建立了目标函数与约束条件;提出了基于标准粒子群算法,对权重系数、认知系数和社会系数改进,提高了算法的性能;最后在概率威胁场景和混合场景进行了验证。仿真结果证明,本文提出的算法可以完成无人机蜂群路径规划。

【参考文献】

[1] GARRIDO S,ABDERRAHIM M,MORENO L. Path planning and navigation using Voronoi diagram and fast marching[J]. IFAC Proceedings Volumes,2006,39(15):346 - 351.

[2] LEE W,CHOI G H,KIM T W. Visibility graph-based path - planning algorithm with quadtree representation[J]. Applied Ocean Research,2021,117:242 - 24.

[3] GEMEINDER M,GERKE M. GA-based path planning for mobile robot systems employing an active search algorithm[J]. Applied Soft Computing,2003,3(2):149 - 158.

[4] WU X D,BAI W B,XIE Y,et al. A hybrid algorithm of particle swarm optimization, metropolis criterion and RTS smoother for path planning of UAVs[J]. Applied Soft Computing,2018,73:735 - 747.

无人机集群数据链 MAC 层多址接入协议研究

王　峰　郄秋月　黎　娜　马小博　郭明明

（陆军航空兵学院 无人机中心，北京 101123）

【摘　要】针对无人机集群数据链对传输网络提出的极低端到端传输时延、高速动态灵活组网、具备较大网络容量等需求,本文设计了一种基于优先级统计的 SPMA 协议实现多址接入,分析不同参数对网络传输时延和组网的影响,并基于 QualNet 和 MATLAB 等仿真软件系统平台,对所设计的 MAC 协议进行性能评估。仿真结果表明,所设计的基于优先级统计的 SPMA 协议能满足无人机集群数据链对传输网络的需求。

【关键词】无人机；集群数据链；MAC 层；多址接入协议

引言

随着无人机在战争中的大量使用以及使用环境的日益复杂,无人机单机遂行侦察与作战任务的局面正在改变。无人机集群协同作战开始显示其生命力,组织多架无人机,甚至是多个不同类型的有人机、无人机携带多种传感器协同执行任务将成为未来战场上一种重要的作战方式。在无人机集群协同作战过程中,为了运行安全及保持编队,无人机集群内的节点之间需要频繁交换位置信息、态势信息、姿态信息等,而这些信息通过数据链组网来实现实时共享与交互,进而进行任务执行的调整、自主控制的迭代,以快速适应新环境、合理规划路径、高效完成任务,即集群数据链的性能决定了所交互信息的实时性、完整性和可靠性。目前,传统的数据链组网技术抗毁性差、时延大、易产生拥塞,难以满足无人机集群协同作战需求。本文从无人机集群数据链 MAC 层多址接入协议出发,分析不同参数对网络传输的影响,进而基于 QualNet 和 MATLAB 等仿真软件系统平台,对所设计的 MAC 协议进行性能评估,旨在着力解决集群内部无人机平台之间、无人机集群和控制站之间的信息实时可靠交换问题,为无人机集群数据链组网技术工程化的应用奠定基础。

1　集群数据链多址接入方式

传统组网多址协议以调度类协议为主,多采用时分多址 MAC 协议实现多节点的信道接入。调度类协议的优点是工程上易于实现,多址干扰较小,缺点是组网慢、不能动态组网、网络规模难以扩展,数据时延较大,无法满足武器协同和联合攻击任务过程中低时延传输要求。本文涉及的集群内部无人机平台之间以及无人机集群和控制站之间均采用基于优先级统计的基于信道忙统计的多信道媒体接入控制（Statistical Priority - Based Media Access,SPMA）协议实现多址接入,其优点是可提供极低的端到端时延,实现高速动态灵活组网,同时具备较大的网络容量,能允许更多节点接入网络。

无人机集群和控制站之间根据两者之间的距离分为两种模式:近场模式和远场模式。在近场模式中无人机集群和控制站之间的距离较近,控制站采用全向天线和集群内部任一架无人机平台进行通信;在远场模式中无人机集群和控制站之间的距离较远,控制站采用定向天线,控制站在天线扫描过程中锁定无人机集群内部一架无人机,整个集群无人机其他平台的信息通过该无人机传回地面站。地面站和集群无人机之间的控制指令也通过锁定的无人机进行通信,当指令到达锁定的无人机后,再由该无人机广播至网内其他无人机,从而减轻地面操作人员的部分压力,最终实现数名操作人员即可操纵集群无人机的目的。为了保证在紧急情况下地面操作人员指令的快速执行,需要合理设计地面操作指令在SPMA协议中的优先级。由于控制站只是整个集群数据链内部的一个普通节点,使得集群数据链所有端机可使用一个统一的硬件平台和软件协议,即可完成集群内部无人机平台之间、无人机集群和控制站之间的信息实时可靠交换,其适用于各类异构无人机平台,具有很好的通用性。

2　多址接入方式比较

根据信道接入方式的不同,现有的无线自组织网络的 MAC（介质访问控制层）协议分为以下两类:基于竞争机制的 MAC 协议和基于预留机制的 MAC 协议,如图 1 所示。

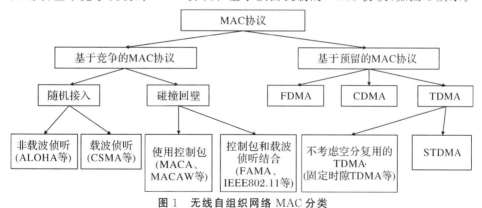

图 1　无线自组织网络 MAC 分类

低时延自组网 MAC 层接入协议一般采用基于竞争机制的 MAC 协议接入方式,是指利用一定的竞争机制来访问共享信道的 MAC 协议,因此,所利用的竞争机制对协议的性能起着决定性的作用。其典型代表为美军的 TTNT（战术描准网络技术）,能实现低时延传输,但存在信道碰撞的先天不足,因此需要进行降低信道碰撞的研究。

传统 MAC 竞争类协议例如 CSMA（载波侦听多路访问）等,多为公平竞争,并未考虑服务质量（QOS）的设计,然而在实际集群信息交互中,由于存在不同类型的作战任务,对 QOS 的要求也不同,这对 MAC 层协议的设计提出了一定的要求,根据不同的要求。业务类型可以分为以下三类。

1)高优先级业务:实时战术指令,其主要特点是实时性要求高、信息量较小。

2)中优先级业务:战场态势信息,其主要特点是实时性要求中、信息量一般。

3)低优先级业务:图像、语音信息,其主要特点是实时性要求低、信息量较大。

由于业务优先级是面向数据类型的,因此,不同节点的地位是相同的,优先级是由每个节点发送队列最前端的待发送数据决定的。不同优先级业务接入流程如图2所示。

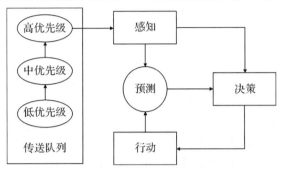

图 2　不同优先级业务接入流程

固定分配类 MAC 协议如 TDMA(时分多址),虽然在吞吐量上具有很大优势,但其延时较高,不适用于移动变化网络。

本文集群数据链采用的 MAC 协议为 SPMA,与集群数据链的基带波形一起完成,并为内联网路由提供信道反馈服务。采用异步跳频机制为基础的 SPMA 协议,不需要为节点预先分配时隙或预约时隙,只需根据网络忙闲程度决定分组是否接入网络,这样就可以大大减少多路信道接入访问延时。与其他带控制信道的多信道 MAC 协议相比,SPMA 由于不需要预约信道和时隙,确保了高优先级业务的实时性,符合战术通信的要求。由于传统 SPMA 竞争类协议存在的最大问题是冲突问题,对多节点同时发送的情况容易造成冲突导致延迟增大,同时其信道利用率较低。因此,考虑若能够在发送前就对整个网络的状态有一定的了解,再进行合理的调度,这样不仅大大降低了碰撞的可能性,还能对不同业务优先级进行分类,使得高优先级业务具有低时延,适用于战术数据链网络。因此,对信道状态进行周期检测,进而设计出一种基于优先级的竞争 MAC 协议十分重要。

3　集群数据链 MAC 协议框架

本文研究的基于时频分析的信道忙闲程度检测和预测算法,为基于信道忙闲程度和区分业务优先级的信道接入提供判断依据。节点通过统计信道在过去一段时间收到的突发个数来预测当前时帧收到的突发个数以及信道占用情况。通过判断当前信道忙闲程度,避免了每次分组发送前侦听信道所耗费的时延,同时为不同优先级分组发送或退避提供了依据,防止分组过快接入信道而造成信道拥塞和过慢进而导致的等待时延。

由于系统接入时延要求比较低,如果当前是低优先级的块数据包传输,一旦出现时敏和移动目标,则立即中断当前的块数据包发送,进行预警信息的传输。对于不同的信息有不同的传输优先级,应保证最高优先级数据随到随传。集群数据链 MAC 协议设计框架如图3所示。

对于高优先级业务来说,需要保证极低的延时,适宜采用简单快速的能量检测,检测门限值也较高。不需要考虑低优先级业务的传输,接入方式属于非合作共享机制,能保证高优先级业务的快速、高效接入。低、中优先级业务的检测与高优先级检测均使用能量检测,区别在于低、中优先级业务为了保证更好的检测性能,采用的是双门限检测,并且加入了联合检测技术,避免了高优先级业务的漏检问题。对于低、中优先级业务,采用了两级检测,即利用能量检测法实现粗检测,利用循环平稳特性检测法进一步提高检测性能。在网络负载较大时,低、中优先级业务无法接入,可通过基于优先级的自适应退避算法进行退避,减小网络负载。

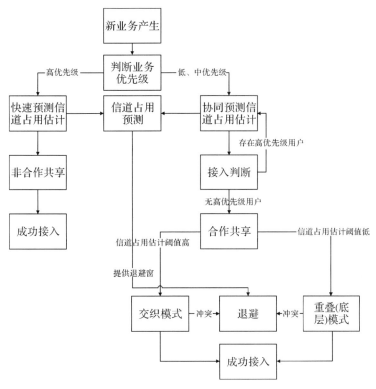

图 3 MAC 协议设计框图

3.1 检测方案

不同优先级业务对检测性能和检测时间具有不同的要求,需要根据不同的优先级采用相应方法进行信道占用状态的检测,具体实现如下。

(1)高优先级:能量检测

能量检测不需要先验信息,具有计算量小、速度快、检测性能高等优点,是目前研究最为广泛的技术。能量检测的缺点是在低信噪比时,能量检测的检测性能欠佳。但由于高优先级业务在低信噪比环境下仍具有较好的检测性能,因此能量检测适用于高优先级业务。其检测过程如图 4 所示。

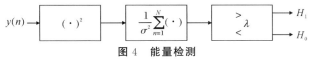

图 4 能量检测

（2）中优先级：双门限协同能量检测

中优先级业务信道占用状态检测时，由于高优先级业务信号的干扰，检测性能不佳。本项目采用了双门限法，能够有效提高检测性能。相比高优先级单一能量检测法，此方法提高了信道占用情况检测的可靠性，并且减小了高优先级业务漏检概率，缺点是增加了检测时间。

（3）低优先级：两级-双门限协同检测

低优先级业务信道占用状态检测时，会同时受到高、中优先级业务信号的干扰。为提高检测性能，除了采用中优先级的双门限协同检测技术外，还采用了两级检测方法：首先采用能量检测进行粗感知，对整个带宽进行快速搜索，确定有无高、中优先级信号。若带宽内不存在高、中优先级信号，则直接进行业务传输；如若统计量超出阈值则可能存在高、中优先级信号，之后利用循环平稳方法对信道进行第二级检测，以提高检测性能。与中优先级业务采用的检测方案对比，低优先级业务的检测鲁棒性更高，性能更好，但所需检测时间最长。两级-双门限协同检测工作原理如图 5 所示。

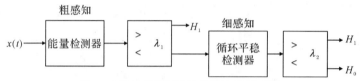

图 5　两级-双门限协同检测方法原理图

利用循环平稳检测方法进行第二级检测的示意图如图 6 所示。

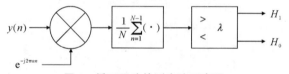

图 6　循环平稳检测方法示意图

接收信号 $x(t)$ 存在两种情况，分别为 H_0 和 H_1，有

$$H_0:\quad x(t)=n(t) \tag{1}$$

$$H_1:\quad x(t)=s(t)+n(t) \tag{2}$$

式中：$n(t)$ 为热噪声；$s(t)$ 为有用信号。对于合作信号，采用匹配滤波进行各种优先级业务信道占用情况的初步检测；对于非合作信号，采用能量检测器进行各种优先级业务信道占用情况的初步检测。

假设 $x(t)$ 是零均值随机过程，$x(t)$ 被认为是周期性的，其自相关函数为

$$c_{xx}(t,\tau)=E[x(t)x(t+\tau)] \tag{3}$$

对应的傅里叶序列为

$$c_{xx}(t,\tau)=c_{xx}(\tau)+\sum_{\alpha\in\psi}C_{xx}(\alpha,\tau)\mathrm{e}^{\mathrm{i}2\pi\alpha t} \tag{4}$$

式中：α 为循环周期；ψ 为循环周期可以取值的范围；$C_{xx}(\alpha,\tau)=\lim\limits_{Z\to\infty}\dfrac{1}{Z}\int_{-\frac{Z}{2}}^{\frac{Z}{2}}c_{xx}(t,\tau)\mathrm{e}^{\mathrm{i}2\pi\alpha t}\,\mathrm{d}t$，为周期相关方程。

对于固定的时延 τ，$c_{xx}(t,\tau)$ 可以化成两部分：

$$c_{xx}(t,\tau)=\mathrm{CC}+\mathrm{PPC} \tag{5}$$

式中：CC＝$c_{xx}(\tau)$是连续性部分，并且时间独立；$PPC = \sum\limits_{\alpha \in \psi} C_{xx}(\alpha,\tau) \mathrm{e}^{i2\pi\alpha t}$是时间相关部分，虽然 CC 在 H_0 和 H_1 中都存在，但是对 PPC 不相关。当 $x(t)$ 的周期频率 $\alpha \neq 0$ 时，在 H_0 情况下，PPC＝0，在 H_1 情况下，PPC≠0。通过计算 PPC 是否为 0 实现对各种优先级业务信道占用情况的检测。

定义时间相关函数为 $\bar{c}_{xx}(t,\tau) = c_{xx}(t,\tau) - c_{xx}(\tau)$，用其代替之前的 $c_{xx}(t,\tau)$，有

$$H_0: \quad \bar{c}_{xx}(t,\tau) = 0 \tag{6}$$

$$H_1: \quad \bar{c}_{xx}(t,\tau) \neq 0 \tag{7}$$

在给定时延的情况下，通过检测 $\bar{c}_{xx}(t,\tau)$ 是否为零，实现低优先级业务信道负载状态的检测。

3.2　业务发送自适应决策

为了实现集群中时敏信息的低时延传输，满足武器协同和联合攻击作战任务需求，设计了多节点信息融合的业务发送自适应决策方案。该方案根据信道占用情况的检测结果自适应决策是否对外发送业务信息：当高优先级业务对外传输时，次优先级业务就不能接入，需要进行避让，即高优先级业务有信道的绝对优先使用权；当信道占用率低时，允许次优先级业务接入。

单个节点的信道占用检测结果准确度不高，将多个节点的信道占用检测结果进行信息融合后进行联合检测可以有效提高检测可靠性。但由于该方法实时性较差，仅适合于次优先级业务。次优先级业务对外发送信道占用检测信息时，将信道信号能量划分为几个不同的等级，能量不同对应不同的信道负载情况。业务发送自适应决策方案原理如图 7 所示。

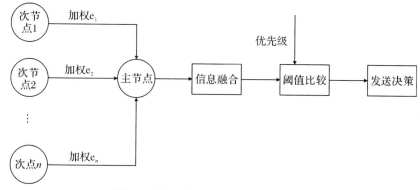

图 7　业务发送自适应决策方案原理图

4　性能仿真

在 qualnet 中，消息的传递是根据事件来触发的。系统有一个主事件处理函数，用于处理来自各个层的事件。当某一个层发送一个事件后，主事件处理函数将根据该消息事件的层、事件的协议类型、事件名称将该消息事件发送到对应层的对应协议上去。

以应用层恒定比特率（CBR）协议为例，qualnet 标准协议栈的内部消息处理流程如图 8 所示。

1）应用层对 CBR 分组使用 MESSAGE_Alloc（　）函数分配内存空间，并利用 MES-

SAGE_PacketAlloc( )函数将载荷拷贝到 packet 结构体指针,通过 MESSAGE_Send( )
递交给传输层;

2)传输层利用 MESSAGE_AddHeader( )函数增加一个 TCP 或者 UDP 头,再通过
MESSAGE_Send( )函数递交给网络层;

3)网络层通过路由寻径,增加了 IP 头以后递交给 MAC 子层,MAC 子层增加 MAC 帧
头后递交给物理层;

4)物理层经过相应的编码、调制、天线发射出去,再经过无线信道的模拟传输,历经衰
落、多径、损耗,到达接收端,如果发生差错就根据 MAC 层设置进行相应的处理。

接收端的处理过程与发送端相反,经过 MESSAGE_Remove Header( )函数层层剥离
协议头,将消息递交给上层进行相应的处理,最终到达目的应用协议,利用 MESSAGE_
Free( )函数释放掉由发送端使用的 MESSAGE_Alloc( )函数和 MESSAGE_PacketAlloc( )
函数分配的内存空间。

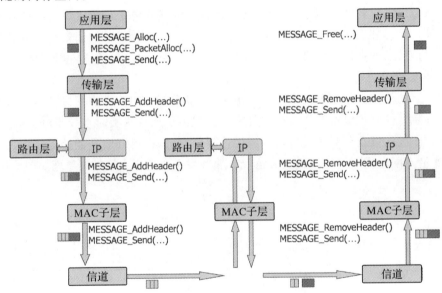

图 8　qualnet 内部消息处理流程

组网设置节点为 200 个,其中各节点以一定概率 P 进行通信,节点优先级设置不同优
先级,采用应用层 CBR 业务,对所设计的基于预测的路由协议和 MAC 接入协议进行仿真。
仿真的无人机自组网是由 30 个节点组成,这些无人机节点均匀地分布在 1 500 m×1 500 m
的方形区域内。仿真实验的时长为 1 000 s,每个仿真实验都进行 20 次,并且每次仿真实验
都选取不同的 seed 值,seed 的取值范围是 1~20,最后对由此获得的各个仿真结果进行取
平均值的运算。

无人机自组网的数据链路层带宽为 2 Mb/s,节点不采用移动模型,无人机的飞行高度
设置为 1 500 m,仿真场景中的电波传播模型为 Two Ray model,接收灵敏度为—100 dBm。
数据包类型为 CBR,数据包大小为 512 B。物理层采用 Abstract 模型。无人机自组网仿真
场景中存在 5 个 CBR 数据流。仿真场景设置如图 9 所示。

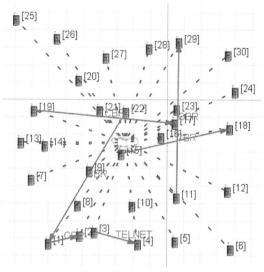

图 9　仿真场景设置

在不同的仿真场景下,对无人机组网进行仿真实验,统计物理层、MAC 层、网络层、应用层的性能以及系统总体性能。

图 10 为仿真第 6 s 时的网络数据流图,可以看出 CBR 业务在传播过程中一跳范围到达不了的情况下,使用了路由协议规划的路径利用其他节点进行了中继。

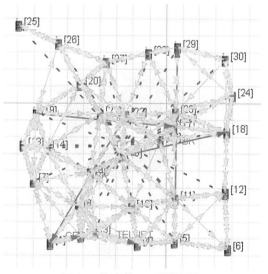

图 10　仿真第 6 s 时数据流

仿真结束时,qualnet 进行结束处理,调用各层协议的结束函数。每次仿真中,实时跟踪、统计系统中发送和接收的每条消息、每个分组。MAC 协议模型的结束函数将其性能统计数据打印到统计文件中,在仿真结束时按照柱状图方式保存下来。

图 11 为仿真第 8 s 的网络数据流图。相比第 6 s,第 8 s 整个网络信息传输带宽有所下降,网络负载减小,优先级较低的业务退避后进行传输,降低了网络信息碰撞概率。

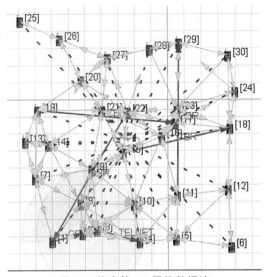

图 11　仿真第 8 s 网络数据流

图 12 为网络 CBR 业务数据统计,发送节点为 1,11,15,19,22。

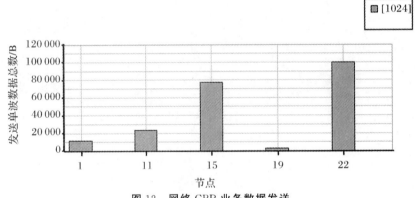

图 12　网络 CBR 业务数据发送

图 13 为网络 CBR 业务数据统计,接收节点为 1,2,17,18,29。

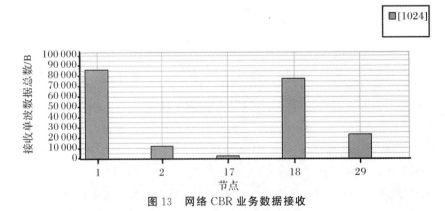

图 13　网络 CBR 业务数据接收

　　根据图14~图16,系统 MAC 层端到端时延是影响网络实时性的指标之一。将每个节点接收到的每条消息的 MAC 端到端时延累加后再取平均,优先级在 2 级以上的消息 MAC 端到端时延与网络规模之间的数据结果见表1。

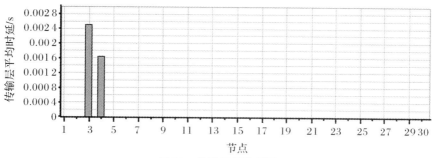

图 14　传输层平均时延

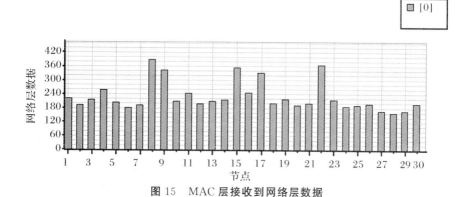

图 15　MAC 层接收到网络层数据

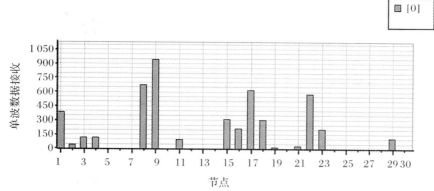

图 16　物理层数据接收延时

表 1　MAC 端到端时延

网络规模	MAC 端到端时延/s
10	0.001
20	0.001 5
30	0.001 75
40	0.001 8

由表 1 可以看出,通过对发送信息优先级的判定,对高优先级序列优先发送,以及在路由层通过对路由的预测减少路由发现时间,可以得到以下结论。

1)当网络规模较小时,MAC 层端到端时延随着网络节点数的增大而增大。

2)当网络节点数达到一定值时,MAC 端到端时延与网络节点数不再呈递增关系。

3)可以满足高优先级传输时延较小的要求,100 km 范围内的分组端到端时延可控制在 2 ms 以内。

5 结论

本文采用新设计的 SPMA 协议来实现无人机集群数据链组网多址接入,由于该协议不需要为节点预先分配时隙或预约时隙,只需根据网络忙闲程度决定分组是否接入网络,确保了高优先级业务的实时性。通过对 SPMA 协议性能进行仿真评估,结果表明:基于优先级统计的 SPMA 协议是一种非常有效的 MAC 层协议,与其他带控制信道的多信道 MAC 协议相比,更好地解决了无人机集群数据链组网多址接入问题,同时也满足了集群数据链组网应具备毫秒级的信息传输时延、较高的信息传输带宽、较大的网络容量等要求。

【参考文献】

[1] ZONG S J,CLARK S M,HAENDEL R S,et al. Waveform for virtually simultaneous transmission and multiple receptions system and method:US7830781[P]. 2010 − 11 − 09.

[2] 卢林林.数据链 TDMA 动态时隙分配算法研究[D].西安:西安电子科技大学,2015.

[3] 刘军.基于 TDMA 的自组织网络 MAC 协议研究[D].成都:电子科技大学,2016.

[4] 陈志辉,李大双.对美军下一代数据链 TTNT 技术的分析与探讨[J].信息安全与通信保密,2011(5):76 − 79.

[5] 金荣,张衡阳.美军 TTNT 数据链发展应用现状[J].现代导航,2014(2):154 − 156.

[6] 孟强勇,王丽欣.TTNT 数据链研究[J].飞航导弹,2014(7):76 − 81.

[7] 张红梅,彭沙沙,赵玉亭,等.基于多信道优先级统计的战术数据链 MAC 协议[J].火力与指挥控制,2014(8):137 − 141.

多机协同编队技术研究综述

王雪林[1,2]*　张耕瑞[1,2]　张笑语[1,2]　郭育青[2]　郑志强[1,2]　宋国鹏[2]

(1 航天时代飞鸿技术有限公司,北京 100094

2 中国航天科技集团有限公司 智能无人系统总体技术研发中心,北京 100094)

【摘　要】随着科技的迅猛发展,无人机单机性能得到了较大的提升,在军事和民用领域发挥着越来越大的作用。但是由于应用的场景愈加丰富、执行的任务更加复杂,单机飞行难以给出相应的解决方案。与单架无人机相比,多无人机编队有任务成功率高等优点,所以越来越多的人将目光投向了多无人机编队飞行,尝试以编队方式对现有任务提供解决办法。本文对多无人机编队飞行涉及的编队生成及变换、编队保持、编队避障等方面的研究现状进行了总结,通过对比分析现有方法的优缺点,对各类技术下一步的发展提出了相关建议。

【关键词】无人机;协同编队;编队队形变换;编队保持;编队避障

引言

随着军事作战方式的变革和生产成本的降低,无人机作战已成为当今各国的研究热点,多无人机协同编队在执行大型复杂任务时,具有效率和成功率上的优势,因此多机编队飞行已经成为重要的研究方向。

多机编队的具体含义为:多架无人机组成编队联合飞行时,相互之间要保持固定的几何形态,同时要满足任务需求及适应周边环境约束。多机编队的主要研究任务包括编队生成及变换、编队保持及编队避障,目前国内外学者在这些方面做了大量研究工作,但仍存在一些问题亟须解决。

1　编队生成及变换

多无人机集群执行任务面临的第一个问题是如何实现编队的组建。编队组建主要完成无人机集群由无序状态向目标队形集结。在这方面,国内外学者已开展了一些研究。文献[1]提出了一种多无人飞行器的集结控制方案,主要是防止各成员之间分离,文献[2]在此基础上进行了改进,虽能快速集结,却没有考虑如何防止机间发生碰撞。文献[3]用势场方法来模拟群聚集行为和凝聚力,Olfati-Saber 等人使用结构势函数来实现防碰撞、分析群集的稳定性[4-5]。基于行为法的集结模式是又一种重要方法[6],如模拟鸟类、蚂蚁和鱼类的群集行为。此外,还有长机-僚机法[7]、没有明确的长机法[8]、虚拟结构法[9]和最优集结路径法[10]等。

多无人机编队队形变换是指机群在执行任务的过程中,由于已完成部分任务或因突发状况导致机群改变原定任务目标或者改变原定的编队结构[11]。在多无人机编队队形变换的过程中,需要为每架无人机重新制定在编队中的新位置,并为每架无人机生成从原来的编队位置到新编队位置的飞行轨迹[12-13]。这些飞行轨迹必须以无人机的安全飞行为前提,同时满足无人机的动力学特征、物理约束条件等客观约束条件[14-15]。

茹常剑[16]等人针对任务环境下携带不同载荷的无人机,结合多目标多人博弈理论中的纳什谈判相关理论,设计了一种基于纳什谈判的分布式预测控制算法。周绍磊等人[17]通过建立无人机虚拟领航编队模型并引入邻居集,采用分布式模型预测控制同时构建了多无人机编队的重构代价函数,提出了采用改进量子粒子群优化算法进行求解完成多无人机编队的自主重构。华思亮等人[18]研究了无人机编队的通信拓扑、任务拓扑和控制体系结构,分析了编队重构任务耦合、碰撞避免和动态拓扑的特点,提出了通过模型预测控制方法完成对无人机编队重构问题的解算。

2 编队保持

多无人机集群执行任务的基本形式之一是编队保持,编队保持在拓宽无人机的作战范围的同时提升了集群飞行的有序性,提高了完成任务的可能性。选取合适的信息交互策略可以帮助无人机之间交换状态信息,实现群体感知与态势共享;选取合理的队形控制算法可以帮助多无人机形成预定队形,实现突发状况下的队形保持及变换。

2.1 信息交互

合理的信息交互机制有利于无人机群快速收敛于预定队形,加强系统的鲁棒性,既是关键问题,也是编队算法的研究重点。总的来说,可以将信息交互方式分为以下几种。

(1)集中式

集中式方法[19](centralized control)是假设控制系统中存在控制中心,此控制中心能接收所有无人机的状态信息并向它们发送控制指令,进而控制编队的队形(见图1)。从本质上讲,集中式方法是对单一无人机的控制理念和策略的直接延伸。Brandao等人[20]提出了一种多层控制方案,选取了集中式的控制体系结构,由一个主单元负责获取整个编队的信息,通过导航完成了队形控制。集中式控制的优点是编队准确度高,但编队过程中信息交互量大,需要主控中心有较强的计算能力,一旦主控中心发生故障,编队中的其他个体将失去信息来源。

图 1 集中式控制

(2)分布式

分布式方法(distributed control)不需要编队中所有成员都进行信息交互,每架无人机只需要与其邻居无人机进行交互,即可进行协作来形成编队(见图2)。任伟等人研究出了一种具有向生成树的编队控制体系结构,此种结构能够使群领导和其他成员组成任意数量的信息流[21]。分布式方法降低了对控制中心的依赖,信息交互量小,计算时间也短,但是结构和组织变得更加复杂,编队控制精度没有集中式高。

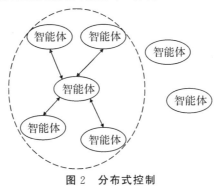

图 2　分布式控制

（3）分散式

分散式方法(decentralized control)是指编队中既不存在控制中心,也不与周围无人机进行交互,只通过与编队中特定点的相对关系来保持编队队形(见图3)。Zhang 等人给出了多无人机系统在风扰动下的一种分散式编队控制算法,基于输出调节验证了有效性[22]。王锐等人利用分散式方法实现了无人机编队避碰的控制[23]。分散式信息交互没有信息交换,计算时间短,但是控制效果差。

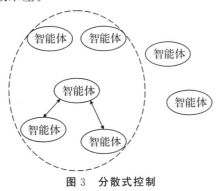

图 3　分散式控制

2.2　控制算法

集群编队飞行控制是多无人机在飞行过程中,地面测控站实时控制每一架无人机位置信息和速度信息,使得所有无人机形成一定几何构型并且整个编队系统具备保持该构型飞行的能力,以此来适应战场环境和完成战术任务的控制策略。目前较为常用的集群控制算法有以下几种。

（1）长机-僚机法

长机-僚机法的基本思想[24]是先确定某架无人机为领航机(长机),领航无人机仅受地面操纵人员的指挥,为多无人机集群的唯一参考点,其他的无人机均为跟随机(僚机),各架跟随机依据长机做机动飞行。其中:长机通过预设方案或得到的临时命令计算出正确飞行轨迹,从而带领并维持整个集群的飞行;僚机则仅需以某种控制策略和队形跟随长机飞行,不需进行额外轨迹计算,从而专注于集群的侦察、打击任务本身。

长机-僚机法的优点是模型简单、直观,易理解,易实现,且体系稳定成熟。长机-僚机法主要存在两个方面的问题:第一,系统过于依赖长机,若长机发生故障,整个系统将失效,导致任务失败;第二,存在误差传导的问题,在某些控制策略下,僚机和僚机之间存在关联,与长机相邻的僚机所产生的误差将叠加到较远的僚机上。

(2)基于行为法

基于行为法的基本思想是预先为无人机规定几种基本动作,比如避障与避碰、跟踪目标、编队保持等,进而在编队飞行过程中,各架无人机依据传感器和其他无人机的状态信息进行各个基本动作的权值计算,进而无人机选出其中一种动作来执行[25]。文献[26]提出了一种基于行为的编队控制算法,该方法定义了四种无人机运动行为,即距离调整、速度校准、队形生成以及冲突避免,通过设定合适的权重系数整合这些行为产生用于控制无人机飞行的激励。该算法能有效实现无人机集群的编队控制。文献[27]提出了一种基于行为的分散式无人机编队飞行方法。该方法的优点是当环境出现突发威胁时,整个编队系统能够迅速做出反应,缺点则是对无人机建模的精确度要求较高,否则会影响控制效果。

(3)虚拟结构法

虚拟结构法是对长机-僚机法进行改进的一种方法,该方法将期望的队形看作一个虚拟结构,在空间内找一点作为领航点,该领航点固连于队形中,即相对位置保持不变,将所有无人机均看作"僚机",跟随虚拟长机做机动飞行[28]。其实现过程可以分为三个步骤:定义虚拟结构的动力学模型,实现虚拟结构运动与每架无人机期望运动的转化,设计每个人机跟踪其期望运动的控制律。文献[29]设计了一种基于虚拟结构的编队控制器,并通过应用 UTIAS 开发的同步技术提高编队控制的性能。该技术通过运动同步调整无人机的相对距离误差,使无人机能更好地保持编队。

该方法很好地弥补了长机-僚机法的缺点,解除了长机-僚机法中对于长机的依赖,同时也解决了误差传导问题,使得编队控制的精度提高。但是该方法仍然存在一定的局限性,如在此控制策略中多无人机相对于虚拟领航点的位置保持不变,导致集群飞行的避障能力比较差。由于该方法是一种集中控制方法,对系统通信能力要求较高,且无法发挥出无人机的自主性,在紧急的作战环境中,无人机依然需要将情况反馈给控制中心后才能做出反应,存在延迟。

(4)人工势场法

基于人工势场函数的方法采用吸引势场和排斥势场的混合势场对群体进行引导,能保证集群中各无人机不发生碰撞。文献[30]提出了一种基于人工势场函数的编队控制算法,同时通过考虑速度状态信息、确定动态安全距离、修正势力等因素对传统人工势场方法进行改进,取得了较好的效果。文献[31]针对传统人工势场法存在的局限性,通过改进斥力势场函数,并考虑无人机与目标的相对距离,解决了威胁或障碍物与目标点过近情况下的目标不可达问题,同时通过使用随机波动法解决了可能陷入局部极小点的问题。

人工势场法具有明确的数学含义,计算量小,实时性强等,但可能存在局部极小点、震荡等问题。该方法广泛用于解决复杂环境下的避障问题和路径规划问题。

3　编队避障

编队避障主要包括机间避障和集群避障,选取正确的避障方法可以帮助无人机在不确定环境下进行适当的机动,实现集群智能协同决策。

3.1　机间避撞

在编队中,必须十分注意避免机间碰撞,而不仅仅是队形的保持。因为一些干扰因素会引起扰动,比如编队运动方式发生突然变化、队形改变等,防止冲突策略就是要避免在扰动下可能发生的机间碰撞。

(1)人工势场

人工势场法的基本思想来源于物理学中的电场,将智能体视为电场中的电子,而将障碍物和目标点分别视为电场中的负电荷、正电荷,根据"同性相斥,异性相吸"的原则,智能体和障碍物之间存在排斥力,智能体与目标点之间存在吸引力(见图4)。在排斥力与吸引力的共同作用下,智能体朝着目标点运动,同时远离障碍物。人工势场法的具体做法为在智能体和障碍物之间设计合理的人工势能函数,使得障碍物处的势能最大,目标点处的势能最小。当智能体在空间中运动时,会沿着总体势能的负梯度变化方向前进,因此会逐渐远离势能最大的障碍物,并运动到势能最小的目标点处。最终实现智能体的避障控制。

人工势场法在数学表达上清晰简洁,便于数学分析,但也存在局限性。当目标点处于障碍物附近时,由于智能体靠近障碍物时会受到极大的排斥力,因此可能造成智能体不能到达目标点的局面。此外,虽然智能体与障碍物之间的排斥力实现了避障,但二者之间的排斥力也会使智能体通过障碍物通道时出现震荡现象。

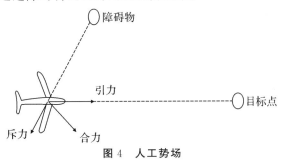

图4　人工势场

(2)基于规划

Shin Hyo-Sang用几何分析法预测碰撞冲突,对通过只控制偏航角的冲突规避法的实用性和稳定性进行了分析,但只考虑了二维情况[32]。也有利用改进路径规划算法来防止无人机与地面碰撞的,但其主要针对地形和地面障碍物[33]。文献[34]使用几何最优法,以入侵机为原点修正本机速度和位置,速度矢量和保护圆相交则冲突,选择改变偏航角使速度和圆相切,但该方法也只在二维平面内适用。也有研究人员模拟鸟类群聚的防撞处理方式,采用多层混合系统的控制方法,高层控制器利用各种探测设备(如GPS导航系统、雷达、觉传感器等)进行位置检测,并产生可行路径,底层控制器只处理所获得的局部信息,以便快速动态地调整相邻距离和方向,避免机群中发生碰撞[35-36]。文献[37]将防碰撞处理当成威胁类型中的集群避障一种,作为航迹规划中的约束条件加以考虑,把避碰问题分解为路径规划和速度规划两种方式。

3.2 集群避障

在解决了机间避撞问题后,需要考虑集群的整体避障。由于编队执行任务所在区域存在禁飞区、障碍物等环境影响因素,如果无法实现高效的避障,则很有可能导致编队任务的失败。

(1)基于规划

利用对环境的先验知识或者感知信息进行路径规划,是进行碰撞规避的常用手段。对于已知的任务环境,基于先验知识对飞行环境建立综合模型,然后基于环境模型进行全局路径规划[38-39]是十分有效的规避策略。一些常见的规划算法包括:快速扩展随机树算法,即生成一组可行的动作序列将初始点与目标点连接起来[40];图搜索算法,典型的包括 A^* [41]、D^* [42] 等;对预置路径的优化,典型的包括贝兹曲线[43]、样条曲线[44]方法等。在全局路径规划策略框架下,研究人员提出了一系列规划方法,包括速度障碍方法[45-46]、状态时间空间方法等,来处理动态环境[47]的避障问题。然而,尽管无人机的机载处理器的计算能力在不断提高,但全局规划方法始终面临 NP-hardness 问题。同时,小型无人机的飞行特性使其必须对环境的动态信息做出最及时的反应,极大地限制了全局规划方法在有限计算资源条件下的可行性。

(2)反应式

当规划时域趋近于一个无限小的时间间隔时,局部规划方法类似于一个反应式反馈控制器:将当前的感知状态映射到当前的控制输出。相关的方法包括人工势场结合滑模控制的梯度上升方法[48-49]、基于极坐标和李雅谱诺夫分析的运动控制方法[50]等。反应式的避障方法不显式地生成围绕障碍物的规避路径,即不需要直接执行路径跟踪。它通常基于当前的障碍和无人机状态信息,利用设计的防撞控制律实时生成无人机的飞行动作,从而避开障碍。反应式方法通常可以推广到任意的动力学模型,包括加速度受限的运动智能体[51-52]。这些方法预先考虑智能体动力学特性的扰动可能造成的影响范围,因此不需要考虑具体的模型。另一个方法通过确保智能体距障碍的距离始终大于"制动距离"来实现避障,可以用于智能体模型未知的情况。传统的动态窗口法[53-54]和曲率速度方法[55-56]就是为以单时间步长为预测时域的规划方法。

基于人工势场的反应式控制方法也有比较好的控制性能。和基于人工势场的路径规划方法不同,该反应式控制方法直接根据现有信息计算得到控制输出。该方法能够通过调整参考点的位置来提高算法的性能。

(3)基于预测控制

模型预测控制方法能够综合考虑智能体的碰撞规避和运动目标,并且能很好地显式地处理系统的动力学和轨迹约束,因此广泛地应用于运动智能体的导航和避障控制系统。模型预测控制方法的基本原理是,在每个控制周期,通过求解与未来一段时间的系统状态有关的优化目标函数,得到一定预测时域内的最优控制序列,但是仅将控制序列的第一项作用于系统。通过在每一更新时刻重复这一过程,能够保证规划的稳定性和收敛性。模型预测控制方法和人工势场法相比,能够考虑障碍的约束影响和智能体的复杂模型,对系统不确定型和干扰都有较好的适应性,通常情况下拥有更好的闭环控制性能[57]。同时,模型预测控制扩展到多智能体系统的导航和协同碰撞规避,具有很好的控制效果。对于多智能体集群系统,集中式模型预测控制方法理论上能够很好地处理多智能体系统的运动协同与碰撞规避[58],但是对于数量规模较大的系统,底层的优化过程过于复杂,不适用于可随意扩展的实时大规模多智能体系统。

综上可知,基于路径规划的规避方法更新周期较长,适用于较远距离的碰撞冲突场景;反应式的规避控制方法更新周期较短,对动态场景的响应速度快,适用于近距离尤其是各种突发的紧急碰撞冲突场景;模型预测控制方法能够同时处理任务目标和防撞约束,并且能够处理非线性模型、环境干扰等各种不确定因素,适用于高动态性和高不确定性的中短距离范围的冲突场景。

4 结论

多无人机协同编队涉及多种技术的综合使用,主要分为编队生成及变换、编队保持、编队避障,虽然当前各方面取得了一定的进展,但是还存在以下问题亟待解决。

1)编队生成及变换方面,主要问题是生成及变换过程中的单机分配及机间避撞,下一步应当重点提升编队生成的效率和避撞的有效性。

2)编队保持方面,由于单机性能、通信链路等方面的限制,较为常用的方式为分布式控制,但是效果与实际应用还存在一定差距,未来需要着力提升分布式控制的效果。

3)编队避障方面,目前机间避撞和集群避障都取得了许多研究进展,但是两方面的成果较为独立,今后应当注重通过统一框架及方法完成避撞和避障任务。

【参考文献】

[1] CRAIG W REYNOLDS. Flocks, Herds, and Schools: a distributed behavioral model [C]//ACM SIGGRAPH 87th Conference Proceedings. [S. l.]: ACM, 1987, 6(4): 25 - 34.

[2] ROHDE S, GODDEMEIER N, WIETFELD C. A communication aware steering strategy avoiding self-separation of flying robot swarms[C]//5th IEEE International Conference. [S. l.]: IEEE, 2010: 254 - 259.

[3] GAZI V, PASSINO K M. Stability analysis of swarms[J]. IEEE Transactions on Automatic Control, 2003, 48(4): 692 - 697.

[4] OLFATI-SABER R, MURRAY R M. Distributed cooperative control of multiple vehicle formations using structural potential functions[C]//Proceedings of the 15th IFAC World Congress. [S. l.]: Elsevier Science Ltd, 2002: 495 - 500.

[5] LEONARD N E, FIORELLI E. Virtual leaders, artificial potentials and coordinated

control of groups[C]//Proceedings of the 40th IEEE Conference on Decision and Control. [S. l.]:IEEE,2001:2968 – 2973.

[6] REYNOLDS C W. Flocks,herds,and schools:a distributed behavior model[C]//Proceedings of SIGGRAPH. [S. l.]:ACM,1987:25 – 34.

[7] WANG P K C,HADAEGH F Y. Coordination and control of multiple microspacecraft moving in formation[J]. the Journal of the Astronautical Sciences,1996,44(3):315 – 355.

[8] FAX J A,MURRAY R M. Information flow and cooperative control of vehicle formations[J]. IEEE Transactions on Automatic Control,2004,49(9):1465 – 1476.

[9] BEARD R W,REN W. Virtual structure based spacecraft formation control with formation feedback[C]//Proceedings of the AIAA Guidance, Navigation, and Control Conference. [S. l.]:AIAA,2002:4963 – 4970.

[10] FLINT M,POLYCARPOU M,GAUCHERAND E F. Cooperative path planning for autonomous vehicles using dynamic programming[C]//. IFAC 15th Triennial World Congress. [S. l.]:IFAC,2002:1694 – 1699.

[11] 查羊羊. 微小型四旋翼飞行器编队自主重构及控制[D]. 哈尔滨:哈尔滨工程大学,2019.

[12] 王寅,王道波,王建宏. 基于凸优化理论的无人机编队自主重构算法研究[J]. 中国科学 技术科学,2017,47(3):249 – 258.

[13] 邵壮. 多无人机编队路径规划与队形控制技术研究[D]. 西安:西北工业大学,2017.

[14] 卢燕梅,宗群,张秀云,等. 集群无人机队形重构及虚拟仿真验证[J/OL]. 航空学报: 1 – 12[2020 – 02 – 19].

[15] 韩知玖,吴文江,李孝伟,等. 一种改进的动力学约束人工势场法[J]. 上海大学学报(自然科学版),2019,25(6):879 – 887.

[16] 茹常剑,魏瑞轩,戴静,等. 基于纳什议价的无人机编队自主重构控制方法[J]. 自动化学报,2013,39(8):1349 – 1359.

[17] 周绍磊,康宇航,史贤俊,等. 基于RQPSO – DMPC的多无人机编队自主重构控制方法[J]. 北京航空航天大学学报,2017,43(10):1960 – 1971.

[18] 华思亮,陈宗基,袁利平. 基于模型预测控制的无人机编队自主重构研究[J]. 系统仿真学报,2008,20(增刊2):383 – 386.

[19] BRANDāO A S,SARCINELLI-FILHO M. On the guidance of multiple UAV using a centralized formation control scheme and delaunay triangulation[J]. Journal of Intelligent & Robotic Systems,2016,84(1):397 – 413.

[20] BRANDAO A S, BARBOSA J P A, MENDOZA V,et al. A multi-layer control scheme for a centralized UAV formation[C]// International Conference on Unmanned Aircraft Systems. [S. l.]:IEEE,2014:1181 – 1187.

[21] REN W,SORENSEN N. Distributed coordination architecture for multi-robot forma-

tion control[J]. Robotics and Autonomous Systems,2008,56(4):324 - 333.

[22] ZHANG J,MENG F,ZHOU Y,et al. Decentralized formation control of multi - UAV systems under wind disturbances[C]//Control Conference. [S. l.]:IEEE,2015:7392 - 7397.

[23] 王锐,宋科璞,车军. 基于分散式 RHC 算法的无人机编队碰撞避免研究[J]. 航空计算技术,2008,2(3):56 - 60.

[24] STIPANOVIC D M,INALHAN G,TEO R,et al. Decentralized overlapping control of a formation of unmanned aerial vehicles[C]//IEEE Conference on Decision and control. [S. l.]:IEEE,2004:2829 - 2835.

[25] 朱战霞,袁建平. 无人机编队飞行问题初探[J]. 飞行力学,2003,21(2):5 - 7.

[26] SOLEYMANI T,SAGHAFI F. Behavior - based acceleration commanded formation flight control[C]//International Conference on Control Automation & Systems,Gyeonggi - do. [S. l.]:IEEE,2010,1340 - 1345.

[27] KIM S,KIM Y. Three dimensional optimum controller for multiple UAV formation flight using behavior - based decentralized approach[C]//International Conference on Control. [S. l.]:IEEE,2007,1387 - 1392.

[28] LINORMAN N H M,LIU H T. Formation UAV flight control using virtual structure and motion synchronization[C]//American Control Conference. [S. l.]:[s. n.],2008:1782 - 1787.

[29] N. H. M. Li,H. H. T. Liu. Formation UAV flight control using virtual structure and motion synchronization[C]//2008 American Control Conference. Seattle:[s. n.],2008:1782 - 1787.

[30] NIE Z,ZHANG X,GUAN X. UAV formation flight based on artificial potential force in 3D environment [C]//2017 29th Chinese Control And Decision Conference (CCDC). Chongqing:[s. n.],2017,5465 - 5470.

[31] 杨洁,王新民,谢蓉. 基于改进 APF 的无人机编队航迹规划[J]. 西北工业大学学报,2013,31(2):200 - 205.

[32] Hyo-Sang Shin,Antonios Tsourdos,Brian A White,et al. UAV conflict detection and resolution for static and dynamic obstacles Guidance[C]//Navigation and Control Conference and Exhibit. Hawaii:[s. n.],2008:1 - 21.

[33] 李霞,魏瑞轩,周军等. 基于改进遗传算法的无人飞行器三维路径规划[J]. 西北工业大学学报,2010,28(3):343 - 348.

[34] BILIMORIA K,SRIDHAR B,CHATTERJI G,et al. FACET:Future ATM Concepts Evaluation Tool[C]//Proceedings of the 3rd USA/Europe ATM 2001 R&D Seminar. Air Traffic Control Quarterly. [S. l.]:[s. n.],2000:1 - 10.

[35] SHARMA R,GHOSE D. Swarm intelligence based collision avoidance between realistically modelled UAV clusters[C]//Proceedings of the 2007 American Control Conference. [S. l.]:IEEE Xplore,2007:3892 - 3897.

[36] OH S H, SUK J. Evolutionary design of the controller for the search of area with obstacles using multiple UAVs[C]//International Conference on Control Automation & Systems. [S. l.]: IEEE, 2010: 2541 - 2546.

[37] KANT K, ZUCKER S. Toward efficient trajectory planning: the path velocity decomposition[J]. the International Journal of Robotics Research, 1986, 5(3): 72 - 89.

[38] BELKHOUS S, AZZOUZ A, SAAD M, et al. A novel approach for mobile robot navigation with dynamic obstacles avoidance[J]. Journal of Intelligent and Robotic Systems. 2005, 44 (3): 187 - 201.

[39] VLASSIS N A, SGOUROS N M, EFTHIVOULIDIS G, et al. Global path planning for au - tonomous qualitative navigation[C]//In Tools with Artificial Intelligence, 1996. , Proceedings Eighth IEEE International Conference on. 1996: 354 - 359.

[40] DIANKOV R, KUFFNER J. Randomized statistical path planning[C]//In Intelligent Robots and Systems, 2007. IROS 2007 IEEE/RSJ International Conference on. [S. l.]: IEEE, 2007: 1 - 6.

[41] SATHYARAJ B M, JAIN L C, FINN A, et al. Multiple UAVs path planning algorithms: a comparative study[J]. Fuzzy Optimization and Decision Making, 2008, 7 (3): 257.

[42] KOENIG S, LIKHACHEV M. Fast replanning for navigation in unknown terrain[J]. IEEE Transactions on Robotics. 2005, 21 (3): 354 - 363.

[43] ŠKRJANC I, KLANCAR G. Optimal cooperative collision avoidance between multiplerobots based on Bernstein - Bézier curves[J]. Robotics and Autonomous systems, 2010, 58 (1): 1 - 9.

[44] LAU B, SPRUNK C, BURGARD W. Kinodynamic motion planning for mobile robots using splines[C]//In Intelligent Robots and Systems, 2009. IROS 2009. IEEE/RSJInternational Conference on. 2009: 2427 - 2433.

[45] FIORINI P, SHILLER Z. Motion planning in dynamic environments using velocity obstacles[J]. The International Journal of Robotics Research, 1998, 17 (7): 760 - 772.

[46] LARGE F, LAUGIER C, SHILLER Z. Navigation among moving obstacles using the N - LVO: principles and applications to intelligent vehicles[J]. Autonomous Robots, 2005, 19 (2): 159 - 171.

[47] FRAICHARD T. Trajectory planning in a dynamic workspace: a state-time s-pace approach [J]. Advanced Robotics. 1998, 13 (1): 75 - 94.

[48] FERRARA A, RUBAGOTTI M. Sliding mode control of a mobile robot for dynamic obstacle avoidance based on a time-varying harmonic potential field[C]//In ICRA 2007 Workshop Perception Planning & Navigation for Intelligent Vehicles. [S. l.]: IEEE, 2007.

[49] LINDEMANN S R, HUSSEIN I I, LAVALLE S M. Real time feedback control for nonholonomic mobile robots with obstacles[C]//Proceedings of the 45th IEEE Con-

ference on Decision and Control. [S. l.]: IEEE,2006:2406 – 2411.

[50] CHUNYU J,QU Z,POLLAK E,et al. Reactive target-tracking control with obstacle avoidance of unicycle-type mobile robots in a dynamic environment[C]//In American Control Conference(ACC). [S. l.]:IEEE,2010:1190 – 1195.

[51] MINGUEZ J,MONTANO L. Extending collision avoidance methods to consider the vehicle shape,kinematics,and dynamics of a mobile robot[J]. IEEE Transactions on Robotics,2009,25 (2):367 – 381.

[52] BLANCO J – L,GONZÁLEZ J,FERNÁNDEZ – MADRIGAL J – A. Extending obstacle avoidance methods through multiple parameter – space transformations[J]. Autonomous Robots,2008,24 (1):29 – 48.

[53] FOX D,BURGARD W,THRUN S. The dynamic window approach to collision avoidance[J]. IEEE Robotics & Automation Magazine,1997,4 (1):23 – 33.

[54] OGREN P,LEONARD N E. A tractable convergent dynamic window approach to obstacle avoidance [C]//Intelligent Robots and Systems，2002. IEEE/RSJ International Conference on. [S. l.]:IEEE,2002:595 – 600.

[55] FERNáNDEZ J L,SANZ R,BENAYAS J,et al. Improving collision avoidance for mobile robots in partially known environments:the beam curvature method[J]. Roboticsand Autonomous Systems. 2004,46 (4):205 – 219.

[56] SHI C,WANG Y,YANG J. A local obstacle avoidance method for mobile robots in partially known environment[J]. Robotics and Autonomous Systems. 2010,58 (5):425 – 434.

[57] HOY M,MATVEEV A S,GARRATT M,et al. Collision-free navigation of an autonomous unmanned helicopter in unknown urban environments:sliding mode and MPC approaches[J]. Robotica,2012,30 (4):537 – 550.

[58] FARROKHSIAR M,NAJJARAN H. An unscented model predictive control approach to the formation control of nonholonomic mobile robots[C]//In Robotics and Automation (ICRA),2012 IEEE International Conference on. [S. l.]:IEEE,2012:1576 – 1582.

无人机蜂群协同侦察图像融合和拼接技术研究

陈峻峰　张　乐　吴　超　许　飞　武莉莉　靳　一

（陆军航空兵学院 无人机中心，北京 101123）

【摘　要】通过图像重叠较少场景，采用 SIFT（尺度不变特征转换）特征检测算法；当图像重叠较多时，为了提高图像拼接的实时性，采用 ORB（特征检测）算法进行特征检测与描述。在以上两种特征描述算法的基础上利用 BF（普通的模式匹配）算法和 RANSAC（彩色图像拼接）算法实现特征匹配与错误匹配点剔除，并采用仿射变换与透视变换对图像做出变换。在图像融合过程中，采用线性加权融合方法去除图像拼接裂缝，实现了多架无人机侦察图像图像的拼接。

【关键词】无人机蜂群；图像融合；SIFT 特征检测算法；RANSAC 算法；协同侦察

随着科学技术的进步和信息化战争的发展，信息化战争正逐渐走向智能化和无人化，无人系统将是未来无人化战场的主要支撑设备并将引起作战方式的深刻变革。近年来，美国及西方国家军用无人系统发展迅速，在多场局部战争中大量应用，无人化部队在兵力构成中的比重日益上升。但是，随着作战范围日益扩大，作战环境日益复杂，作战难度日益提高，传统的单机作战或编队作战中平台承载能力、机动能力、探测能力、毁伤能力的局限性，以及无人系统故障导致任务延迟或无人系统被拦截导致任务失败等问题越来越突出。同时，无人系统单机正被赋予越来越多察打一体的复杂任务，导致大中型无人系统的成本也在快速攀升。在此背景下，未来采用多个或多种智能无人系统在某一区域进行协同控制执行某一作战任务将成为未来的主要作战模式，智能无人系统的集群作战可使具备有限自主能力的多个无人系统在没有集中指挥控制的情况下，通过相互信息交互产生整体效应，实现较高程度的自主协作。

为实现对给定目标区域的快速、高效侦察，为无人机蜂群分布式航路规划提供基础，无人机需要携带有效载荷对全区域进行分散、交叉侦察。针对单无人机在指定区域的侦察图像或视频，其图像重叠较多，通过对图像进行拼接，主要是对相邻区域图像进行拼接，扩大其视野范围。同时对拼接位置的重叠图像进行信息融合，对冗余信息进行剔除，增强图像内容，获得高分辨率图像数据。

1　图像拼接融合算法原理

无人机蜂群侦察图像拼接实验包含以下步骤：特征提取与匹配、图像坐标变换、图像融合。首先输入一段或多段视频，将待拼接的视频按合适的帧率裁剪为若干图像，剔除飞行高度不稳定的图像,剩余的图像构成待拼接的图像集。图像拼接的关键步骤是特征提取、描述与匹配。特征提取采用 SIFT 算法与 ORB 算法两种特征检测法,特征匹配采用 BF 方法。ORB 算法借助了汉明矩阵(Hamming Matrix),特征匹配过后采用了 RANSAC 方法剔除错误匹配点。由于拍摄角度与高度具有差别,采用了仿射变换与投影变换对图像进行坐标系变换以完成图像的初步拼接;由于光照变化等因素,在初步拼接的拼接处存在裂缝,最后采用多波段融合法对图像进行去裂缝处理,将输入的一段或两段视频拼接为一整张高清晰度的大区域范围图像。

2   特征检测算法

针对单无人机在指定区域的侦察图像或视频,其图像重叠较多,通过对图像进行拼接,主要是对相邻区域图像进行拼接,扩大其视野范围。同时对拼接位置的重叠图像进行信息融合,对冗余信息进行剔除,增强图像内容,获得高分辨率图像数据。通过图像重叠较少场景,采用 SIFT 特征检测算法;当图像重叠较多时,为了提高图像拼接的实时性,采用 ORB 算法。既可以实现单机的视野扩展,获得高分辨率图像,又可以实现多机图像融合与全景地图的构建,为目标区域态势感知提供多维度的信息。

SIFT 算法能提取具有尺度不变、旋转不变、光照不变的局部极值点作为特征点。其基本思想是使用降采样和高斯函数构建图像尺度空间,提取极值点作为潜在特征点并剔除干扰点,以特征点邻域像素的梯度作为特征向量来描述特征点,计算特征向量间的欧氏距离,进行特征点配对。

ORB 是一种快速特征点提取和描述的算法。ORB 算法是在 FAST(Features from Accelerated Segment Test)算法和 BRIEF(Binary Robust Independent Elementary Features)算法的基础上改进和优化得到的,分为特征点提取和特征点描述两部分,其中特征点提取是由 FAST 算法改进得到的,特征点描述是由 BRIEF 算法改进得到。该算法具有方向和旋转不变性,运算速度快。

3   图像拼接

3.1   特征匹配方法

特征检测之后,需要对在待拼接图像集中检测到的特征进行匹配,以完成图像的初步拼接。特征匹配常用的方法有暴力匹配(Brute-Force matcher,BF)算法和快速最邻域搜索(Flann-based matcher,Flann)法。选择使用 BF 算法对特征进行对应匹配。

3.2   错误匹配点的剔除

特征匹配的过程中难免会将非对应特征点误检测为对应特征点,进而出现错误匹配的情况,如果对这些错误匹配点不做处理,就会影响到后续变换矩阵的求解和图像配准的结果。这个时候需要消除错误匹配点。采用随机抽样一致(Random Sample Consensus,RANSAC)算法进行特征点匹配过程的误差提出,这种算法是目前最常用的消除错误匹配点的方法。RANSAC 算法有效过滤掉了 BF 算法得到的错误匹配点对,使实验图像配准的实现更加准确。

利用 RANSAC 算法剔除错误特征点的思想为:在得到的特征匹配点对中,任意挑选 4 个不共线的特征点对作为参考样本,利用这 8 个参考样本计算出单应性矩阵,作为特征点匹配的数学模型。将其余所有参与匹配的特征点代入以上模型,计算满足该模型的特征点个数与投影误差,满足的特征点个数越多,投影误差越小,则模型越准确。

3.3 坐标变换与全局优化

特征配准之后,对待拼接图像进行坐标变换。坐标变换之前需要根据待拼接图像选择参考平面。综合考虑到图像间的重叠区大小和重叠区的特征点数量多少,选择综合计算后与相邻图像重叠区域最大、重叠区特征点最多的一帧图像作为参考平面,将其他图片变换到同一坐标平面内。常见的图像坐标变换有平移变换、旋转变换、相似变换、仿射变换、透视变换等等。本节主要采用仿射变换和透视变换衔接图像的后续拼接。

图像坐标变换完成后采用稀疏集束调整法(Spares Bundle Adjustment,SBA)进行后续的优化工作。稀疏集束调整法也叫稀疏光束平差法,这种方法的核心是利用 Levenberg - Marquardt(L - M)算法对稀疏矩阵进行求解,调整矩阵内相关参数,进而减小投影变换中产生的观测图像与预测图像点的位置误差,实现图像拼接的优化。其中,矩阵参数的优化需要计算在基于所选参考系变换后的两张相邻图像的特征匹配点的新距离,之后将距离最小化即可实现矩阵的调整优化。

4 图像融合

将待拼接的无人机侦察图像裁剪为图像帧时,考虑到拼接图像帧要涵盖所有待拼接区域的内容,裁剪的帧率不能过小。将视频裁剪为很多帧时,很好地保留了视频拍摄的信息,但也会出现相邻时间的两张图像帧非重叠区域过小的情况,如果不对这些图像帧进行挑选、删减,则会为拼接过程带来不必要的工作。因此在图像融合前,将与其他几张图像重叠区域很大的图像进行删除,以减小图像拼接冗余的工作量。在图像融合过程中,采用线性加权融合的方法。

线性加权融合后的图像重叠区域更平滑,一般没有明显的拼接缝隙,融合质量更好。实现简单并且具有时间成本低的优点。

5 算法验证

对于多架无人机图像拼接,由于不同无人机以及其携带的摄像机硬件配置以及参数设置有所不同,无人机飞行的速度、稳定性等有所差异,携带相机的镜头形状、对焦距离等属性不尽相同,各自拍摄得到的视频或图像尺寸比例、分辨率、清晰质量等参数和属性也无法统一,因此给后续线下对拍摄视频图像的拼接造成了较大的困难。因为采用多架不同属性的无人机同时对同一区域进行不同角度的拍摄这种情况相对复杂且耗费较高,另外考虑到在可以获得同等成果的基础上尽可能简化实验的原则,选择采用同一架无人机先后拍摄来代替两架硬件属性和参数设置完全相同的无人机及相机同时拍摄。同时,分别针对重叠区域多、少两种情况采取不同拼接算法进行拼接实验的要求,可以理解并转化为针对重合区域特征点的多、少两种情况进行拼接。于是采用同一架无人机共拍摄四段侦察图像数据集,四个视频数据集的部分代表性提取帧分别如图1~图4所示。其中数据集1和数据集2为同一区域前、后飞行两次的拍摄视频,数据集1为该区域偏左范围的拍摄,数据集2为该区域偏右范围的拍摄。同样,数据集3和数据集4为另一区域前、后飞行两次的拍摄视频,数据集3为该区域偏左范围的拍摄,数据集4为该区域偏右范围的拍摄。可以发现,数据集1和数据集2所拍摄的场景相对于数据集3和数据集4来说,拍摄内容变化更显著,所含特征点更多。因此可以将数据集1和数据集2统称为特征点较多的数据集,将数据集3和数据集4统称为特征点较少的数据集。

对特征点数量多、少两种情况均采取选取的两种算法进行拼接实验,以便实现视频的拼接之后,可以利用拼接结果进行算法性能比较和分析,判断拼接结果的合理性,验证拼接算法的特点与优劣。算法运行借助 OpenCV、CUDA 加速编译,运行系统为 Ubuntu,软件平台为 Visual Studio,图像大小为 1 920×1 080。图5~图10为拼接实验的结果图,图5~图8为采用 SIFT 以及 ORB 两种算法分别对每一个视频数据集进行拼接的拼接结果,图9和图10为同时输入同一区域拍摄的两个视频数据集进行两种算法拼接的结果。

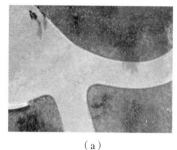

（a）　　　　　　　　　　（b）　　　　　　　　　　（c）

图 1　侦察图像数据集 1 的部分帧截取

（a）左视角;（b）正视角;（c）右视角

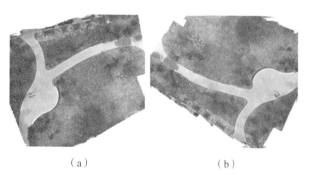

（a）　　　　　　　　　　（b）

图 2　侦察图像数据集 1 的拼接结果

（a）采用 SIFT 算法的拼接结果;（b）采用 ORB算法的拼接结果

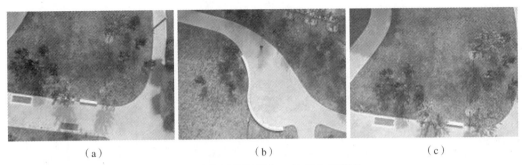

（a）　　　　　　　　　　（b）　　　　　　　　　　（c）

图3　侦察图像数据集2的部分帧截取

（a）左视角；（b）正视角；（c）右视角

（a）　　　　　　　　　　　　　　　　（b）

图4　侦察图像数据集2的拼接结果

（a）采用 SIFT 算法的拼接结果；（b）采用 ORB 算法的拼接结果

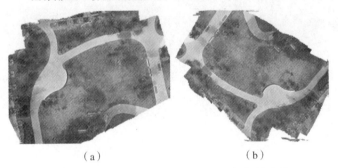

（a）　　　　　　　　　　　　（b）

图5　侦察图像数据集1和数据集2的拼接结果

（a）采用 SIFT 算法的拼接结果；（b）采用 ORB 算法的拼接结果

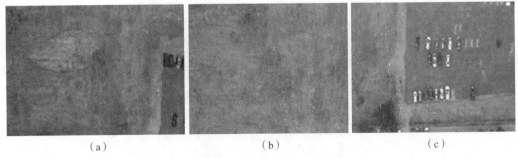

（a）　　　　　　　　　　（b）　　　　　　　　　　（c）

图6　侦察图像数据集3的部分帧截取

（a）左视角；（b）正视角；（c）右视角

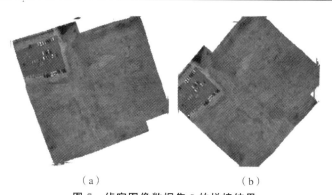

（a）　　　　　　　　　　　（b）

图 7　侦察图像数据集 3 的拼接结果

（a）采用 SIFT 算法的拼接结果；（b）采用 ORB 算法的拼接结果

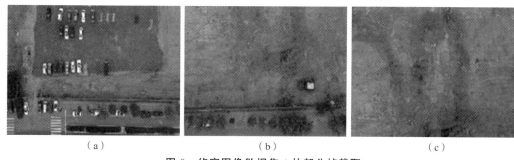

（a）　　　　　　　　　（b）　　　　　　　　　（c）

图 8　侦察图像数据集 4 的部分帧截取

（a）左视角；（b）正视角；（c）右视角

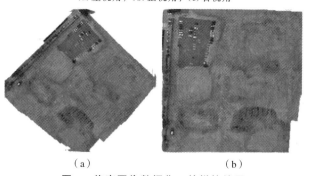

（a）　　　　　　　　　　　（b）

图 9　侦察图像数据集 4 的拼接结果

（a）采用 SFIT 算法的拼接结果；（b）采用 ORB 算法的拼接结果

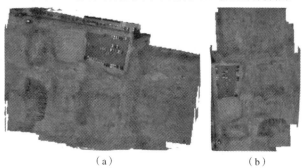

（a）　　　　　　　　　　　（b）

图 10　侦察图像数据集 3 和数据集 4 的拼接结果

（a）采用 SIFT 算法的拼接结果；（b）采用 ORB 算法的拼接结果

以上分析结果表明,采用 SIFT 特征检测算法和 ORB 算法进行特征检测与描述,在此基础上利用 BF 算法和 RANSAC 算法实现特征匹配与错误匹配点剔除,并采用仿射变换与透视变换对图像做出变换,能够实现无人机蜂群协同侦察的图像拼接,获取完整的战场态势。

【参考文献】

[1] 陈杰,辛斌.有人/无人系统自主协同的关键科学问题[J].中国科学:信息科学,2018,48:1270-1274.

[2] 沈林成,牛轶峰,朱华勇.多无人机自主协同控制理论与方法[M].2版.北京:国防工业出版社,2018.

无人机编队算法设计及仿真实现

杜　娟[1*]　　侯泊江[1]　　贾彩娟[1,2]

(1 西安爱生技术集团有限公司,西安 710065

2 西北工业大学,西安 710072)

【摘　要】针对无人机多机编队的飞行控制问题,开展了无人机六自由度建模及单机控制算法、编队算法设计研究及半实物仿真验证。首先建立了单个固定翼无人机的动力学模型和运动学模型,设计了单机的纵向、横航向以及速度控制器,针对多无人机集群编队提出了分组控制策略,在此基础上设计了基于路径跟踪的长机控制律和基于跟随领航员的僚机控制律,并搭建多无人机集群编队的半实物仿真平台,对无人机集群的编队飞行控制算法进行仿真验证。仿真结果表明,所设计的控制算法可以稳定有效地完成不同模式下的无人机编队飞行任务。

【关键词】无人机;六自由度;编队;路径跟踪;跟随领航者;半实物仿真

　　面对现代战争大纵深、信息化、体系化的作战思想与作战样式,传统的单机作战已无法满足复杂战场的作战需求,多机协同作战将是未来战争中提高体系对抗能力的有效作战手段。编队飞行是无人机最典型的协同场景,也是其执行各类复杂任务的行为基础。

　　现有的编队算法设计中,大多将无人机看作二自由度或三自由度模型,对其进行巡航速度、最大最小速度、最大角速度约束条件的限制[1],并不能真实反映无人机的动态响应过程,因此有必要建立无人机的六自由度模型[2]描述其三个线运动与三个角运动。同时,集群控制建立在无人机控制稳定回路的基础上,故应分别设计姿态控制器与速度控制器。

　　常用的集群协同飞行控制方法主要包括跟随领航者法、基于一致性方法、人工势场法、协同路径跟踪法等。跟随领航者法将编队问题转化成经典控制理论中的误差跟踪问题,主要研究距离和角度的相对误差[3-4]。人工势场法将空间中的各类障碍设计为对无人机的排斥作用,从而使无人机规避各类障碍[5]。协同路径跟踪法可以看作是将路径跟踪控制和编队控制两部分结合[6],其优势在于通信不畅或受到干扰时,无人机仍能沿航线飞行,保证集群系统的安全性。

　　半实物仿真是多机协同飞行控制设计验证的重要手段,基于多无人机的协同实时仿真平台已成为武器系统研制过程的关键技术与基础。而传统的单武器实时仿真系统无法有效支撑武器系统协同打击模式下的仿真验证,因此亟须对面向多无人机的实时仿真技术开展研究,有效提高装备协同作战的仿真验证能力。

结合以上研究现状,对无人机进行六自由度模型的建立并设计相应的控制器,通过基于路径跟踪的长机控制律和基于跟随领航者的僚机控制律实现无人机的编队控制和队形重构,搭建一种集群无人机半实物仿真平台,对其工作原理、主要设备进行分析,并通过该平台对设计的编队算法进行验证,对该型无人机进一步开展飞行试验提供了有利支撑。

1 单机控制系统设计

1.1 单机数学模型的建立

建立飞机方程的基本假设:

1)飞机是质量恒定的刚体;

2)地面坐标系为惯性坐标系;

3)忽略地球曲率;

4)面对称飞机几何外形对称且内部质量分布对称。

无人机的力方程组:

$$
\left.
\begin{aligned}
\dot{u} &= vr - wq - g\sin\theta + \frac{F_x}{m} \\
\dot{v} &= -ur + wp + g\cos\theta\sin\varphi + \frac{F_y}{m} \\
\dot{w} &= uq - vp + g\cos\theta\sin\varphi + \frac{F_z}{m}
\end{aligned}
\right\}
\tag{1}
$$

式中:(u,v,w) 为机体系三轴的速度;φ 为滚转角;θ 为俯仰角;ψ 为偏航角;q 为俯仰角速率;p 为滚转角速率;r 为偏航角速率;(F_x,F_y,F_z) 为机体系三轴受到的力。

无人机的力矩方程组如下:

$$
\left.
\begin{aligned}
\dot{p} &= (c_1 r + c_2 p)q + c_3 \bar{L} + c_4 N \\
\dot{q} &= c_5 pr - c_6(p^2 - r^2) + c_7 M \\
\dot{r} &= (c_8 p - c_2 r)q + c_4 \bar{L} + c_9 N
\end{aligned}
\right\}
\tag{2}
$$

式中:M 为俯仰力矩;L 为滚转力矩;N 为偏航力矩;$c_1 \sim c_9$ 为飞机转动惯量相关参数。

无人机的角位置运动方程组如下:

$$
\left.
\begin{aligned}
\dot{\theta} &= q\cos\varphi - r\sin\varphi \\
\dot{\varphi} &= p + (r\cos\varphi + q\sin\varphi)\tan\theta \\
\dot{\psi} &= \frac{1}{\cos\theta}(r\cos\varphi + q\sin\varphi)
\end{aligned}
\right\}
\tag{3}
$$

无人机的线位置运动方程组如下:

$$
\left.
\begin{aligned}
\dot{x}_g &= u\cos\theta\cos\psi + v(\sin\varphi\sin\theta\cos\psi - \cos\varphi\sin\psi) + w(\sin\varphi\sin\psi + \cos\varphi\sin\theta\cos\psi) \\
\dot{y}_g &= u\cos\theta\sin\psi + v(\sin\varphi\sin\theta\sin\psi + \cos\varphi\cos\psi) + w(-\sin\varphi\cos\psi + \cos\varphi\sin\theta\sin\psi) \\
\dot{z}_g &= u\sin\theta - v\sin\varphi\cos\theta - w\cos\varphi\cos\theta
\end{aligned}
\right\}
\tag{4}
$$

式中：(x_g, y_g, z_g) 为飞机在地面坐标系的位置。

已知飞机质量、机翼参考面积、平均气动弦长、展长等相关特征参数，可根据飞行高度、速度以及飞行状态确定力(F_x, F_y, F_z)和力矩(L, M, N)，应用以上 12 个公式，即可求解飞机在任何时刻的运动状态。无人机六自由度模型的框图如图 1 所示。

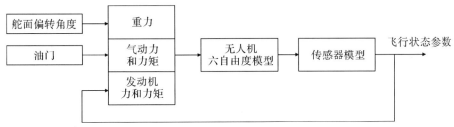

图 1　无人机六自由度模型

1.2　单机控制律的设计

根据飞行任务及控制指令的输出，飞行管理模块对传感器信号进行余度管理、对舵面进行控制分配与重构，以及决策是否进入应急策略。飞行控制模块调用当前模态下的控制律解算舵面的控制量，执行机构驱动舵面偏转及油门调整，控制无人机按照相应的任务指令进行飞行。无人机飞行控制系统框图如图 2 所示。

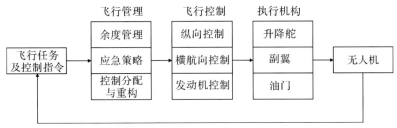

图 2　无人机飞行控制系统框图

该型无人机的飞行控制模块分为纵向控制、横航向控制与发动机控制三部分。其中，纵向控制以俯仰角控制为内回路，以高度控制为外回路；横航向控制以滚转角控制为内回路，以航向角控制为外回路；纵向控制与横航向控制器均采用传统 PID 控制器，具有技术成熟度高、可靠、易实现的特点。发动机控制分为开环控制和速度闭环控制两种方式，速度闭环控制采用增量式 PID 控制器，具有发生故障影响范围小、开环闭环切换扰动小的特点。

以航向控制器为例进行介绍。首先根据航向角指令与当前航向角计算滚转角指令，计算公式为

$$\varphi_g = k_\psi(\psi - \psi_g) \tag{5}$$

式中：φ_g 为滚转角指令，k_ψ 为航向角控制比例增益。再通过内环滚转角控制器解算副翼舵偏量，见下式：

$$\delta_a = k_\varphi \cdot (\varphi - \varphi_g) + k_p \cdot p \tag{6}$$

式中：δ_a 为副翼控制量；k_φ 为滚转角控制比例增益；k_p 为滚转角控制阻尼增益。飞机初始航向角为 0°，航向控制模态下给定航向角 90°，航向角和滚转角的仿真曲线如图 3 所示。

由仿真曲线可知,所设计的航向控制器能够快速响应无人机航向指令的变化,且飞机姿态平稳,没有超调,可用作无人机编队飞行的内环控制器。

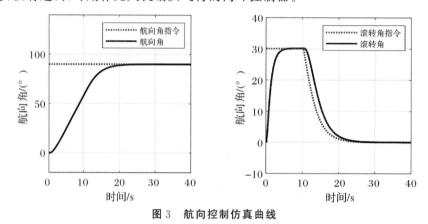

图 3　航向控制仿真曲线

2　编队算法设计与仿真

基于固定翼无人机的动力学特性,对大规模的集群无人机进行分组控制策略,在此基础上分别设计了基于路径跟踪的长机控制律和跟随领航者的从机控制律。

对于飞行高度不同且高差大于无人机高度控制精度的无人机集群,不需要考虑队形变化过程中发生碰撞的情况。

2.1　基于路径跟踪的长机控制律

对于大规模的无人机集群,借助“长机-僚机”框架的层级结构,采用一种基于群组的分组控制策略。即集群中的所有无人机被分为若干个群组,在每个群组中分别形成长机层和僚机层的双层控制架构。每个群组内只有一个长机,长机一方面与其他组的长机通信,实现组间的协同,另一方面对组内的其他无人机具有引导作用;群组内长机以外的其他无人机为僚机,仅与该群组的长机通信,获得长机的状态信息并跟随长机。

针对长机层的协同,可为每架长机分别规划一条航线,航线上的一系列航路点均满足无人机在空间上的避碰约束和无人机的运动约束。已知无人机期望轨迹和当前位置信息,则可设计长机的航线跟踪控制律,见下式:

$$\psi_g = \psi_{g0} + k_y \cdot \Delta y + k_{yi} \cdot \int \Delta y \mathrm{d}t + k_{vey} \cdot V_y \tag{7}$$

式中:ψ_g 为航向角指令;ψ_{g0} 为当前航线航向角;Δy 为偏航距,即飞机距离航线的垂直距离,飞机位于航线右侧时为正;V_y 为飞机速度在垂直航线方向的速度分量,向右为正;k_y 为航迹控制比例增益;k_{yi} 为航迹控制积分增益;k_{vy} 为航迹控制微分增益。

给定一条航线,航线上 4 个航路点依次为 $(0,0)$,$(0,5\,000)$,$(5\,000,5\,000)$,$(5\,000,0)$,转弯模式设置为切点转弯(切点距离为 500 m),无人机 1 跟踪给定航线的轨迹在地面系 XOY 平面的投影如图 4 所示,偏航距和偏航角响应曲线如图 5 所示。

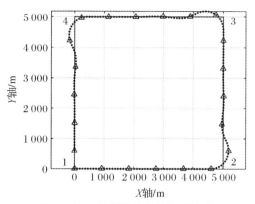

图 4　无人机跟踪航线的运动轨迹

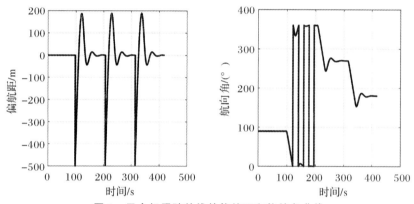

图 5　无人机跟踪航线的偏航距和偏航角曲线

由仿真结果可知,系统稳定后,无人机的偏航距保持在 3 m 以内,航向误差保持在 2°以内。代表期望航线和实际位置的两条曲线基本重合,这表示设计的基于路径跟踪的长机控制律可使无人机较为理想地跟踪其路径。

2.2　基于跟随领航者的僚机控制律

编队飞行过程中,对僚机的控制目标是使其相对于长机的相对位置收敛到期望值 ,且与长机的航向保持一致,即

$$
\left.
\begin{aligned}
\lim_{t \to \infty} \widetilde{x}_f(t) - \widetilde{x}_l(t) &= \Delta x \\
\lim_{t \to \infty} \widetilde{y}_f(t) - \widetilde{y}_l(t) &= \Delta y \\
\lim_{t \to \infty} \psi_f(t) - \psi_l(t) &= 0
\end{aligned}
\right\}
\tag{8}
$$

式中:$(\widetilde{x}_f, \widetilde{y}_f)$ 为二维平面内长机在僚机机体坐标系下的坐标;$(\widetilde{x}_l, \widetilde{y}_l)$ 为二维平面内僚机在僚机机体坐标系下的坐标;$(\Delta x, \Delta y)$ 为二维平面内僚机 f 相对于长机的 l 的期望位置;ψ_f 为长机的航向角;ψ_l 为从机的航向角。

求解 $(\widetilde{x}_f, \widetilde{y}_f)$ 需要通过将惯性坐标系下的僚机坐标转化到僚机机体坐标系下,如下:

$$\begin{bmatrix} \widetilde{x}_f \\ \widetilde{y}_f \end{bmatrix} = \begin{bmatrix} \cos\psi_f & \sin\psi_f \\ -\sin\psi_f & \cos\psi_f \end{bmatrix} \begin{bmatrix} x_l - x_f + \Delta x \\ y_l - y_f + \Delta y \end{bmatrix} \qquad (9)$$

式中：(x_f, y_f) 为二维平面内长机在惯性坐标系下的坐标；(x_l, y_l) 为二维平面内僚机在惯性坐标系下的坐标。

根据式(8)，设计僚机控制律满足：$t \rightarrow \infty$ 时，有 $\widetilde{x}_f \rightarrow 0$，$\widetilde{y}_f \rightarrow 0$，$\psi_f \rightarrow \psi_l$。控制律如下：

$$\left. \begin{aligned} \psi_{fg} &= \psi_0 + k_{f\psi} \cdot \arctan\left(\frac{\widetilde{y}_l + \Delta y - \widetilde{y}_f}{\widetilde{x}_l + \Delta x - \widetilde{x}_f}\right) \cdot \frac{180}{2\pi} \\ v_{fg} &= v_l + (k_v \cdot l_{ffg} + k_{vi} \cdot \int l_{ffg} \mathrm{d}t) \cdot \mathrm{sign}(\widetilde{x}_l + \Delta x - \widetilde{x}_f) \end{aligned} \right\} \qquad (10)$$

式中：ψ_{fg} 为僚机的航向角指令；$k_{f\psi}$ 为僚机航向控制比例增益；v_{fg} 为僚机的速度指令；v_l 为僚机飞行速度；k_v 为僚机速度控制比例增益；k_{vi} 为僚机速度控制积分增益；l_{ffg} 为僚机与其期望位置之间的距离，见下式：

$$l_{ffg} = \sqrt{(\widetilde{x}_l + \Delta x - \widetilde{x}_f)^2 + (\widetilde{y}_l + \Delta y - \widetilde{y}_f)^2} \qquad (11)$$

以三机编队为例进行说明，惯性坐标系下长机、僚机1和僚机2的初始位置坐标分别为 $(0,0)$，$(500,-200)$ 和 $(-300,-400)$，初始高度均为 2 000 m，设置"V"形队形 $\Delta x = \Delta y = 200$ m，高度间隔 20 m。三机编队仿真曲线如图6和图7所示。

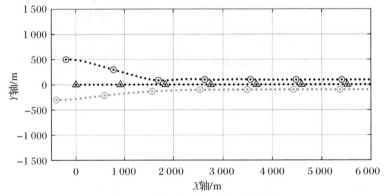

图6　无人机"V"形二维平面轨迹

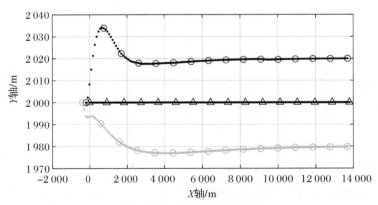

图7　无人机"V"形运动曲线

由仿真结果可知,僚机在编队的初始阶段迅速向期望位置聚拢,随后逐渐调整至期望位置,可以实现期望队形的编队控制。高度分层策略有效,飞行过程中未出现高度交叉的情况。

为适应不同任务场景,无人机集群需要在不同地点形成不同队形,为此需要进行队形重构。在切换队形的时刻将僚机期望位置切换至新队形的僚机期望位置,按照同样的控制律解算即可实现该无人机集群的队形重构。将三机"V"形队形 $\Delta x = \Delta y = 200$ m 变化为"一"字形编队 $\Delta x = 0, \Delta y = 200$ m,仿真曲线如图 8 和图 9 所示。

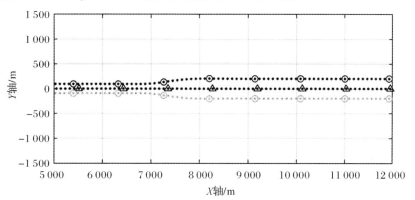

图 8　无人机"V"形变为"一"字形二维平面轨迹

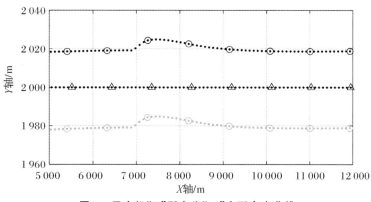

图 9　无人机"V"形变为"一"字形高度曲线

可以看出,无人机形成新队形后,期望航线满足平移特性,整个集群保持新的期望队形飞行,且两两之间保持安全的飞行高差。

3　无人机编队飞行半实物仿真试验

3.1　无人机编队半实物仿真平台原理

通过在固定翼无人机集群半实物仿真系统平台上进行固定翼智能集群半实物仿真系统测试,一方面可以验证演示验证平台各项功能的有效性和可靠性,另一方面可以在实验室环境下测试飞行控制器算法、编队控制器算法等功能在飞控上的实现效果。

使用仿真模型服务器软件构建指定数量的飞机模型和控制算法并运行,在二维监控软件上进行飞行状态监测,使用三维态势软件监控飞机在飞行过程中的态势。对单机或多机发送指控命令,完成飞机模型航线飞行、编队飞行、队形重构等测试内容。

无人机编队半实物仿真在实验室环境下进行。该半实物仿真系统验证平台主要由飞行控制计算机、仿真模型计算机、地面站指控和三维态势综合显控计算机、串口一对多模块、串转网模块、交换机、综合显控台(配置两个显示器,一个显示器运行地面站软件,另一台显示三维态势)组成。无人机编队半实物仿真系统架构如图 10 所示,无人机编队半实物仿真平台如图 11 所示。

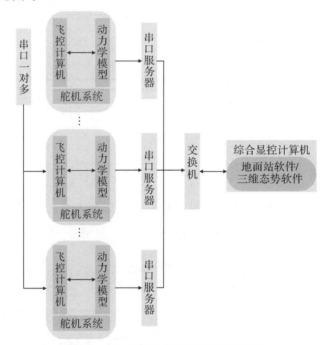

图 10   无人机编队半实物仿真系统架构

图 11   无人机编队半实物仿真平台

3.2   无人机编队半实物仿真平台设备

无人机编队半实物仿真平台涉及的主要设备包括:

(1)飞行控制计算机

飞行控制计算机是无人机的核心部分,对飞机的性能和安全起着决定性作用,其内部运行无人机的控制与导航算法。飞控计算机在接收到控制台软件的遥控指令后,结合接收到的无人机状态生成导航和控制指令,最终驱动电机和舵机使得无人机进行自动飞行控制。飞控计算机通过串口服务器接收地面控制台遥控指令,执行相应的飞行任务,飞控计算机通过串口服务器向二三维态势软件发布飞机的状态数据和执行机构数据等。

（2）仿真模型计算机

仿真计算机内部运行无人机数字模型、接收并执行飞控计算机下达的控制命令,对外发布飞机模型的状态数据、执行机构数据等。

（3）综合显控计算机

综合显控计算机主要运行地面站指控软件和三维态势软件。地面站指控软件主要处理无人机的遥测数据和遥控指令。遥控指令包括无人机航迹规划、飞行任务、飞行模式设定、起飞等控制指令的生成及发送。遥测数据包括接收无人机的状态数据、执行机构等数据,并且通过虚拟仪表和加载地图的方式进行可视化。

三维态势软件主要完成无人机对象的管理和态势渲染。对象管理指根据地面站控制软件设定的仿真任务,生成对应的无人机对象,并对无人机的模型对象进行全生命周期管理。态势渲染指接收到对象管理的指令,创建并渲染对应的无人机模型,展示无人机的飞行状态。

（4）串口一对多模块

编队系统之间需要进行数据交互,完成编队队形的保持和编队故障的决策,飞控计算机预留的机间通信接口为串口,将长机的数据实时发送给所有的僚机。

串口一对多模块采用 1×8 串口分配器,支持 1 路串口输入和 8 路串口输出,支持任意波特率和任意协议格式,数据发送和接收无任何延迟,并支持双向传输功能,满足编队系统机间通信要求。

（5）串转网模块

由于飞控计算机的对外接口是串口,但是仿真计算机和综合显控计算机为网络接口,且各系统的存在一对多等星型通信,因此需要采用串口服务器将飞控计算机的通信方式转化为网络通信方式,使得通信方式更加灵活,通信距离更长。

串口服务器提供串口转网络功能,能够将 RS-232/485/422 串口转换成 TCP/IP 网络接口,实现 RS-232/485/422 串口与 TCP/IP 网络接口的数据双向透明传输。使得串口设备能够立即具备 TCP/IP 网络接口功能,连接网络进行数据通信,极大地扩展串口设备的通信距离。

（6）网络交换机

通过交换机把飞控计算机、综合显控计算机和仿真计算机连接起来构成一个局域网,这样飞控计算机、综合显控计算机和仿真计算机就可进行自由通信了,互通有无。

3.3 无人机编队半实物仿真

在所搭建的无人机编队半实物仿真平台上分别进行"一"字形、"V"形、"川"字形队形的仿真,并装订不同的飞行高度,其在三维视景界面显示的结果如图 12 所示。

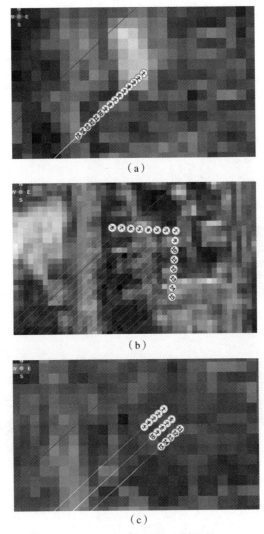

图12 无人机编队半实物仿真

(a)"一"字形编队；(b)"V"形编队；(c)"川"字形编队

在无人机编队队形调整结束后，无人机的位置误差和航向误差均较小，可以稳定按照既定队形沿给定航线飞行，进而实现集群整体的协同。

4 结论

根据上述分析与仿真，可得出如下结论。

1)单机的六自由度模型可以较真实地模拟真实无人机的运动情况，是验证后续编队算法的基础；所设计的单机控制律能够满足该通信无人机的控制要求，保证飞机安全飞行。

2)提出的无人机分组控制架构克服了层级过多造成的传递误差逐级放大的问题，同时由于不需要为所有无人机规划航线，极大降低了航线规划的复杂度。基于航线跟踪的长机控制律与基于跟随领航者的僚机控制律能够控制无人机集群按照期望航线、期望队形编队飞行。

3)搭建的多无人机半实物仿真平台有效验证了编队算法的正确性及其控制效果,并对同类半实物仿真试验的开展具有一定的借鉴意义。

【参考文献】

[1] 王祥科,沈林成,李杰.无人机集群控制理论与方法[M].上海:上海交通大学出版社,2020.

[2] 吴森堂,费玉华.飞行控制系统[M].北京:北京航空航天大学出版社,2005.

[3] DESAI J P,OSTROWSKI J P,KUMAR V. Modeling and control of formations of nonholonomic mobile robots[J]. IEEE Transactions on Robotics and Automation, 2001,17(6):905 - 908.

[4] DESAI J P,A graph theoretic approach for modeling mobile robot team formations [J]. Journal of Robotic System,2002,19(11):511 - 525.

[5] CETIN O,YILMAZ G. Real-time autonomous UAV formation flight with collision and obstacle avoidance in unknown environment[J]. Journal of Intelligent and Robotic Systems,2016,84(1/2/3/4):415 - 433.

[6] LI Q,JIANG Z P. Pattern preserving path following of unicycle teams with communication delays[J]. Robotics and Autonomous Systems,2012,60(9):1149 - 1164.

无人机蜂群故障监测需求浅析

郭永昌　　王晓卫

（陆军航空兵学院，北京 101123）

【摘　要】无人机蜂群由众多无人机协同构成，一旦有无人机发生故障，很容易产生连锁反应，对任务影响较大。因此在设计无人机蜂群时，要考虑到无人机蜂群故障监测的需求，以便在发生故障时能及时进行告警和处理。本文针对无人机蜂群的故障监测需求问题，对单体故障监测需求和群体故障监测需求两个方面进行了浅析。对单体故障监测需求按照单架无人机故障监测的重点分不同系统进行了阐述，对群体故障监测需求按照遥控指挥系统故障监测及处理流程进行了分析，并对相关技术研究进行了阐述，最终形成了分析无人机蜂群故障监测需求的初步思路和体系。

【关键词】无人机蜂群；故障监测；需求分析；故障传播；故障消除

引言

近年来，有关无人机蜂群的研究一直是热点内容。无人机蜂群在现代化军事战争当中优势明显，其能够在各种作战环境中自主完成相关的作战任务[1]。在执行任务时，无人机蜂群接收遥控指挥系统的指令，遥控指挥系统根据蜂群回传的信息完成对蜂群的监测。在这些监测中，故障监测是一个重点内容，这是由于无人机蜂群由众多的无人机协同构成，一旦有无人机出现故障，很容易产生连锁反应，对任务造成较大影响。因此在无人机蜂群设计时，要考虑到无人机蜂群故障监测的需求，使遥控指挥系统能随时监控无人机状态，一旦发生故障能及时进行反应和处理。

在本文的分析中，将故障监测需求分为单体故障监测需求和群体故障监测需求两个方面。其中单体故障监测需求是指蜂群中的单架无人机对自身的故障监测需求，群体故障监测需求是指遥控指挥系统对无人机蜂群整体故障情况的统一监控和处理的需求。两种监测需求级别不同，可逐个进行分析。

1　单体故障监测需求

目前，对于复杂装备来讲，其故障监测常常分系统进行设计。对于蜂群中的单架无人机来说，其一般包括飞行器分系统、导航控制分系统、数据链分系统和任务设备分系统。因此其单体故障监测系统可以设计成图 1 所示的结构。

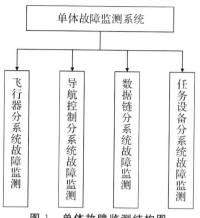

图1　单体故障监测结构图

各分系统的故障监测需求依据系统特点不同而存在较大差异,可以分别进行讨论。

(1)飞行器分系统故障监测需求

飞行器分系统包括飞机机体、动力设备和起降设备等。由于其他设备结构较简单且可靠性相对较高,所以飞行器分系统的故障监测需求主要集中在动力设备上。对动力设备的监测依据设备的不同而有所差别,往往设备在工作时会采集转速等相关参数,可以通过监控这些参数的数值或变化情况,搭配一定的机器学习算法来判断动力设备工作是否正常,并在设备异常时及时进行告警。

(2)导航控制分系统故障监测需求

导航控制分系统是无人机的重要组成部分,其主要由飞控计算机、机载传感器、控制执行机构等组成,可实现轨迹规划、姿态控制等功能。该系统故障监测需求主要包括两个方面。一是监测硬件设备工作是否正常,如机载传感器能否持续输出无人机状态参数,飞控计算机能否正常工作,控制执行机构工作是否存在异常等。二是监测姿态航向等参数是否合理,判断从机载传感器中得到的状态参数是否正常,姿态航向等变化是否与接收的指令一致等。

(3)数据链分系统故障监测需求

数据链分系统是蜂群无人机极其重要的组成部分。无论是整个蜂群的内部协同作战,还是遥控指挥系统对蜂群的指挥控制,都离不开性能优良的数据链分系统。数据链分系统故障监测需求体现在两个方面,一方面是蜂群内部无人机的通信联络,即需要实时监测无人机蜂群间的通信是否正常、带宽是否适当、网络是否存在波动等;另一方面是蜂群与遥控指挥系统的通信联系,即蜂群接收遥控指挥系统的指挥是否及时正确,回传链路是否正常等。总的来说,就是要监测数据链是否随时处于良好工作状态,能否应对各种情况下的通信需求。

(4)任务设备分系统故障监测需求

任务设备分系统包括无人机执行任务时所使用的光电侦察、通信中继、电子干扰和火力打击等各类任务设备。执行不同具体任务的蜂群无人机,其任务设备分系统的部件也不同,对其任务设备分系统的故障监测也有所差异。近年来,在研究蜂群的通用无人机平台时,会考虑平台安装各种任务设备的普遍适用性。但总的来说,不论使用什么样的任务设备,都要进行故障监测,而且故障监测的信息要能直接传输给无人机平台,使无人机平台能对任务设备分系统的故障情况进行感知。

2 群体故障监测需求

无人机蜂群控制结构主要分为两种:集中式蜂群控制结构和分布式蜂群控制结构[2]。在集中式蜂群控制结构中,群体故障监测通过遥控指挥系统进行实现。在分布式蜂群控制结构中,也有类似的系统实现故障检测功能。因此本文以遥控指挥系统为例,对蜂群群体故障监测需求进行分析。

遥控指挥系统是无人机蜂群作战的神经中枢,一般由地面控制站或空中载机担负,主要负责运筹谋划无人机蜂群作战行动,调配控制无人机蜂群,组织无人机蜂群实施各类作战活动达成预定的作战目的[3]。其在设计时考虑的群体故障监测需求主要包括故障告警显示、故障传播影响评估和故障影响消除。

(1)故障告警显示

故障告警显示是在接收到无人机蜂群的故障信息后,通过遥控指挥系统进行告警,突出显示有故障的无人机的位置、故障信息的具体内容、故障影响等级等,方便人员随时直观地掌握无人机蜂群整体故障状态,为下一步故障传播影响的评估和故障影响的消除提供条件。

在出现故障时,遥控指挥系统接收到蜂群无人机传输的故障信息后,需要将其进行解码分析,然后显示为可视化的故障信息。假设接收到的故障信息为 x,解码方式为 f,则通过解码应能得到故障发生时刻 t、故障发生位置 p、故障具体名称 y 和故障等级 l 四个参数,即

$$(t,p,y,l)=f(x) \tag{1}$$

在得到这些参数后,就可以在遥控指挥系统上显示相应的可视化信息。故障告警显示示意图如图 2 所示。

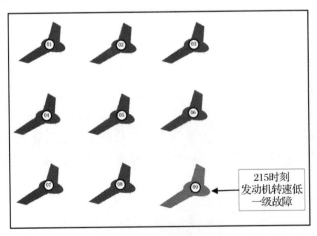

图中红色的即为故障无人机,在一旁显示了故障发生的时刻、故障内容和故障等级。

（2）故障传播影响评估

在蜂群无人机系统中，如果某架无人机发生故障，蜂群内部之间的交互性将会导致故障影响的逐级传播，最终威胁到整个蜂群的正常工作。因此在故障告警显示的基础上，遥控指挥系统还应具有故障传播影响的评估能力，可以在一架无人机发生故障时及时确定受影响的其他无人机，方便进行下一步的故障隔离和故障影响的消除工作。

在这方面目前也有相关的研究。如南京航空航天大学自动化学院的黄金龙等人[4]针对无人机故障导致蜂群拓扑变化的问题，引入了时序网络模型，其能够快速地确定故障的传播路径，然后通过元胞自动机模型，结合蜂群中个体的状态信息，给出各无人机的受故障影响程度值，并且利用元胞之间演化规则来具体描述无人机之间的耦合关系。最终的仿真结果证明故障影响模型有比较高的准确性。

（3）故障影响消除

在蜂群中当某一无人机出现故障时，需要将其及时移出任务群体，切断故障影响，并重新组网规划任务。这就要求系统在设计故障监测的基础上还要有消除故障影响的功能，不然单纯的监测到故障而不能消除其影响是没有多少实际意义的。

对于无人机蜂群这种高度智能化的任务系统来讲，故障影响的消除一般采取智能决策的方法。考虑到单架无人机平台的计算处理能力有限，智能决策功能可以由遥控指挥系统来完成，这样可以减少系统的反应时间。即在监测到蜂群中出现无人机故障时，遥控指挥系统立刻发出指令对故障无人机进行隔离，并对因此产生的群决策行为偏差进行补偿，使得蜂群任务分配状态仍能达到期望的均衡点，获得理想的分工收益[5]。

3　结论

本文针对无人机蜂群的故障监测需求问题，从单体故障监测需求和群体故障监测需求两方面进行了讨论。对单体故障监测需求按照单架无人机的不同系统进行了逐个分析，对群体故障监测需求依照故障显示需求及故障分析处理流程进行了研究，形成了初步的体系。目前，针对无人机蜂群故障监测需求的分析还不够系统和深入，仍有较大的研究空间。

【参考文献】

[1] 谢越帆,王颖.无人机蜂群作战综合探究[J].机电信息,2022(6):37 - 39.

[2] 费陈,赵亮,孙许可,等.无人机蜂群技术发展研究[J/OL]. https://link. cnki. net/urlid/61. 1280. TJ. 20230904. 1500. 002.

[3] 杨丽娜,曹泽阳,李勇祥.无人机蜂群作战构成及作战概念研究[J].现代防御技术, 2020,48(4):44 - 51.

[4] 黄金龙,程月华,姜斌,等.基于元胞自动机的蜂群无人机故障影响模型[J/OL].控制与决策. https://doi. org/10. 13195/j. kzyjc. 2021. 0910.

[5] 倪媛,杨浩,姜斌.蜂群对抗决策故障下的容错博弈控制[J].航空学报,2021,42 (4):524978.

基于无人机航拍图像的智能识别算法应用研究

孟东源[1*]　　马力群[1]

(1 航天神舟飞行器有限公司，天津 300457)

【摘　要】目标识别是提升无人机感知能力的关键技术之一，其研究对于无人机的应用有着重要意义。受航拍图像存在尺度多样性、视角特殊、小目标较多、背景复杂等问题的影响，无人机航拍图像的目标识别任务具有挑战性。与传统目标识别方法相比，基于深度学习的目标识别方法具有强大的特征学习、泛化能力。针对无人机航拍图像的目标识别算法应用开展研究，通过对比 YOLOV5 与 CenterNet 两种主流的目标识别算法的识别结果、测试指标，得到 YOLOV5 相比于 CenterNet 更适合无人机航拍图像的目标识别任务的结论。实验结果表明，对于 512×512 的图像输入，YOLOV5 在测试集上的均值平均精度相较 CenterNet 高 10.1%，达到 89.9%。

【关键词】航拍图像；深度学习；目标识别；YOLOV5；CenterNet

引言

随着人工智能技术的发展以及无人机任务载荷性能的不断提升，使用多架低成本无人机替代昂贵的有人机执行军事侦察任务成为可能，集群化、智能化和实战化作为颠覆性技术已经成为无人机未来发展的重要方向[1]。无人机在执行侦察任务的过程中，目标识别技术是实现目标搜索、定位、跟踪与打击等任务的关键技术。例如利用无人机对地面车辆、水面舰船等目标实现广域搜索和跟踪，要求无人机具备从航拍图像中识别目标类型与标注目标位置的能力。智能识别算法是基于深度学习和神经网络的图像识别算法，可以实现常规图像中的目标识别与标注[2-3]。

相比于常规图像，无人机航拍图像用于目标识别时面临诸多挑战。首先，无人机航拍图像的数据质量往往较差。由于无人机相机分辨率低、拍摄距离远、飞行抖动以及日光闪耀等因素，航拍图像中的目标信息少、噪声大，数据的处理与分析难度大。其次，无人机航拍图像背景复杂，航拍视角的目标容易受到地表形态、地面植被、气象条件多变的影响，导致训练成本增高。最后，无人机航拍图像的目标尺寸小。航拍距离较远时图像中目标太小，特征信息不足，容易漏检[4]。

在无人机蜂群技术领域，智能识别技术可以通过轻量化、高性能、支持多进程推理计算的目标识别算法部署到机载边缘处理器中，在满足识别算法性能的同时，提高识别算法速度，实现影像获取—目标识别—结果传输—结果展示流程，为未来信息化作战平台提供更全面和多样的信息。

本文针对无人机航拍图像的智能识别算法应用开展研究,使用 YOLOV5 与 CenterNet 两种主流目标识别算法在收集的数据集上进行训练、测试,根据识别结果、实验指标进行对比分析。

1　基于深度学习的智能识别算法

深度学习是机器学习的研究热点之一,是一种通过搭建神经网络,模拟人脑处理大量信息数据的算法。其中"学习"是指挖掘数据样本之间潜在联系,最终目标是期望机器能够像人脑一样处理语音、图像等信息。智能识别作为近几年计算机视觉领域的重要研究内容,其在无人驾驶、监控安防、医学图像分析等方向发挥重要作用。以卷积神经网络为基础的智能识别算法相比传统的识别算法具有操作简单、准确度更高等优点[5-6]。

卷积神经网络通常由输入层、卷积层、池化层、全连接层、输出层搭建而成。卷积神经网络结构如图 1 所示。卷积神经网络的训练过程又称为模型学习的过程,在训练过程中建立预测输出与真实标签的损失关系,根据损失函数完成网络内的参数更新,该过程也称为反向传播。当损失函数变化曲线在一定训练回合内趋于平稳不再下降时,训练过程结束。

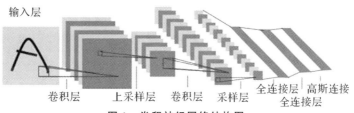

图 1　卷积神经网络结构图

1.1　YOLO 目标识别算法

YOLO(You Only Look Once)算法意指通过单一网络就可以识别图像中目标的位置和类别。作为 One-Stage 目标识别算法的代表,YOLO 算法最主要的特点是识别速度快、内存占用少,可以更好地满足实际工程中的需求。

算法将输入图像按照一定比例均匀划分不同区域,每个区域生成一定数量的预测向量,其中包含预测框位置信息、类别信息以及置信度,最终采用非极大抑制算法完成预测框筛选,输出最终识别框。YOLO 目标识别过程如图 2 所示。

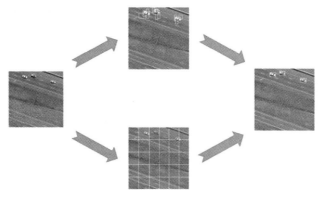

图 2　YOLO 目标识别过程

YOLOV1[7]作为 YOLO 系列的开山之作,在输入端使用网格划分,降低网络参数计算量;使用端到端的训练方式,损失函数的反向传播贯穿整个网络;提出使用 LeakyRelu 作为激活函数,解决 Relu 在负值梯度为 0 的问题,有效缓解梯度消失。但是由于 YOLO 网格化处理,造成目标定位精度有偏差。为解决该问题,YOLOV2[8]借鉴 Faster R-CNN[9] 的思想,引入 Anchor 机制,但是摒弃了主观设定先验框(Anchor Box),采用聚类算法生成一系列不同尺寸的先验框,使得模型更易学习,能够做出更佳预测。YOLOV2 采用 DarkNet-19 加深了主干网络深度,加强模型图像特征提取能力。2018 年 YOLO 作者创作了 YOLOV3[10],网络整体包括特征提取、特征融合、识别框预测三部分。其中在特征提取中引入残差架构,并且为了实现多尺度检测,在特征融合中引入特征金字塔网络结构(Feature Pyramid Networks,FPN)[11],适用于识别不同大小的目标。通过改进,YOLOV3 已经可以在保证识别准确性的前提下较好地满足实时性需求。YOLOV4[12]在输入端使用 Mosaic 数据增强方法,提升数据丰富性。主干网络使用 CSPDarknet-53[13],通过跨阶段层次架构实现特征图合并,在减少计算量的同时提升模型特征提取准确性。特征融合采用 FPN+PAN 架构,既可以提升网络的鲁棒性,又可以较好地完成目标定位功能。FPN 与 PAN 架构如图 3 所示。YOLOV5 同 YOLOV4 网络结构基本相似,在输入端添加自适应锚框计算以及自适应缩放图片的方法,提升模型识别精确性。特征融合部分将跨阶段局部残差模块嵌入其中,加强了特征融合能力。YOLOV5 相较其他版本 YOLO 算法具有模型尺度小、部署成本低、灵活性高、检测速度快等优点。这些特点将会成为 YOLO 系列的发展趋势。

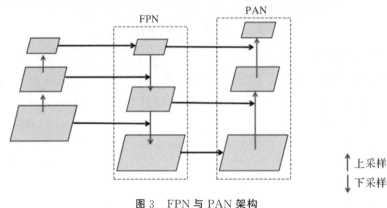

图 3 FPN 与 PAN 架构

1.2 CenterNet 目标识别算法

CenterNet[14]是一种不需要预先设置锚框的目标识别算法,首先预测图像中指定目标的中心点,然后由中心点附近的图像特征回归得到预测框的尺寸。CenterNET 将目标识别任务转换成关键点预测问题,不需要计算量较大非极大抑值算法筛选识别框,降低识别难度,提升网络检测速度。

CenterNet 可以使用 Hourglass[15]、DLA[16]、ResNet[17]作为主干网络进行目标识别,在COCO 数据集上测试平均精度最高可达 40.3。在实际部署中,经常使用 ResNET-50 作为CenterNet 的主干网络,Hourglass 与 DLA 网络参数数量较大、计算难度较高。主干网络的输出特征图分别输入至三个不同分支,目标中心预测分支、中心点位置偏移预测分支、识别框尺寸预测分支分别完成识别框中心点位置、类别、尺寸、中心点偏移预测。

在训练阶段,首先对目标的真实框进行相应比例缩放,默认缩放比例为 4,并计算出真实框映射在经过缩放操作后特征图上的中心点坐标、大小,根据大小计算高斯圆半径(记为 R)。然后以中心点为圆心、半径为 R 填充高斯函数计算值,生成热点图,不同类别目标拥有其特有的热点图。最终输入训练样本,计算其三个分支输出与缩放后的真实样本热点图、识别框尺寸、识别框中心点位置的误差并求和,通过反向传播的方式完成网络参数更新。推理阶段,测试样本通过热力点预测分支生成的热点如果位于该高斯圆内,即认定其为正样本。中心点位置偏移预测和识别框尺寸预测只针对正样本进行处理,生成最终的识别预测框。

2 网络结构及损失函数

针对无人机视角的小目标识别任务,本文选择 YOLOV5 与 CenterNet 进行研究。其中小目标采用相对尺度进行定义,将边界框面积与图像面积比值在 0.08％～0.58％之间定义为小目标。

2.1 YOLOV5

2.1.1 网络结构

YOLOV5 网络结构如图 4 所示。

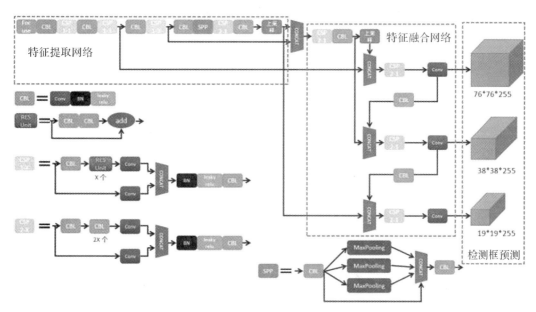

图 4 YOLOV5 网络结构

YOLOV5 网络结构主要包含特征提取、特征融合、检测框预测三部分。特征提取网络中引入 CSP 残差卷积模块,能够增强卷积神经网络的学习能力、移除计算瓶颈、降低显存的使用、加快网络的推理速度。首先特征提取网络通过 Focus 架构来对输入图片进行裁剪,将空间信息转换至通道空间,实现无信息丢失的下采样操作,降低网络计算量。Focus 结构如图 5 所示。

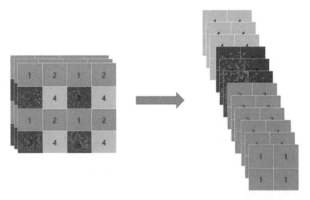

图 5　Focus 结构

之后将经过特征提取网络卷积操作后所得到的三种不同位置输出特征图分别作为特征融合网络三个分支的输入,完成多尺度融合操作,最后对输出特征图完成识别框预测工作。输出特征图尺寸按照由大到小的顺序分别对应小目标、中等目标、大目标的识别预测。

2.1.2　损失函数

YOLOV5 损失函数包括识别框损失、分类损失、置信度损失。

$$
\left.
\begin{aligned}
& \mathrm{loss_{CIOU}} = 1 - \mathrm{CIOU} \\
& \mathrm{CIOU} = \mathrm{IOU} - \frac{\rho^2}{c^2} - \alpha v \\
& \mathrm{IOU} = \frac{S_1}{S_2} \\
& v = \frac{4}{\pi^2} \left(\arctan \frac{w_l}{h_l} - \arctan \frac{w_p}{h_p} \right)^2 \\
& \alpha = \frac{v}{1 - \mathrm{IOU} + v}
\end{aligned}
\right\}
\tag{1}
$$

式(1)为识别框损失,S_1、S_2 分别是真实框与预测框相交部分面积、真实框与预测框相并部分面积,w_l、h_l 为真实框宽高,w_P、h_p 为预测框宽高,ρ 为真实框与预测框的中心点距离,c 为真实框与预测框最小包围矩形对角线长度。

$$
\mathrm{loss_{Conf}}(z,x,y) = -\boldsymbol{L}(z,x,y) \cdot \log \boldsymbol{P}(z,x,y) - \\
[1 - \boldsymbol{L}(z,x,y)] \cdot \log[1 - \boldsymbol{P}(z,x,y)]
\tag{2}
$$

式(2)为置信度损失,$\boldsymbol{L}$ 为置信度标签矩阵(每个网格真实框与预测框的 CIOU),$\boldsymbol{P}$ 为置信度预测矩阵,x、y、z 分别为矩阵的长宽、个数。

$$
\mathrm{loss_{Cls}}(z,x,y,t) = -\boldsymbol{L}(z,x,y,t) \cdot \log \boldsymbol{P}(z,x,y,t) \\
- [1 - \boldsymbol{L}(z,x,y,t)] \cdot \log[1 - \boldsymbol{P}(z,x,y,t))
\tag{3}
$$

式(3)为分类损失,$\boldsymbol{L}$ 为真实标签概率矩阵,$\boldsymbol{P}$ 为类别概率预测矩阵,x、y、z、t 分别为矩阵的长、宽、个数、类别数。

2.2　CenterNet

2.2.1　网络结构

CenterNet 网络结构如图 3 所示。

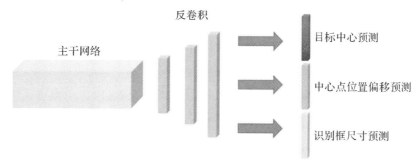

图 6　CenterNet 网络结构

为考虑模型在训练和测试阶段的速度，本文选择将 ResNet-50 作为 CenterNet 的主干网络（BackBone）。首先对输入图片进行缩放，缩放后分辨率为 512×512，将缩放后的图片输入至主干网络当中进行特征提取，实现特征图编码。之后将主干网络的输出特征图（$16 \times 16 \times 2\,048$）进行三次连续的反卷积（Deconv）操作，完成特征图解码。最后，处理后的输出特征图（$128 \times 128 \times 64$）分别作为目标中心预测、中心点位置偏移预测、识别框尺寸预测三个分支，完成识别框生成工作。

ResNet-50 最初用于图像分类任务，因其出色的实验结果，许多视觉任务将其特有的残差架构嵌入网络当中，有效提升了图像特征提取能力，并且避免了网络结构过深所造成的梯度消失问题。ResNet-50 网络结构如图 7 所示。

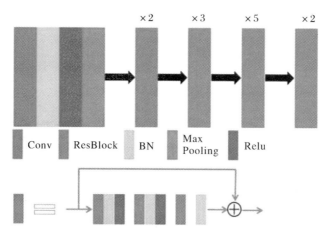

图 7　ResNet-50 网络结构

2.2.2　损失函数

CenterNet 损失函数包括目标中心预测损失、中心点位置偏移损失、识别框尺寸损失。

$$L_C = -\frac{1}{N}\sum_{xyc}\begin{cases}(1-Z_{xyc})^\alpha \log(Y_{xyc}), & Y_{xyc}=1 \\ (1-Y_{xyc})^\beta (Z_{xyc})^\alpha \log(1-Z_{xyc}), & \text{其他}\end{cases} \tag{4}$$

式（4）为目标中心预测损失，其中 N 为目标关键点数目，Y_{xyc} 为真实标签热图，Z_{xyc} 为预测热图，α、β 为超参数。

$$L_{\mathrm{wh}} = \frac{1}{N}\sum_{k=1}^{N}|Y_k - S_k| \tag{5}$$

式（5）为识别框尺寸损失，其中 N 为目标关键点数目，Y_k 为预测框长宽，S_k 为真实框长宽。

$$L_{\text{off}} = \frac{1}{N} \sum_p \left| K - \left(\frac{p}{R} - \tilde{P} \right) \right| \tag{6}$$

式（6）为中心点位置偏移损失，其中 N 为目标关键点数目，K 为中心点偏移预测，P 为真实框中心点位置坐标，$\tilde{p}$ 为真实框经过缩放操作后的最近整数坐标点，R 为缩放尺度。

3　实验结果与分析

为实现无人机航拍图像的目标识别系统，首先完成目标数据集制作，之后按照一定数量比例分为训练集、验证集、测试集，然后基于数据完成模型训练，最后基于网络模型进行目标识别。目标识别算法处理流程如图 8 所示。

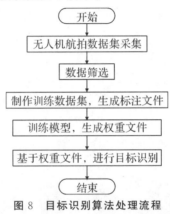

图 8　目标识别算法处理流程

3.1　数据集收集与制作

本文所使用的图像数据集源自 HRSC2016、UCAS_AOD。数据集样本示意图如图 9 所示。

图 9　数据集样本示意图

HRSC2016 数据集来自 6 个著名的港口，数据集分为近海船只和海上船只两种。图像分辨率大多数为 1 176×820。UCAS_AOD 数据集由国防科技大学于 2014 年发布，数据集主要包含汽车目标，目标大多分布于城市、居民区。图像分辨率大多数为 1 920×659、1 372×941。经过筛选，共搜集了 5 378 张图片用于网络模型训练、测试。

本文选用 LabelImg 完成图像数据集标注工作，标记的目标包括 Car、Ship、Boat 三种。LabelImg 是一种图像标注工具，适用于 Faster R - CNN、YOLO、SSD 等识别算法数据集标注工作。LabelImg 界面如图 10 所示。

图 10　LabelImg 界面

使用 LabelImg 标注图像的输出为 xml 文件，文件内部存储一些相关信息，包括图像路径、图像分辨率、图像中存在的目标类别以及框选锚框的左上角和右下角坐标。

3.2　迁移学习

卷积神经网络在训练过程中经常遇到数据样本不充分问题，使用基础的训练方式无法得到较好的输出权重。迁移学习是机器学习的一种特殊训练方法，载入具有相似样本分布的高质量数据集训练得到的权重初始化网络参数，利用目标域数据集通过训练不断优化、更新权重，以适应目标任务。本文选择在 Pascal VOC 数据集的训练权重作为网络的预训练模型。

迁移学习可以有效降低数据集制作成本，并且可以在一定程度上减少网络模型拟合过程中所需的训练时间。迁移学习不仅仅在计算机视觉领域广泛应用，在语音识别、自然语言处理、等领域同样适用。

3.3　软硬件配置

完成本实验所需计算机软硬件配置如下。

处理器：Intel(R) Core(TM) i7 - 10700 CPU @ 2.90GHz。

运行内存：32 GB。

显卡：NVIDIA GeForce RTX 3060 Ti。

显卡内存：8 GB。

软件平台：Anaconda。

操作系统：Windows 10。

环境配置：CUDA 11.1，Cudnn 8.1.0。

编程语言：Python 3.7.3。

深度学习框架：Torch 1.9.0＋nv 111。

深度学习所需库：Torchvision 0.10.0＋cu111，Numpy 1.19.5，OpenCV-python 4.2.0.34，Pillow 8.2.0，Scipy 1.4.1。

本实验采用的深度学习边缘计算处理器是 NVIDIA Jetson Nano，处理器配置如下。

GPU：NVIDIA Maxwell™架构，配有 128 个 NVIDIA CUDA® cores。

CPU：四核 ARM® Cortex®-A57 MPCore 处理器。

运行内存：4 GB。

产品尺寸：10 cm×8 cm×2.9 cm。

计算性能：472 GFLOPS。

深度学习所需库：CUDA 10.2，Torch 1.7.0，Torchvision 1.8.0，OpenCV 4.2.0，Numpy 1.19.5，Tensorflow-GPU 2.5.0＋NV21.6。

3.4　训练参数设置

训练过程中，设置输入图像分辨率为 512×512，batch-size 为 4，训练回合数（epoch）为 500，使用 adam 优化器更新模型参数，学习率和动量参数分别设置为 0.000 1、0.9。CenterNet 与 YOLOV5 均采用在 Pascol VOC 数据集训练得到的预训练权重进行迁移学习。

3.5　实验结果分析

本文采用精准率（Precision）、召回率（Recall）、均值平均精度（Mean Average Precision，MAP）作为实验结果评价指标。精准率是预测为正样本并且实际为正样本所占真实正样本比例。召回率是预测为正样本并且实际为正样本所占预测为正样本比例。

$$\left.\begin{array}{l} \text{Precision}=\dfrac{\text{TP}}{\text{TP}+\text{FP}} \\[2mm] \text{Recall}=\dfrac{\text{TP}}{\text{TP}+\text{FN}} \end{array}\right\} \tag{7}$$

式中：TP 是预测为正样本并且实际为正样本的数量；FP 是预测为正样本但是实际为负样本的数量；FN 是预测为负样本并且实际为负样本的数量。

均值平均精度是根据平均精度（Average Precision，AP）计算得来的。按照一定阈值选取样本中一部分的召回率与精准率分别作为横纵坐标画出曲线，曲线与坐标轴的包围面积即为平均精度。对每个类别的平均精度相加再取平均即为均值平均精度。

CenterNet 与 YOLOV5 的测试结果的平均精度分别如图 11 和图 12 所示。从 CenterNet 与 YOLOV5 的平均精度曲线可以看出：同种算法相比，类别为 ship 的平均精度要高于其他类别，是因为测试数据集中 ship 目标整体特征要更大，更趋向中等目标或大目标，所以预测框更接近真实框；CenterNet 的整体平均精度均小于 YOLOV5，说明在解决无人机视角的目标识别问题中，YOLOV5 目标识别算法生成的预测框更准确。

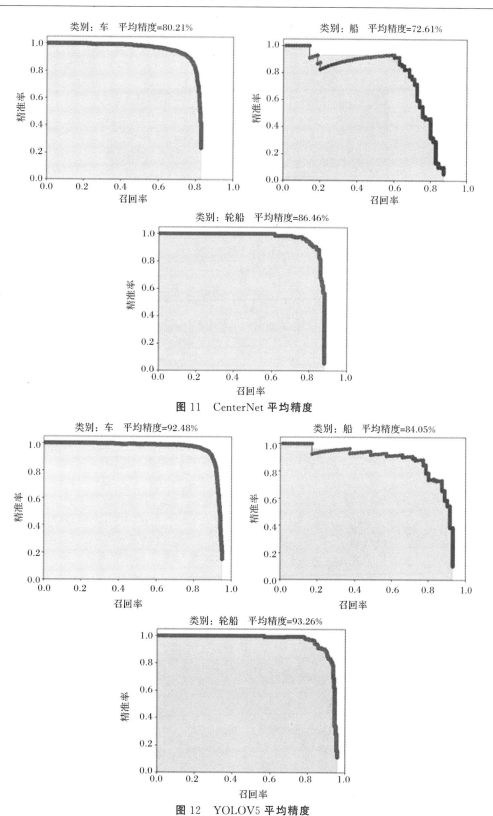

图 11 CenterNet 平均精度

图 12 YOLOV5 平均精度

CenterNet 与 YOLOV5 的测试结果分别如图 13 和图 14 所示。对比 CenterNet 与 YOLOV5 的测试结果,可见 YOLOV5 的识别框更准确、分类准确率更高,并且相对 CenterNet 的漏检情况有所降低。

图 13　CenterNet 测试结果

图 14　YOLOV5 测试结果

CenterNet 与 YOLOV5 的整体测试指标见表 1。YOLOV5 的整体指标要高于 CenterNet,说明 YOLOV5 在数据集中整体识别效果要优于 CenterNet。

表 1　测试指标对比

方 法	精准率	召回率	TP	FP	FN	mAP
YOLOV5	94.8%	82.9%	1 655	91	341	89.9%
CenterNet	91.2%	64.3%	1 283	124	713	79.8%

将训练好的 YOLOV5 权重模型搭载至边缘计算处理器 Jetson Nano 上。通过 OpenCV 调用 CSI 接口摄像头,采用处理当前帧的方法读取视频流,识别帧率可以稳定在 10 FPS 左右。

4　总结

本文以无人机航拍图像作为背景,根据自标注的图像数据集进行训练及测试实验。通过对比两种主流目标识别算法的识别结果、实验指标,完成算法的性能分析。本文结论如下:

1)YOLOV5 目标识别算法在对数据集中小目标的识别能力要强于 CenterNet 目标识别算法。

2)YOLOV5 目标识别算法输出的识别框位置更准确、分类准确率更高。

3)两种目标识别算法在针对非小目标识别实验当中均未产生漏检现象。

综上所述,与 CenterNet 相比,YOLOV5 更适用于无人机航拍图像识别任务。

【参考文献】

[1] 段海滨,罗德林.2021 年无人机热点回眸[J].科技导报,2022,40(1):215 - 227.

[2] XIAO Y,TIAN Z,YU J,et al. A review of object detection based on deep learning[J]. Multimed Tools Appl,2020(79):23729 - 23791.

[3] ANUSHKA. Object Detection using deep learning:a review[J]. Association for Computing Machinery,2022(21):328 - 334.

[4] 张中伟,付泱,刘辉.无人机自动目标识别算法研究综述[C]// 2019 年(第四届)中国航空科学技术大会论文集.北京:中航出版传媒有限责任公司,2019:331 - 337.

[5] 万维.基于深度学习的目标检测算法研究及应用[D].成都:电子科技大学,2015.

[6] RIBANI R,MARENGONI M. A survey of transfer learning for convolutional neural networks[J]. 2019 32nd SIBGRAPI Conference on Graphics,Patterns and Images Tutorials(SIBGRAPI - T),2019(5):47 - 57.

[7] REDMON J,DIVVALA S. You only look once:unified,real-time object detection [C]// 2016 IEEE Conference on Computer Vision and Pattern Recognition(CVPR). Las Vegas:IEEE,2016:779 - 788.

[8] REDMON J,FARHADI A. YOLO9000:better,faster,stronger[C]// 2017 IEEE Conference on Computer Vision and Pattern Recognition(CVPR). Honolulu: IEEE,2017:6517 - 6525.

[9] REN S,HE K,GIRSHICK R. Faster R - CNN: towards real-time object detection with region proposal networks[J]. IEEE Transactions on Pattern Analysis and Machine Intelligence,2017,39(6):1137 - 1149.

[10] YU Y,YAN S,HAO X. Pedestrian detection based on improved YOLOv3 network[J]. 2023 IEEE International Conference on Control,Electronics and Computer Technology (ICCECT),2023(2):297 - 301.

[11] LIN T Y,DOLLAR P,GIRSHICK R,et al. Feature pyramid networks for object detection[C]// 2017 IEEE Conference on Computer Vision and Pattern Recognition (CVPR). Honolulu: IEEE 2017:936 - 9447.

[12] JIN G,KIM H. A study on paprika disease detection with YOLOv4 model using a customed pretraining method[C]// 2021 21st International Conference on Control. Jeju: Automation and Systems (ICCAS),2021:1615 - 1618.

[13] WANG C Y,Wu Y H,Chen Y,et al. CSPNet: A NewBackbone that can Enhance Learning Capability of CNN[C]// 2020 IEEE/CVF Conference on Computer Vision and Pattern Recognition Workshops (CVPRW). Seattle: IEEE,2020:1571 - 1580.

[14] DUAN K,BAI S,XIE L,et al. CenterNet:keypoint triplets for object detection[C]// 2019 IEEE/CVF International Conference on Computer Vision (ICCV). Seoul: IEEE,2019:6568 - 6577.

[15] WANG Q,ZHENG L,WANG S,et al. Lightweight stacked hourglass network for efficient robotic arm pose estimation[C]// 2021 7th International Conference on Computer and Communications (ICCC). Chengdu: IEEE,2021:1041 - 1046.

[16] YU F,WANG D,SHELHAMER E,et al. Deep layer aggregation[C]// 2018 IEEE/CVF Conference on Computer Vision and Pattern Recognition. Salt Lake City: IEEE,2018:2403 - 2412.

[17] HE K,ZHANG X,REN S,et al. Deep residual learning for image recognition[C]// 2016 IEEE Conference on Computer Vision and Pattern Recognition (CVPR). Las Vegas: IEEE,2016:770 - 778.

无人机蜂群典型对抗样式研究

吕斐凯[1,2] *　孙建桐[1,2]　王雪林[1,2]　郭育青[2]　宋国鹏[2]　郑志强[1,2]

(1 航天时代飞鸿技术有限公司,北京 100094
2 中国航天科技集团有限公司 智能无人系统总体技术研发中心,北京 100094)

【摘　要】蜂群在军事领域可以通过集群作战的方式充分发挥其数量多、密度大的优势。通过搭载多样化任务载荷,可实施全天候、全天时、长时段的协同探测、电子干扰等作战行动。在蜂群协同领域,包含有目标分配、航迹规划、任务载荷规划、数据链路规划、应急处置规划等内容,在典型对抗样式上具有电子诱骗、电子侦察、电子干扰等方法。通过研究,对于蜂群协同电子侦察,可以通过多机定位方式来提高载荷定位精度,且定位距离误差随无人机间距的增大而减小。通过蜂群无人机对典型雷达的抵近干扰,可以掩护后方直升机突进,实现随队支援干扰功能。

【关键词】蜂群作战;电子侦察;电子干扰;协同探测;协同对抗

引言

蜂群作战相比于高性能、高成本的单机作战平台等传统武器装备具有饱和式数量规模效应、低成本高效能、隐蔽性强、任务可靠性高等无可比拟的优势,可通过"以量致胜、以廉抵耗、以智增效"的方式,满足未来复杂战场上面对高对抗、高威胁环境下的机动灵活、任务多样、智能精准的作战需求[1]。利用有人直升机超低空飞行突击能力优势,将无人蜂群投放至前沿阵地。无人蜂群发挥低可探测性、自组织智能协同等特点,携带干扰设备渗透至敌纵深区域,利用大规模数量优势,分布式实施灵活干扰,吸引敌防空火力;或是探测到敌防空火力后自主自杀式攻击敌探测雷达、防空火力等重要目标,为有人直升机突防清除威胁[2]。

1　蜂群发展现状

(1)巡飞弹技术

自 1994 年美军开始研制巡飞弹以来,其研制进度迅速,已开始发展各种平台携带的巡飞弹,主要型号包括:127 mm 舰炮发射的前沿空中支援弹药(FASM)、155 mm 榴弹炮发射的"快看"(Quicklook)侦察型巡飞弹、155 mm 榴弹炮或 127 mm 舰炮发射的炮射广域侦察弹(WASP)、坦克炮发射的一次性多用途炮射巡飞弹、"网火"非直瞄火力系统发射的"拉姆"(LAM)巡飞弹、"洛卡斯"(LOCASS)自主攻击弹药系统、"主宰者"(Dominator)巡飞弹、"低成本持续区域控制"(LOCPAD)小型弹药、致命微型空中弹药系统(LMAMS)、巡飞同步作战技术(MSET)、"针对移动目标的潜射"巡飞弹(AWESUM)、低成本集群作战系统(LO-CUST)、"弹簧刀"巡飞弹等[3-5]。MPL 发射装置如图 1 所示。

图 1　MPL 发射装置

目前,美国陆军正以"黑鹰"直升机(见图 2)为平台,在飞行状态下成功发射"阿尔提斯"600 无人机,并接收到从无人机上传来的实时视频。该项目隶属于美国陆军新型"空中发射效果"系统的一部分。该系统从 2020 年 3 月开始测试,用于对机载无人机概念进行验证。美国陆军未来垂直起降飞行器跨职能小组表示,机载无人机项目即将进入下一阶段。在这次实验中弹射的"阿尔提斯"600 无人机,是一种人工遥控的小型螺旋桨无人机,在弹射出后,会展开一对机翼用于飞行控制(见图 3),并能在较为平整的地面降落。美国陆军希望让机载无人机具备集群作战能力,一架"黑鹰"直升机计划可以搭载 6 架无人机进行编队作战,还能够与美军其他军种的无人机实现信息交互与联合作战[6-8]。

图 2　"黑鹰"直升机

图 3　空射无人机

(2)集群作战技术

2015 年,美国 CSBA 发布的《维持美国精确打击优势》报告中,提出了依托平台集群技术的分布式作战思想,即使用大量廉价弹药、小型无人机或诱饵,采用集群式、协同配合作战的方式,迫使敌方消耗最具价值的防空能力应付廉价、可消耗武器,从而抵消防御相对优势的洞穿防空系统。

2016 年,美国发布《小型无人机系统飞行规划(2016—2036)》中,从战略层面提出了"集群""编组"等新型作战概念,近年来,美军通过项目、计划和作战概念驱动,开展了一系列关于无人机"集群"的研究、试验和演示验证项目[9-10]。美军主要巡飞攻击集群项目见表 1。

表 1 美军主要巡飞攻击集群项目汇总

项目名称	主管机构	主要研究内容和特点
弹载巡飞弹项目	陆航	发展一种可利用美陆航制式的制导火箭弹(MLRS)或陆航战术导弹(ATACMS)发射的巡飞弹集群
小精灵(Gremlins)	DARPA	研制一种可由有人机投放和回收的侦察和电子战无人机集群,低成本、高效快速、空中发射与回收、可重复使用
进攻性集群使能战术(OFFSET)	DARPA	研究新型集群战术、人-集群交互、软硬件集成等关键技术
拒止环境中协同(CODE)	DARPA	发展一套包含协同算法的软件系统,减少任务指挥官的认知负担,通过自主能力、编队协同人机接口和开放式架构支撑拒止环境下协同作战
低成本无人机集群作战(LOCUST)	海军研究办公室(ONR)	发展在特定区域执行掩护、巡逻和攻击地面目标任务的无人机集群,采用"郊狼"小型无人机进行试验,成本低、体积小、数量多、快速发射
山鹑(Perdix)	战略能力办公室(SCO)	研究有人战斗机空射集群,具有空中快速释放、信息共享、集体决策、编队飞行、低成本特点
近战隐蔽自主无人一次性飞机(CICADA)	海军研究办公室(ONR)	研究采用无动力滑行释放、隐蔽性强、快速 3D 打印、超低成本的集群无人机

2 协同规划方法

蜂群协同任务规划的内涵十分宽泛,可以包括但不限于任务目标分配、航迹规划、任务载荷规划、数据链路规划、应急处置规划等。一般而言,任务载荷规划、数据链路规划以及应急处置规划等功能相对独立,对集群属性的依赖度不够强,一般是将任务载荷、链路设置、安全飞行等因素作为约束条件,融入任务分配与航路规划中[11]。规划流程框图如图 4 所示。

本文采用分布式协同任务规划框架,统筹无人机蜂群和控制站计算资源,最大化发挥计算资源,提升支持的无人机规划数量。针对不同任务类型和任务层级,建立分组分层任务处理引擎,采用分而治之的分解任务,自适应不同层级的新增任务、突发危险、任务临时调整等。当任务规划发生在单架无人机层面时,可通过面向单架无人机层面的任务规划引擎出来,当任务规划需要协同不同无人机资源时,需要从编队和分组进行调整,以此类推,从而完成不同层级的自主任务规划能力。

具体到航路规划方面,首先,对无人机平台、作战任务、作战环境进行能力建模,然后设计航路规划价值优化函数和约束,进行求解最优路径。载荷规划方面,首先对任务载荷进行能力建模,明确任务载荷,然后量化对应的能力技术指标等,根据执行的任务类型,建立任务载荷资源能力需求矩阵,建立能力需求和现有任务载荷能力资源需求匹配优化函数,从而求解出需要挂载的任务载荷类型、数量和配属关系。在执行任务过程中,结合执行的航路和载荷应用环境,进行任务载荷的自适应控制策略设计,从而完成任务载荷规划和控制。

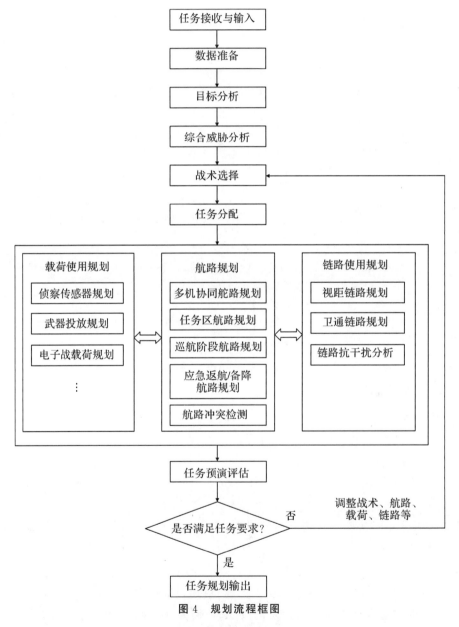

图 4　规划流程框图

无人机从发射区发射后,需要到各自的集结地点进行集结(见图 5),具体各个集结点的位置,按照每架无人机编队分配到的子任务区确定。由于威胁区的存在,在集结过程中需要通过路径规划避免进入威胁区。

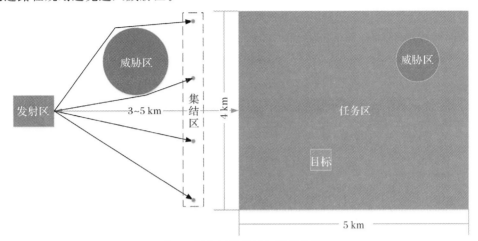

图5 任务区的描述与发射集结

到达集结点后进行编队队形设置,并按照编队的队形进行组织,而且无人机能够进行动态编队切换即切换成其他队形,队形将会从7个队形中选4个来进行编队飞行。编队动态改变如图6所示,由于存在距离不同,因此需要进行速度变化以满足队形变化,由于速度变化范围在最小速度到最大速度之间,因此编队变化需要一定距离以满足在限定的速度范围内进行动态编队变化,最终同时达到既定航点。编队动态改变之后需要一定距离来调节并维持编队队形。

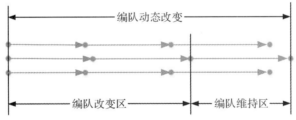

图6 一般情况下的编队动态改变

如果编队变换出现航线交叉,需要首先进行高度改变,使无人机编队不在一个水平线上,再进行编队变换,在俯视下即经纬度上完成编队之间位置关系的切换后,再进行高度改变,使编队内高度维持在同一水平上,高度切换完成后前进进一段距离进行便对维持具体由队形决定,如图7所示。

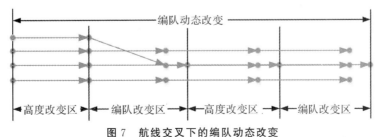

图7 航线交叉下的编队动态改变

如果无人机需要转弯,采取尽量使转弯半径接近的转弯方式以避免为了达到同步速度变化超过变化范围,为了避免碰撞,无人机单航线侦察结束后,需要前进一定距离以使高度变化,高度改变之后再进行编队转弯,转弯完成之后再将高度重新变换回来,这样转完之后编队内的无人机可能会改变队内编队的位置,如图8所示,注意原本编号0和编号1的无人机在转弯后随着编队内位置改变而导致的编号的改变。

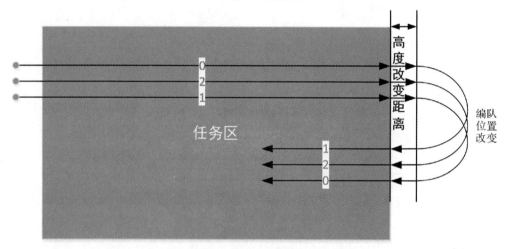

图 8　编队的集群转弯

3　典型对抗样式

（1）电子诱骗

蜂群无人机通过模拟母机 RCS 特性,可实现对威胁雷达诱骗的能力[12]。直升机遂行作战任务时,释放携带电子诱骗载荷的蜂群无人机前突至母机安全距离内,通过模拟母机 RCS 特性,实现诱骗敌防空系统雷达的作战任务。蜂群无人机电子诱骗作战态势图如图 9 所示。

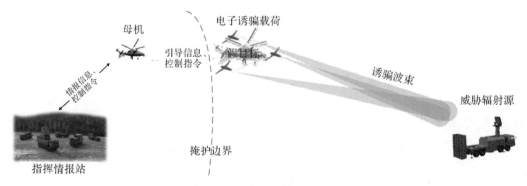

图 9　蜂群无人机电子诱骗载荷作战态势图

（2）电子侦察

电子侦察手段是一种无源的侦察手段,侦察过程中不会暴露载机信息。且电子侦察作用距离相对较远,覆盖空域广。同时,蜂群无人机通过电侦载荷分布式配置,采用信息组网的方式,可实现对威胁目标的广域覆盖。根据目标电磁信号的参数信息,结合数据库匹配信息,实现对目标的跟踪识别及威胁等级排序。采用双/多机协同定位,可实现对威胁辐射源目标的无源定位。蜂群无人机电子侦察作战态势图如图 10 所示。

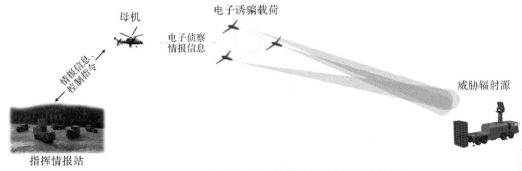

图 10　蜂群无人机电子侦干载荷电子侦察作战态势图

(3)电子干扰

蜂群无人机可在电抗载荷有源干扰功能的掩护下,实现对威胁目标的抵近,发挥自卫干扰的作用。也可以通过对威胁辐射源目标抵近干扰,实现在一定范围内掩护母机平台的随队干扰能力。蜂群无人机有源干扰作战态势图如图 11 所示。

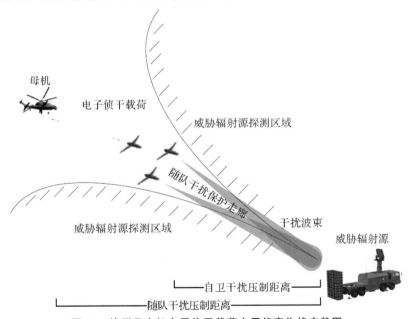

图 11　蜂群无人机电子侦干载荷电子侦察作战态势图

4　协同对抗性能分析

4.1　协同电子侦察

蜂群无人机采用分布式组网的方式,实现在宽频域范围内对预警探测雷达、目标指示雷达及火控雷达主瓣信号的进行参数测量、分选、跟踪、识别以及精确测向定位功能。

电子侦察载荷侦察作用距离可按下式计算：

$$P_r' = \frac{P_t G_t G_r \lambda^2}{(4\pi R_t)^2 \, 100.1L} \tag{1}$$

式中：P_t 为雷达发射功率；G_t 为雷达发射天线增益；R_t 为所需的作用距离；λ 为信号波长；L 为损耗之和，取 $3 \text{ dB} + R_t \times 0.01 \text{ dB/km}$；$P_r'$ 为设备应达到的接收机灵敏度；G_r 为侦察设备接收天线增益（含天线罩损耗）。

对典型雷达 1.5 倍侦察距离时，设备应达到的接收机灵敏度约为 -50 dBm。

接收机灵敏度的计算公式为

$$P_r = -114 + 10\log B + \text{NF} + \left(\frac{S_0}{N_0}\right)_{\min} - G \tag{2}$$

式中：B 为系统等效带宽，单位 MHz；NF 为系统的噪声系数，单位 dB；$\left(\dfrac{S_0}{N_0}\right)_{\min}$ 为解调所需的最小信噪比，单位 dB；G 为处理增益，单位 dB。

取 $\text{NF} = 12 \text{ dB}$，$\left(\dfrac{S_0}{N_0}\right)_{\min} = 14 \text{ dB}$，$B = 4 \text{ GHz}$，$G = 21 \text{ dB}$，计算可得 $P_r = -71 \text{ dBm}$。结合工程经验，接收机灵敏度约有 2 dB 的波动，故接收机灵敏度可以达到 -69 dBm，可以满足 1.5 R 侦察距离要求。

考虑到蜂群无人机对典型雷达目标采用相位干涉仪测向体制，采用双机定位的方式实现目标定位。假设雷达目标频率为 2 GHz，载荷侦察测向精度最大误差在 $3°$ 左右。根据蜂群无人机编队模式，结合设备测向精度，对双机定位精度进行仿真，仿真参数见表 2。

表 2 定位精度仿真场景参数

参　数	说　明	参　数	说　明
目标距离	1.5 R	双机速度	120 km/h
测向精度	3°	数据率	5 Hz

依据表 2 所示的仿真场景参数，从 5 km 到 20 km 开始每隔 1 km 遍历双机间距，给出双机定位误差百分比与双机间距的关系图 12 所示。

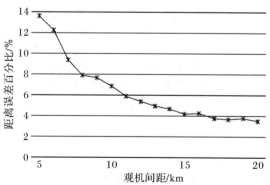

图 12 定位误差百分比与双机间距关系图

4.2 协同电子干扰

直升机遂行作战任务时,面临多种敌防空系统的威胁。蜂群无人机可实现对威胁雷达的抵近干扰,对无人机后面的直升机进行掩护,实现随队支援干扰功能。

对于无人机掩护直升机的随队干扰,在不考虑副瓣干扰的情况下,其最小干扰压制距离和干扰等效辐射功率的关系为

$$\text{ERP}_j = K \frac{G_r}{G_J} \frac{B_j}{B_r} \frac{\sigma R_j^2}{4\pi R_{\min}^4} \frac{L_j P_t G_t}{L_t} \tag{3}$$

式中:ERP_j 为干扰等效辐射功率;K 为压制系数;$\dfrac{G_r}{G_J}$ 为雷达信号与干扰信号处理增益比;$\dfrac{b_j}{b_r}$ 为干扰带宽比;R_j 为子机抵近距离;σ 为载机目标 RCS;L_j 为干扰发射损耗;$P_t G_t$ 为雷达等效发射功率;L_t 为雷达发射无源损耗;$R_{\min}$ 为直升机掩护最小压制距离。

在计算中,取自卫干扰功率典型值 43 dBm,计算对典型目标随队支援干扰压制距离。

对于常见的中近程防空系统(雷达 ERP 不大于 105 dBm),在满足蜂群无人机自卫干扰最小压制距离的前提下,通过对威胁雷达抵近干扰,可实现对直升机平台掩护抵近目标至 7 km 处。对于远程防空系统(雷达 ERP 不大于 125 dBm),在满足无人机自卫干扰最小压制距离的前提下,通过对威胁雷达抵近干扰,可实现对直升机平台掩护抵近目标至 70 km 处。

5 结论

本文主要介绍了无人机蜂群最新发展情况,提出了无人机蜂群的分布式协同任务规划框架,研究了无人机蜂群的任务规划流程和典型编队变换策略。基于无人机蜂群协同规划能力,提出了无人机蜂群协同电子对抗典型作战样式,分析了协同电子侦察和协同电子干扰的能力提升。得到的结论如下。

1)机载无人机蜂群是一种全新概念的精确打击武器和网络化协同攻击系统,而协同电子对抗是机载无人机蜂群新质作战能力之一。

2)对于蜂群协同电子侦察,可以通过多机定位方式来提高载荷定位精度,且定位距离误差随无人机间距的增大而减小。

3)通过蜂群无人机对典型雷达的抵近干扰,可以掩护后方直升机突进,实现随队支援干扰功能。对于 ERP 不大于 105 dBm 的中近程防空系统,预计可以掩护至 7 km;对于 ERP 大于 125 dBm 的远程防空系统,预计可以掩护至 70 km。

【参考文献】

[1] 蒋琪,葛悦涛,张冬青."动态"与"分布"——空中力量建设的"新"方向[J].航天电子对抗,2016(1):4-7.

[2] 许晓伟,赖际舟,吕品,等.多无人机协同导航技术研究现状及进展[J].导航定位与授时,2017,4(4):1-9.

[3] 陈方舟,黄靖皓,赵阳辉.美军无人蜂群作战技术发展分析[J].装备学院学报,2016(4):

34 – 37.

[4] 贾高伟,侯中喜.美军无人机集群项目发展[J].国防科技,2017(8):53 – 56.

[5] 陈柱文.从 DARPA 无人机项目看无人机未来发展[J].通信电子战,2015(6):15 – 19.

[6] 宋怡然,申超,李东兵.美国分布式低成本无人机集群研究进展[J].飞航导弹,2016(8):27 – 31.

[7] 雪莉,博闻.DARPA 披露 OFFSET 无人机蜂群项目细节[J].飞航导弹,2017(2):84 –88.

[8] 李洪兴.美国国防部秘密开发下一代集群无人机技术[J].现代军事,2016(10):7 – 11.

[9] 刘彬.美海军研发"隐蔽型一次性自主飞行器".装备参考[J],2015(32):18 – 22.

[10] 张梦湉.DARPA 推进"拒止环境中协同作战"项目[J].航天防务技术瞭望,2015(3):24 – 29.

[11] 燕清锋,肖宇波,杨建明.美军无人机蜂群作战探析[J].飞航导弹,2017(10):15 – 18.

[12] 王晨阳,张卫平,邹阳.仿昆虫扑翼微飞行器研究现状与关键技术[J].无人系统技术,2018,1(4):1 – 16.

基于 PO＋MEC 的蜂群目标特性研究

田贵龙[1*]　杨景瑞[2]　齐丁丁[1]

(1 空军工程大学 防空反导学院,西安 713800

2 空军工程大学 航空机务士官学校,信阳 464000)

【摘　要】无人机"蜂群"作战将会是未来战争的主要作战样式。对无人机"蜂群"进行识别预警,并制定抗击无人机"蜂群"的战略、战术,发展反无人机"蜂群"武器系统,是目前极其迫切的任务;而针对无人机"蜂群"的预警探测是抗击无人机"蜂群"的前提与关键,也是急需解决的重难点问题。本文基于物理光学法结合等效电磁流方法(PO＋MEC)对蜂群目标的散射特性进行计算,对蜂群目标的类型、规模大小、编队方式、位置、间距等进行详细分析,总结蜂群目标特性随蜂群类型、规模、位置、间距、编队方式等的变化规律,进而为针对性的制定抗击特定无人机"蜂群"的战略、战术提供重要依据。

【关键词】蜂群无人机;识别预警;物理光学法;等效电磁流法;目标特性

无人机"蜂群"作战将会是未来战争的主要作战样式。纳卡冲突和此次俄乌冲突的许多战争实例表明,无人机"蜂群"代表着未来战争无人化作战和智能化作战的发展趋势,必将以其不对称的规模优势、成本优势颠覆传统防空作战规则,对传统的防空武器系统造成毁灭性的打击。

对无人机"蜂群"进行识别预警,并制定抗击无人机"蜂群"的战略、战术,发展反无人机"蜂群"武器系统,是目前极其迫切的任务。而针对无人机"蜂群"的预警探测是抗击无人机"蜂群"的前提与关键,也是急需解决的重难点问题。"蜂群"目标通常具有大雷达散射截面积(Radar Cross Section,RCS)特征,在雷达显示界面难以将"蜂群"目标与大型载机以及有人机编队进行有效区分,更难以对来袭"蜂群"目标的规模、类型、所采取的作战样式进行区分,因而难以及时采取针对性的应对手段,如采用电子干扰或高功率微波武器,抑或近程防空武器。通过分析"蜂群"目标的散射特性,总结"蜂群"目标散射特性随"蜂群"目标数量、编队方式、飞行间距、高度等的变化规律,可为准确识别"蜂群"目标提供参考。

1　"蜂群"目标散射场计算

1.1　物理光学法(PO)

超低空飞行目标可以采用三角面元来模拟,三角面元的远场散射场通过 PO 积分[1]计算得到,其远场散射场近似表达式为

$$E^s \approx \frac{jk}{4\pi} \frac{e^{-jkr}}{r} [\hat{s} \times (M_s + \eta_0 \hat{s} \times J_s)] \cdot \Delta A \cdot I \tag{1}$$

式中：J_s 和 M_s 表示面元上的电流和磁流；ΔA 为三角面元的面积。利用戈登面元积分法，I 的表达式为

$$I = \frac{1}{jk|\hat{n} \times w|\Delta A} \sum_{m=1}^{3} (\hat{n} \times w) \cdot a_m \exp(jk r_m \cdot w) \mathrm{sinc}\left(\frac{1}{2}ka_m \cdot w\right) \tag{2}$$

式中：$w = \hat{s} - \hat{i}$，$\hat{i}$ 和 $\hat{s}$ 为入射和散射方向单位矢量，$\mathrm{sinc}(x) = \sin x / x$，$k$ 为波数，a_m 表示面元 S_i 第 m 条边的长度和方向，r_m 为第 m 条边中点的位置矢量。

1.2　等效电磁流法（MEC）

超低空导弹目标存在棱边构，为了进一步改进 PO 的结果，采用计算劈边的 MEC 方法[2]，通过将等效电磁流代入辐射积分来求解棱边结构的远区边缘绕射场。对边缘为 C 的任意劈边，它的远区边缘绕射场可表示为

$$E^d = \frac{ik_0}{4\pi} \frac{e^{-jk_0 r}}{r} \int_C \{\eta_0 \hat{s} \times [\hat{s} \times J(\vec{r'})] + \hat{s} \times M(r')\} e^{ik_0 \hat{s} \cdot r'} \mathrm{d}l \tag{3}$$

式中：$J(\vec{r'}) = I_e(r')\hat{t}$ 和 $M(r') = I_m(r')\hat{t}$ 分别是等效边缘电流和磁流，$\hat{t}$ 是边缘 C 的切向单位矢量；$\hat{s}$ 是观察方向的单位矢量；r' 是从原点到边缘上某点的径向矢量；$\mathrm{d}l$ 是沿边缘 C 的弧长增量。

2　"蜂群"目标特性分析

2.1　算法验证

如图 1 所示，分别采用 MoM 与 PO+MEC 算法分别计算某型号飞机的单站 RCS。仿真条件为：入射波为水平极化，工作频率 $f = 10$ GHz；入射角为 $\theta_i = -90° \sim 90°$，$\varphi_i = -90°$。仿真结果表明，PO+MEC 具有较高的准确性。

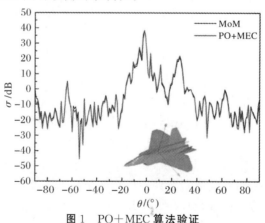

图 1　PO+MEC 算法验证

2.2　算例分析

图 2 为无人机结构示意图。其中无人机长 1.13 m，翼展 1.08 m，宽约 0.1 m。图 3 为多架无人机位于粗糙面上方示意图，无人机之间的前后间距以及左右间距均为 2 m。图 4

所示为无人机位于粗糙面上方得到的 RCS 对比曲线。黑色曲线为 5 架无人机位于粗糙面上方的 RCS 曲线,其复合散射的 RCS 特性不仅受粗糙面影响,同时也受目标影响。在镜面反射方向,如从−90°到 0°区间,复合散射的 RCS 与仅有粗糙面散射时基本一致;而在后向散射区间,如从 0°到 50°区间,复合散射 RCS 受目标影响非常大,复合散射 RCS 曲线的震荡特性与仅有目标散射时的 RCS 震荡特性基本一致。同时,目标数量也对 RCS 有显著影响,随目标数量增多,后向散射方向 RCS 的幅度明显增大。

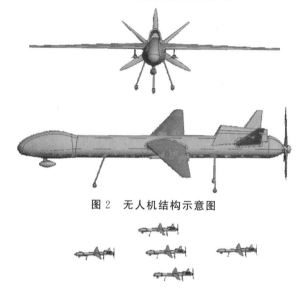

图 2　无人机结构示意图

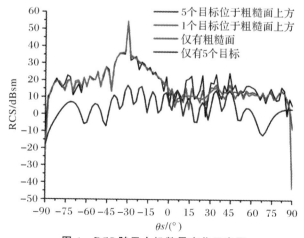

图 3　多架无人机位于粗糙面上方示意图

图 4　RCS 随无人机数量变化示意图

3 结论

针对"蜂群"目标散射计算问题,本文采用物理光学法结合等效电磁流法计算了"蜂群"目标散射特性及"蜂群"位于环境上方的散射特性,得到了"蜂群"目标散射特性随目标数量的变化规律以及环境对"蜂群"散射特性的影响。

【参考文献】

[1] ZHANG J,XU B,CUI T J. An alternative treatment of saddle stationary phase points in physical optics for smooth surfaces[J]. IEEE Transactions on Antennas and Propagation,2014,62(2):986 - 991.

[2] NGUYEN A N,H. SHIRAI. Electromagnetic Wave Scattering From Dielectric Bodies with Equivalent Current Method[C]//IEEE International Conference on Electro-magnetics in Advanced Applications。[S. l.]:[s. n],2013:744 - 747.

一种面向通信不确定环境的无人机集群协同架构

张英傲

（中国电科智能科技研究院 无人系统中心，北京 100041）

【摘　要】本文提出了一种基于机载数字孪生的零通信无人机集群编队控制及基于触发式指令收发的低通信协同任务控制架构，以解决无人机集群于低带宽高时延电磁压制环境下的任务协同问题及其于战场拒止环境下的无通信编队控制问题。该任务协同控制架构的核心算法于每一架无人机的机载计算机中内置一套完全相同的无随机过程的飞行轨迹仿真程序，并利用各无人机舱段内时钟源的同时性实现不同无人机间无需通信即可保证的仿真输出结果的同步性。由此，实际无人机仅需实时对该同步仿真输出结果进行跟踪飞行，即可完成执行不同用户所需的任务样式。基于该同步仿真输出结果，集群任务协同控制亦免去了无人机间飞行数据的实时交互共享，而仅需在用户指定集群任务进行样式变换时收发可以容许任意通信时延的触发式变换事件指令。

【关键词】无人机集群；协同任务；通信不确定；控制架构；作战样式

　　无人飞行器是目前无人系统领域发展最快、水平最高、实战应用最多的一类空中无人系统。由于战场环境日益复杂，对抗性日益增强，任务日益多样，单机能力逐步受限，多机协同执行作战任务已经成为无人机系统应用的重要发展趋势。通过多机协同实现无人机集群控制，不但能减轻操作人员负担，而且使得态势感知及协同制导变得更加灵活，更加集中，更加持续，更具规模[1]。然而，实战环境中的通信不确定性给大多数基于上帝视角的无人机集群协同理论带来了诸多工程化困难。因而，本文提出了一种面向通信不确定环境的无人机集群协同控制架构，以期于理论层面解决无人机集群产品化、装备化、实战化过程中的战场可用性、生存性。该协同控制架构将传统无人机集群协同所需的基于通信数据链的信息实时收发，转化为不受通信延迟影响的触发式事件指令收发，从而大幅降低集群协同对无线组网的高带宽及低时延依赖。

1　无人机集群控制技术研究现状

　　国外针对多无人机协同侦察、协同搜索、目标跟踪及定位、目标攻击以及编队控制等特定的作战任务背景，已经开展了大量多无人机自主协同控制方面的研究项目，其具代表性的有美国海军和空军的联合无人空战系统项目（Joint Unmanned Combat Air System，J – UCAS）[2,3]、无人空战系统航母演示验证项目（UCAS – D）[4]等。然而 2014 年，DARPA

在先前众多研究项目基础上独立启动 CODE 项目,即拒止环境协同作战(Collaborative Operations in Denied Environment)[5],则进一步体现了以往无人机集群协同控制研究成果在拒止或对抗空域中实用化的诸多困难。

从众多无人机协同控制研究项目的具体功能上来看,多无人机自主协同控制大体包含多无人机任务分配、多无人机航迹规划、多无人机编队控制等方面。然而,公开研究成果多对独立功能项下的具体算法点进行发表,鲜有文献归纳总结能够将上述功能类别于统一的控制架构下进行同步包含、组合实现的分层递进式协同控制体系。同时,诸多实现上述功能的控制算法设计从算法机理上即无法满足战场通信不确定环境下的产品效能。以多无人机协同编队控制功能为例,现有研究成果中的功能实现途径主要有以下几种。

(1)领航—跟随法

领航—跟随法(Leader-Follower)[6,7]是目前最为成熟的编队控制方法。其基本思想是位于编队中的第一架无人机作为领航者,其他无人机作为跟随者。在整个编队飞行过程中,领航者按照预先规划好的航迹进行飞行,而跟随者参考编队中与领航者无人机的相对位置进行飞行。然而,领航—跟随法深度依赖无人机集群系统内无线通信功能对领航无人机位置状态的实时广播,以供跟随无人机作为运动控制参考基准。面对战场通信不确定环境下的低带宽、大时延场景,领航—跟随法从原理上即无法满足编队功能的正常实现。

(2)虚拟领航法

虚拟领航法(Virtual Leader)[8,9]是由美国西弗吉尼亚大学为解决领航—跟随法中处于编队中的领航者没有跟随者的位置误差反馈问题而提出一种无人机集群编队控制方法。其将多无人机编队队形看成一个刚体的虚拟结构,每架无人机是这个虚拟结构上相对位置固定的一点,当编队移动时,无人机跟踪刚体对应固定点的运动即可。然而,同领航—跟随法一样,虚拟领航法作为一种上帝视角的集中控制方法,其难以对通信延迟进行有效的容错处理,且所需的通信量极大。

(3)多智能体系统一致性理论

多智能体系统一致性理论(Consensus Theory in Multi-Agent System)[10,11],主要研究在没有组织者和协调者情况下,如何通过个体对环境的动态反应以及多个个体之间简单协调而涌现出整体行为的一致。无人机集群编队控制是多智能体一致性理论的典型应用之一,相比于领航—跟随法、虚拟领航法等方法,应用一致性策略的编队控制方法只需要局部紧邻无人机间的通信收发,在无集中协调的方式下可实现规模化、分布式的编队控制与协调。然而,基于一致性方法的编队控制终究依赖编队过程中的实时数据交互以在算法层面实现"个体"对"环境"的动态感知,以便其进行动态解决。基于一致性方法的编队控制终究无法实现编队过程中对于局部全通信拒止区域的有效穿越。

2 面向通信不确定环境的集群协同控制架构

为解决现有无人机集群协同控制方法在通信不确定环境下的适用缺陷,本文提出一种基于机载数字孪生的零通信无人机集群编队控制及基于触发式指令收发的低通信无人机集群任务控制架构。其算法的核心逻辑为:无人机零通信集群编队控制于每一架飞机的机载计算机中内置一套完全相同的无随机过程的飞行轨迹仿真程序,并于起飞前对仿真起始时间及仿真速率进行校准。此后的飞行过程中,仿真程序仅需查询无人机各自单机舱段内的系统时钟,即可保证每一时刻各个飞机机载计算机内的仿真程序间无需通信,即保持相对队形位置不变。基于相对队形不变的各单机仿真轨迹输出,各无人机自身的运动控制算法只需要控制实际飞机实时跟踪仿真飞机程序该时刻轨迹位置,即可实现实际飞机间相对位置保持队形不变,即抑制自然界中存在的包括阵风在内的不确定过程,形成实际飞机间的稳定编队。与此同时,当集群需要进行任务响应或队形变换时,集群个体间将不可避免地进行通信以传达指令。为保证集群进行任务变换时仍可调用上述队形保持控制架构,低通信集群任务控制指令将触发式地跳变仿真程序的轨迹位置。随着仿真飞机的任务位置发生跳跃,真实飞机将随之前往新任务执行地点对仿真轨迹进行跟踪追赶。

在编队队形保持控制方面,零通信集群编队控制将传统编队控制方法中,各无人机对于邻近无人机状态的实时知晓需求,转化为了对于系统时钟的实时查询需求,其完全免去了队形保持过程中的数据通信。由于各无人机自身机载计算机内的飞行轨迹程序完全理想,其不具备能够干扰队形整齐度的程序随机过程;即,依赖系统时钟进行周期性定时步进的不同飞机内的飞行轨迹程序仅需确保本机时间准确,即可保证相对位置始终相同。于此同时,各无人机独立舱段内的系统时间统一极易实现。一方面,无人机机载卫星导航系统能够提供高精度的绝对时间信息,另一方面,常用机载控制计算机处理器内的 RTC 时钟漂移量极低,其可在导航拒止环境下提供足够精度的时间递推。

在无人机协同任务变换方面,低通信集群任务控制技术仅需于无人机机间进行数据量极小的触发式变换指令收发,即可完成任务变换功能,且其对于通信延迟极其不敏感。由于触发式任务变换指令的消息内容中包含该任务开始执行的时间戳信息,即使各无人机由于通信不确定环境下的延迟工况无法按时收到任务变换指令,其一旦收到该指令即可利用机载仿真飞机飞行轨迹程序于短时间内快速完成该任务起始时间点至当前时刻的飞行轨迹仿真过程。由于机载飞行轨迹仿真程序既可以依照时钟信息进行周期性定时步进,又可以 100% 利用机载处理器计算资源进行快速步进,其理论上可以对包含起始时间戳的任务指令进行无限长度的通信延迟补偿。

此外,面向通信不确定环境的集群协同控制架构亦整合了多无人机任务分配、多无人机航迹规划、多无人机编队控制等不同方面的集群任务控制功能需求,在统一框架下分层递进式地同时实现了多个任务功能维度。以下将通过基于机载数字孪生的零通信集群编队控制、基于触发式指令收发的低通信集群任务控制,及仿真飞行轨迹跟踪运动控制等章节对面向通信不确定环境的集群协同控制架构进行详细描述。

3 基于机载数字孪生的零通信集群编队控制

确定性算法(deterministic algorithm)是计算机算法的一类,其涵义是:给定一个特定的输入,算法将始终产生相同的输出,而底层机器始终通过相同的状态序列。换句话说,对于相同的输入,确定性算法总是得到相同的结果。

因而,若两架不同无人机机载计算机内的飞行轨迹仿真程序算法具有确定性,则若 A

无人机轨迹仿真程序起始点位于 B 无人机轨迹仿真程序起始点左侧 5 米,则经过任意时间 $T=n$ 后,A 机轨迹仿真程序仍位于 B 机轨迹仿真程序左侧 5 m。无人机机载计算机仿真程序间无通信队形保持如图 1 所示。

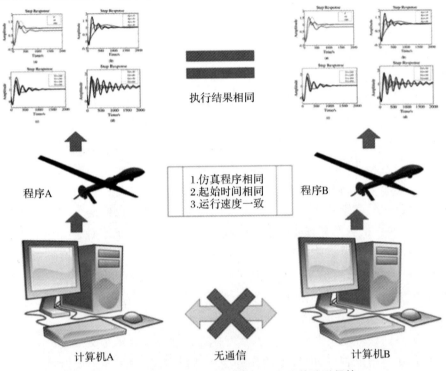

图 1　无人机机载计算机仿真程序间无通信队形保持

3.1　无随机轨迹仿真程序中的简易飞行力学模型

为实现上述飞行轨迹仿真程序功能,作者采用了以下简易飞行力学模型进行飞行轨迹仿真[12]。

$$\dot{x}_e = V_g \cos\chi \cos\gamma \tag{1}$$

$$\dot{x}_e = V_g \cos\chi \cos\gamma \tag{2}$$

$$\dot{h} = V_g \sin\gamma \tag{3}$$

$$\dot{\chi} = \frac{g\cos(\chi - \psi)}{V_g}\tan\phi \tag{4}$$

$$V_g \sin(\gamma^c) = \min\{\max[h_k(h^c - h), -V_g], V_g\} \tag{5}$$

$$\dot{\gamma} = k_\gamma(\gamma^c - \gamma) \tag{6}$$

$$\dot{V}_a = k_{V_a}(Vc_a - V_a) \tag{7}$$

$$\frac{g\cos(\chi - \psi)}{V_g}\tan(\phi^c) = k_\chi(\chi^c - \chi) \tag{8}$$

$$\ddot{\phi} = k_{P\phi}(\phi_c - \phi) + k_{D\phi}(-\dot{\phi}) \tag{9}$$

其中:$[x_e, y_e, h]$ 代表无人机于地球坐标系下的当前时刻位置;$[\chi, \gamma, \phi]$ 分别代表无人机航向角、俯仰角、滚转角当前时刻的弧度值;V_a 和 V_g 分别代表无人机的飞行空速和飞行地速;

$[V_a^c, h^c, \phi^c]$ 分别代表输入无人机的期望空速指令、期望高度指令，及期望滚转角指令；$[k_\gamma, k_{V_a}, k_\chi, k_{P\varphi}, k_{D\varphi}]$ 为用于描述飞行力学性能的可调参数。

简化的模型中假设固定翼无人机始终进行无侧滑的协调转弯（coordinated-turn），且轴向与纵向运动解耦。此外，简易力学模型中还忽略了无人机飞行过程中的气动攻角，以地球坐标系下的姿态欧拉角代替航迹角进行轨迹推算。简易力学模型对固定翼无人机飞行力学的速度响应环、高度响应环、及俯仰角响应环，均使用了一阶系统进行简化，仅对滚转响应环进行二阶拟合。

3.2　无随机轨迹仿真程序中的任务航迹规划算法

无人机航路规划领域有众多成熟高效的优化求解方法，包括快速扩展随机树算法（Rapidly Exploring Random Tree，RRT）、A* 算法、Voronoi 图法、重力势场法，等等。然而绝大多数此类航路规划算法均采用了随机过程进行轨迹状态空间的最优解搜索，其因而不适用于本面向通信不确定环境的无人机集群协同控制架构。为确保机载轨迹规划结果的确定性，作者采用了 Dubins 曲线进行集群协同任务的路径规划。

Dubins 曲线[13]是 Dubins 在 1957 年提出的一种最优路径求解方法，其采用几何方法对下述最短路径问题进行了验证：在平面上给定带有方向的两点，在速度恒定及限定曲率的情况下能否确定和计算出由初始位置到达终止位置的最短路径。

Dubins 问题解的描述如下：给定平面上初始点 $P_s(x_s, y_s)$ 和初始方向 θ_s 以及终止点 $P_f(x_f, y_f)$ 和终止方向 θ_f，在满足最小曲率半径的情况下，两点之间的最短路径可以是 CLC（Circle-Line-Circle）型，也可以是 CCC（Circle-Circle-Circle）型。这里的 C 代表圆弧（圆弧的半径为无人机的最小转弯半径），L 代表直线（即圆弧的切线）。CLC 型路径是由两段圆弧与圆弧的切线组成，CCC 型路径是由三个相切的圆弧组成。圆弧轨迹同时又有两种选择：左转和右转，分别用 L（left）和 R（right）表示。因此二维平面内，对给定起止切线方向的两点间的 Dubins 曲线共有 6 种类型。用 S 代表直线段（straight），其可在此记作 $D = \{LSL, RSR, RSL, LSR, RLR, LRL\}$。6 种不同类型 Dubins 曲线的分类如图 2 所示。

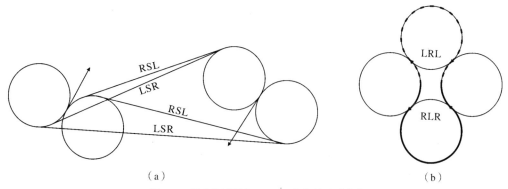

图 2　6 种不同类型 Dubins 曲线的分类[14]

(a)四种 CLC 的 Dubins 曲线类型；(b)两种 CLC 的 Dubins 曲线类型

然而，不同于 6 种不同约束下各自的 Dubins 曲线最优解，无人机飞行过程中的轨迹约束不存在任何左旋或右旋的顺序要求。因而，6 种 Dubins 曲线的最优解中总会产生一个路径最短的唯一选项以供无人机集群协同任务规划使用。由此，即保证了机载轨迹规划结果的唯一性、确定性。

实际集群任务轨迹规划的算法实现过程中，用户仅需给定一连串包含切线方向的航迹锚定点，并在锚定点序列内依次以上一个锚定点为始，以下一个锚定点为终，连续规划最短路径 Dubins 曲线并将其串联，即可形成整个任务的飞行航路规划。任务执行开始时，仿真飞行轨迹程序会将各无人机内的仿真无人机同时跳变至该任务的飞行航路起点，各仿真无人机随后沿着任务航路以固定速度进行"飞行"即可实现整个任务过程中无需通信的队形不变。

三维空间内的 Dubins 曲线规划（见图 3）与上述二维空间内规划方法类似，其在水平面内约束 Dubins 曲线的曲率半径，即无人机转弯半径，在竖直方向上约束 Dubins 曲线的斜率，即无人机爬升率俯冲率。无人机路径规划所使用的三维 Dubins 曲线往往仅考虑水平面的飞行航向切线方向。

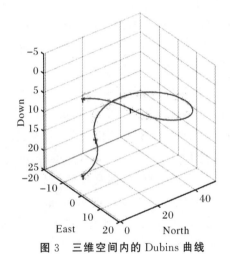

图 3　三维空间内的 Dubins 曲线

4　基于触发式指令收发的低通信集群任务控制

面向通信不确定环境的无人机集群协同架构下的集群任务控制不需要依赖信息的连续传输，而仅需要触发式地对任务变换进行指令下达通信。一种陆军坦克战场景中的应用类比可描述为以下动作流程：一横排间距较远的坦克连队于平原上同步匀速向前推进，此时只要队内个体之间速度相同，则坦克车辆间无需实时对讲呼喊即可大致保持横排队形整齐；此时连队中某辆坦克发现西北方向可疑目标，其仅需触发式地对讲广播下达前往侦察指令，其余坦克收到后即可随即改变前行方向，而无需后续连续通信。然而在面向通信不确定环境的无人机集群协同架构下，一方面通信过程固有的传输时间不确定性决定了集群内各飞机不可能同时收到任务指令，另一方面由于常见任务样式不需要每次均派遣全部无人机参与，任务指令需要基于任务分配机制进行产生。

4.1　补偿通信延迟的指令同步机制

为解决各无人机接收控制指令无法完全同步的问题，上行指令的消息内容中应明确说明开始执行任务动作的时间点,由各无人机统一查询各自的机载时钟同时开始执行任务动作。由于任务开始执行的时间点始终早于无人机经过通信延迟后收到指令的时刻,前序章节中的无人机轨迹仿真程序应具备收到指令后的短时快速步进调度机制,其调度逻辑可用以下伪代码描述。

```
LastStep = 当前时间;
SimStep = 0;//仿真轨迹程序执行次数计数器
While(true)
        WaitUntil(当前时间 - LastStep >= 仿真步长);
        LastStep = 当前时间;
        TargetStep = (当前时间 - 任务起始)/仿真步长;
        While(TargetStep > SimStep)
                StepSimulationOnce();//执行仿真程序一步
                SimStep = SimStep + 1;
        end
end
```

由此可见,调度逻辑于每等同于仿真程序执行步长的固定时间周期对仿真程序执行步数进行检查,若仿真程序当前已执行步数少于当前时刻的目标执行步数,则调度逻辑快速步进仿真程序,直至仿真程序已执行步数达到目标步数。实际使用情况下,为防止任务变更过程中目标执行步数与当前已执行步数相差过多而在仿真程序快速步进的过程中对任务程序整体造成执行卡顿,设计者应将包含仿真程序的调度逻辑分离于额外独立线程进行执行。嵌入式 RTOS 中的抢占式调度如图 4 所示。

图 4　嵌入式 RTOS 中的抢占式调度

此外,包含仿真程序的调度逻辑不应唯一,而应包含甲乙两个,任务变换时,甲乙调度逻辑交替接收新任务指令,并在收到新任务指令后其自身仿真程序已执行步数首次达到目标步数时,切换真实飞机所跟踪的目标仿真机至本仿真机。此外,包含仿真程序的调度逻辑线程优先级应低于任务程序中的轨迹跟踪控制算法,以确保其在快速步进的过程中可以随时被优先级跟高的轨迹跟踪控制算法抢占。

4.2　基于通信延迟补偿机制的替补及重规划型任务自愈

由于上述的任务指令起始时间可以远早于当前系统时间,本同步机制首先可以很好的实现替补型任务自愈功能。当无人机集群中的某架无人机于战场损毁,临近无人机检测到其心跳消息丢失后,可简单地将该战损无人机先前所接收的任务控制指令转发至某架增援替补无人机,以实现任务替补。由于任务指令的起始时间戳同该战损无人机所执行的任务起始时间戳,替补无人机收到转发的任务指令后,可快速步进完成任务起始至当前时刻的仿真机飞行过程。因而,替补无人机内仿真机位置将在快速步进过程完成后,直接到达战损无人机内仿真机的当前位置,完成替补。

对于重规划型任务自愈需求,上述的任务指令通信延迟补偿机制亦可简单有效地实现。当无人机集群感知到战场态势变更而需要进行任务重规划时,其可向全部无人机发送起始时间戳同原有任务指令的一组新任务指令。由于新的任务指令起始时间不变,无人机集群在执行新的任务指令时无需重头重新开始,而仅需原地变更任务样式就地继续执行无人机集群任务。

4.3 用于选取部分无人机产生任务指令的任务分配算法

无人机集群于同一个作战任务下由于各个单机任务轨迹均不相同,各架无人机机载计算机中的任务控制算法所接收的任务指令亦应定制化地描述该无人机所需要前往执行的任务点位。如图5所示为某军种对于无人机集群协同区域搜索任务的轨迹规划需求:7架无人机需以横一字队形往复扫描用户指定的搜索区域。

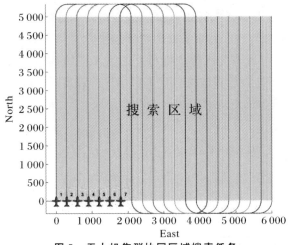

图5 无人机集群协同区域搜索任务

由图5可知,该任务中包含1~7共7个任务点位,且起始位置各不相同。因而,当无人机集群中的飞机数大于7个时,任务分配算法应以就近原则动态选取前往速度最快的7架无人机,并定制7条不同任务点位的单机任务指令相应发送。

任务分配问题是组合优化领域的一个分支,其研究在加权二分图中寻找最大(或最小)加权匹配的问题。例如,给定n家工厂和n个库房。每个库房被分配给一家工厂。很显然有$n!$种不同的分配组合。每家工厂和它的库房间的代价函数被定义为二者间的距离和物流量的乘积。如何分配以使所有的代价总和最小?对于任务分配问题的求解,数学界已有众多例如拍卖算法、Jonker-Volgenant算法、匈牙利算法等成熟方法。其中作者使用了匈牙利算法进行无人机集群的任务分配求解,其核心原理如下[15]:

匈牙利算法首先把问题写成下面的矩阵形式:

$$\begin{bmatrix} a_1 & a_2 & a_3 & a_4 \\ b_1 & b_2 & b_3 & b_4 \\ c_1 & c_2 & c_3 & c_4 \\ d_1 & d_2 & d_3 & d_4 \end{bmatrix}$$

其中,a,b,c,d 是执行任务 1,2,3,4 的无人机。a_1,a_2,a_3,a_4 分别表示当无人机 a 执行任务 1,2,3,4 时的时间成本,其他符号同理。

第 1 步,将所有 a_i(i 从 1 到 4)中最小的元素取走,并将该行每个元素都减去刚刚取走的元素。这会让该行至少出现一个零(当一行有两个相等的最小元素时会得到多个零)。将此过程对所有无人机行重复,即可得到一个每行至少有一个零的矩阵。现在算法尝试给无人机指派任务,以使每架无人机均有一项不重复的任务,并且此轮任务分配的总成本为零,则可得到如下分配结果:

$$\begin{bmatrix} 0 & a_2' & a_3' & a_4' \\ b_1' & b_2' & b_3' & 0 \\ c_1' & 0 & c_3' & c_4' \\ d_1' & d_2' & 0 & d_4' \end{bmatrix}$$

其中,0 表示所进行的任务指派。

第二步,上述第一步中产生的分配矩阵在某些情况下不能符合分配的要求,例如下面所示矩阵中,

$$\begin{bmatrix} 0 & a_2' & a_3' & a_4' \\ b_1' & b_2' & b_3' & 0 \\ 0 & c_2' & c_3' & c_4' \\ d_1' & 0 & d_3' & d_4' \end{bmatrix}$$

任务 1 由无人机 a 和 c 前往执行都很迅速,然而分配算法不能把两架无人机同时分配到同一个任务中去。此外,没有任何一架无人机距离任务 3 较近。为了克服这个问题,算法对所有列重复上述流程(即每一列所有元素都减去该列最小元素)并检查是否可以完成分配。大多数情况下,经过第二步后,匈牙利算法都会给出分配结果。但如果分配结果仍无法得出(例如以下结果),

$$\begin{bmatrix} 0' & a_2' & a_3' & a_4' \\ b_1' & b_2' & b_3' & 0' \\ 0 & c_2' & c_3' & c_4' \\ d_1' & 0' & 0 & d_4' \end{bmatrix}$$

则算法继续进行下一步。

第 3 步,算法用尽可能少的列或行标记来覆盖矩阵中的所有零。首先,算法尽可能多地分配任务。若第 1 行有一个零,则首先进行分配。第 3 行处于同一列的 0 由于顺序落后而被划掉。第 2 行由于仅剩一个零,所以直接进行分配。第 3 行由于只有一个已经划掉的零,所以不能进行分配。第 4 行有两个未划掉的零,因而可以分配任何一个(都是最优),并将另

一个零划去。算法亦可分配第 3 行的 0,而使第 1 行的 0 被划掉。上述矩阵中的 0′ 表示一种可行的任务指派。

接下来,匈牙利算法标记所有未分配的行(第 3 行),并标记未分配中 0 所在且未标记的对应列(第 1 列)。对此处新标记的列中有分配的行,算法进行再次标记(第 1 行)。算法重复上述过程直至标记完全后,删除所有已标记的列和未标记的行(第 1 列,第 2,4 行)。

$$\begin{bmatrix} 0' & a'_2 & a'_3 & a'_4 \\ b'_1 & b'_2 & b'_3 & 0' \\ 0 & c'_2 & c'_3 & c'_4 \\ d'_1 & 0' & 0 & d'_4 \end{bmatrix}$$

第 4 步,对删除相应行列后的剩余矩阵

$$\begin{bmatrix} a_2 & a_3 & a_4 \\ c_2 & c_3 & c_4 \end{bmatrix}$$

重复第一步,直至剩余矩阵为空。

无人机集群的任务分配算法中能够有效调用匈牙利最优分配求解的前提是各架无人机前往执行各个任务点位的成本均有明确数值。因而,作者使用了上述 3.2 章节中的 Dubins 曲线长度进行成本定义。由于用户下达任务指令时知晓各无人机当前位置、航向与目标任务点位的位置、航向,无人机集群任务分配算法可遍历式地生成无人机当前位置与目标任务点位之间的 Dubins 曲线组合,并将其曲线长度放入作为匈牙利算法输入的成本矩阵。基于 Dubins 曲线距离的集群多目标任务分配如图 6 所示。

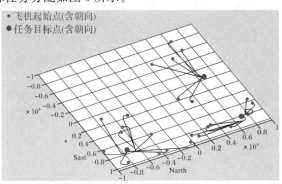

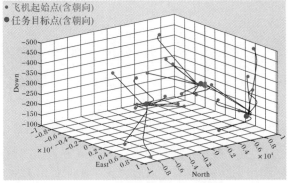

图 6 基于 Dubins 曲线距离的集群多目标任务分配

基于上述的无人机集群任务分配逻辑,作者设计了基于全局无人机信息的浮动任务控制中心逻辑。浮动任务控制中心可动态启动于集群内的任意一架无人机内,其利用分簇通信领域常用的簇首节点推举机制确保集群内仅有唯一的浮动任务控制中心在运行。若启动该浮动任务控制中心的无人机发生损毁,则推举机制自动选取一架新的无人机启动该控制中心。浮动任务控制中心实时接收各无人机状态,并利用内置卡尔曼滤波器推测短时通信中断情形下,无人机当前可能位置。具备集群内全部无人机位置状态信息后,浮动任务控制中心在收到操作人员或感知系统的顶层集群任务控制需求后,触发基于 Dubins 曲线长度的任务分配算法,选取相应无人机前往执行该集群任务并生成相应的单机指令,如图 7 所示。

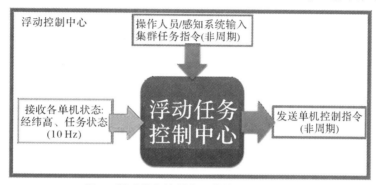

图 7　浮动任务控制中心的输入输出内容

浮动任务控制中心同时利用下行链路所接收的各无人机任务状态对各单机任务指令的上行链路进行通信补偿。即,接收上行单机任务指令的各无人机机载任务控制算法会在收到新任务指令后,于回传浮动任务控制中心的下行任务状态中反馈新任务指令号。浮动任务控制中心若未收某无人机机载任务控制算法的该下行反馈,则会重复发送单机控制指令至该无人机,以补偿通信丢失。

5　仿真飞行轨迹跟踪运动控制算法

具备上述任务逻辑的机载集群任务控制算法仅需实时控制真实无人机追赶仿真无人机轨迹即可实现真实无人机的任务执行。由于任务切换过程已在上述仿真机位置的跳变中进行体现,仿真飞行轨迹跟踪运动控制算法可与任务逻辑完全解耦,独立运行,如图 8 所示。

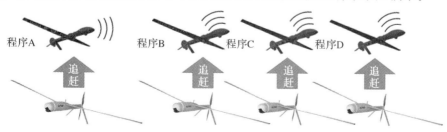

图 8　真实无人机实时追赶任务仿真无人机轨迹

为实现上述运动跟踪控制功能,作者使用了 L_1 航向控制及 ADRC 速度控制两大核心控制方法。其控制算法原理如图 9 所示。

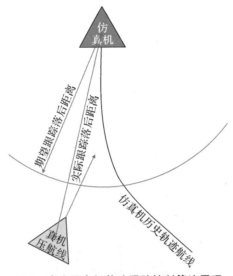

图9 真实无人机轨迹跟踪控制算法原理

在航向控制方面,仿真无人机程序将其轨迹历史生成一条真实无人机期望飞行的目标航线,L_1航向制导算法随后控制真实无人机前往该目标航线压航线飞行;随着仿真无人机程序步进,期望目标航线亦实时变更。在速度控制方面,仿真飞行轨迹跟踪运动控制算法设定真实无人机期望的跟踪落后距离,若实际落后距离大于期望值,那么真实无人机加速追赶,反之减速。

5.1 L_1航向制导算法

L_1制导律[16]是一种常见的无人机航路跟踪算法,在无人机沿曲线路径制导方面有极好的性能,其在无人机行业中拥有成熟的应用。L_1制导律算法在沿直线路径跟踪时采用了PD控制器,而沿曲线路径跟踪时加入了超前控制。在横向加速度指令的计算中使用了惯性速度,并向由外部扰动(例如风)引起的速度变化加入了自适应能力,L_1航向制导算法如图10所示。

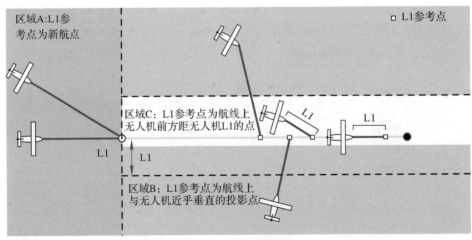

图10 L_1航向制导算法

L_1制导算法的核心原理就是在期望路径上选取一个参考点,根据这个参考点和当前水平速度计算出水平期望加速度的算法。而L_1指的就是期望路径上的参考点与无人机当前水平位置的距离。L_1制导率算法原理示意图如图11所示。

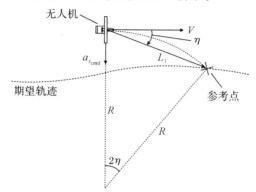

图 11 L_1制导率算法原理示意图

图中侧向加速度控制指令$a_{S_{cmd}}$由如下公式给出:

$$a_{s_{cmd}} = \frac{V^2}{R} = 2\frac{V^2}{L_1}\sin(\eta) \tag{10}$$

加速度的方向取决于L_1线段和飞行器速度向量之间夹角的正负。例如,如果选择的参考点在飞行器速度方向的右边,则飞行器会被命令向右加速,如L_1制导率算法原理示意图所示。换言之,飞行器总是趋向于将它的速度方向和L_1线段的方向对齐。

由L_1制导率的算法原理图可以看到,无人机在当前时刻的期望运动是一个半径为R,速度为V的圆周运动,如L_1制导率算法原理示意图中的虚线所示。由此,

$$L_1 = 2R\sin(\eta) \tag{11}$$

即

$$向心加速度 = \frac{V^2}{R} = 2\frac{V^2}{L_1}\sin(\eta) = a_{s_{cmd}} \tag{12}$$

所以L_1制导律算法能够产生合适的横向加速度来跟踪任何半径R的圆。

由于实际使用的机载计算机控制逻辑均为离散控制,对于本算法的离散化分析结果为如图12所示。

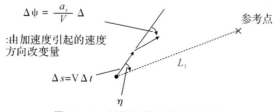

图 12 L_1制导率的单步离散表达

首先,L_1制导率的单步离散表达图例所示的是该制导律在一个小的时间步长内的情况。在图13中,参考点位于飞行器速度方向的右边。因此,在下一个时间步长中速度方向将会因为加速度指令的作用而顺时针旋转。而L1制导率的多步离散表达图例则表示了若干步长下轨迹的变化,飞行器的起始位置离目标路径较远,但最终收敛到这个路径。给定

某个长度 L_1,可以推断出:飞行器远离目标路径时,L_1 的方向和目标路径的夹角较大;飞行器接近目标路径时,L_1 的方向和目标路径的夹角较小。

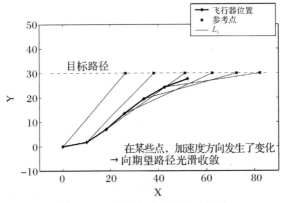

图 13　L_1 制导率的多步离散表达

(图中 $\Delta t = 1, V = 10, L_1 = 40$)

因此,如果飞行器处于远离目标路径的位置,则控制律会使飞行器旋转并使其飞行方向在一个大角度下接近目标路径。另一方面,如果飞行器接近目标路径,则控制律会使飞行器旋转并使其飞行方向在一个小角度下接近目标路径。

5.2　ADRC 飞行速度控制算法

无人机飞行过程中,轴向运动与纵向运动往往存在严重耦合。例如,无人机转弯时,由于需要滚转产生水平面内的向心加速度,其在保持高度不变的情况下须增大攻角以提高升力。由此亦将增大其所产生的阻力而在引擎转速不变的情况下发生减速。由此,仿真飞行轨迹跟踪运动控制算法在使用 L1 航向制导的前提下,无法使用常规的线性反馈控制器进行速度控制。作者经试验发现,使用简单 PID 控制器进行仿真飞行轨迹跟踪运动控制算法架构下的速度控制会使无人机在转弯轨迹跟踪时发生严重的蛇形轴纵向耦合振荡飞行响应。由此,仿真飞行轨迹跟踪运动控制算法采用了具有实时扰动观测能力的自抗扰控制(ADRC)进行速度闭环控制。

ADRC 速度闭环控制的控制参考为期望跟踪落后距离,控制反馈为当前实际跟踪落后距离,输出控制指令为无人机期望的飞行地速。由于常见无人机的速度响应可近似由一阶过程拟合,控制器输出的期望速度与飞机实际速度响应间的传递函数约为一阶传递函数。同时,由于飞行速度与飞机位置间的传递过程为积分过程,飞机的跟踪落后距离控制误差可近似为飞机实际速度响应的积分结果。综上,仿真飞行轨迹跟踪运动控制算法的速度环控制的被控对象为典型的二阶过程,其可用二阶线性 ADRC 实现闭环控制。对于二阶系统,线性 ADRC 的核心算法架设被控对象为以下形式[17]:

$$\ddot{y} = f(y, \dot{y}, \omega, t) + bu = -a_1 \dot{y} - a_0 y + \omega + bu \tag{13}$$

式中:y、u 分别为输出与输入;ω 为扰动。a_1、a_0 以及 ω 均未知,b 部分已知(已知部分记作 b_0),则式(13)可写作

$$\ddot{y} = -a_1 \dot{y} - a_0 y + \omega + (b - b_0)u + b_0 u = f + b_0 u \tag{14}$$

其中,$f = -a_1 \dot{y} - a_0 y + \omega + (b - b_0)u$ 为包含了内扰与外扰的总扰动。选取状态变量:$x_1 = y$,

$x_2 = \dot{y}, x_3 = f$，则$\vec{x} = [y \quad \dot{y} \quad f]^T$为包含了扰动的扩张状态，式(14)转化为连续的扩张状态空间描述：

$$\left.\begin{aligned}\dot{\vec{x}} &= \boldsymbol{A}x + \boldsymbol{B}u + \boldsymbol{E}\dot{f} \\ y &= \boldsymbol{C}\vec{x}\end{aligned}\right\} \tag{15}$$

其中，$A = \begin{bmatrix} 0 & 1 & 0 \\ 0 & 0 & 1 \\ 0 & 0 & 0 \end{bmatrix}$，$B = \begin{bmatrix} 0 \\ b_0 \\ 0 \end{bmatrix}$，$E = \begin{bmatrix} 0 \\ 0 \\ 1 \end{bmatrix}$，$C = [1 \quad 0 \quad 0]$。

对应的连续线性扩张状态观测器(LESO)为

$$\left.\begin{aligned}\dot{z} &= \boldsymbol{A}z + \boldsymbol{B}u + \boldsymbol{L}(y - \hat{y}) = \boldsymbol{A}z + \boldsymbol{B}u + \boldsymbol{L}(y - \boldsymbol{C}z) \\ \hat{y} &= \boldsymbol{C}z\end{aligned}\right\} \tag{16}$$

式中：$z \to \vec{x}$，z为观测器的状态向量，L为观测器误差反馈增益矩阵，需要设计。由于$\dot{f}$未知且通过校正项可以估计出来，因而上式中略去了$\dot{f}$。重写观测器方程：

$$\left.\begin{aligned}\dot{z} &= [\boldsymbol{A} - \boldsymbol{L}\boldsymbol{C}]z + [\boldsymbol{B}, \boldsymbol{L}]\boldsymbol{u}_c \\ \boldsymbol{y}_c &= z\end{aligned}\right\} \tag{17}$$

式中：$\boldsymbol{u}_c = [u \quad y]^T$是组合输入；$\boldsymbol{y}_c$是输出；$A$、$B$、$C$的值源自式(15)，$L$为需要设计的观测器增益矩阵。

经过参数化，可把其特征方程的极点放在同一个位置($-\omega_o$，ω_o为观测器带宽)上，即取观测器的增益矩阵为

$$L = [3\,\omega_o \quad 3\,\omega_o^2 \quad \omega_o^3]^T \tag{18}$$

使得

$$\lambda(s) = |s\boldsymbol{I} - (\boldsymbol{A} - \boldsymbol{L}\boldsymbol{C})| = (s + \omega_o)^3 \tag{19}$$

式中：I为单位矩阵。观测器增益矩阵与观测器的带宽唯一相关，使得连续LESO的设计变得简单。

基于LESO对于系统状态的观测结果，线性ADRC可采用PD控制器生成控制指令

$$u_0 = k_p(r - z_1) - k_d z_2 \tag{20}$$

式中：r为控制输入参考，即期望跟踪落后距离；z_1和z_2来自LESO的观测器状态；k_p和k_d分别为比例(P)与微分(D)的放大系数。线性ADRC经过参数化，选择

$$k_p = \omega_c^2, k_d = 2\,\omega_c \tag{21}$$

式中：ω_c为控制器带宽。这样，PD控制器参数唯一与控制器带宽相联系，简化了控制器的设计。

由此线性ADRC控制器所需用户整定的控制参数共有b、ω_o、ω_c三个，其整定方法可参考由高志强教授提出的基于控制带宽的参数整定思路[18]。

6 使用效果示例

基于本文所提出的面向通信不确定环境的无人机集群任务协同控制架构，作者已完成开发十余种面向不同军种作战任务的固定翼无人机集群协同功能样式。以下以多无人机协同等间距圆环飞行任务为例，通过本文控制架构产品化过程中所使用的基于模型设计仿

真平台输出的动画示例,简要介绍本文任务控制架构的使用效果。

如图 14 所示,用户发送多无人机协同等间距圆环飞行任务后,无人机集群浮动任务控制中心调用任务分配算法选取相应数量的无人机执行该任务,并生成相应单机任务指令。无人机集群数据链将各单机任务指令送达相应无人机的机载计算后,各无人机机载任务控制程序自动将仿真无人机置于圆环轨迹的相应等间距位置并同步开始仿真飞行。图 14 中的仿真轨迹点即为 8 架不同无人机机载计算机内的仿真无人机由圆心同步跳跃至圆周上并开始轨迹仿真的动画过程。此后真实无人机依次起飞前往追赶其自身机载计算机内的轨迹仿真程序,该过程无需通信即可完成真实无人机于圆环上的等间距分布。

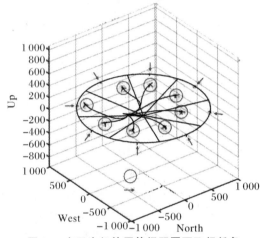

图 14　多无人机协同等间距圆环飞行任务

7　飞行试验效果

在军兵种某演示验证项目中,作者经 20 kg 级固定翼无人机飞行试验,验证了基于本文无人机集群协同架构可实现编队飞行队形保持精度优于 10 m,如图 15 所示。

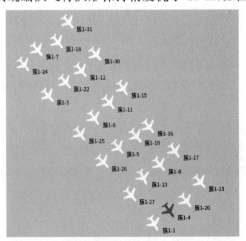

图 15　20 kg 级固定翼无人机编队飞行地面站轨迹

在军兵种某演示验证项目中,作者经 10 kg 级固定翼无人机飞行试验,验证了基于本文无人机集群协同架构可实现编队飞行队形保持精度优于 15 m,如图 16 所示。

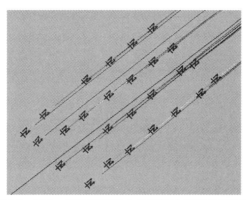

图 16 10 kg 级固定翼无人机编队飞行地面站轨迹

8 结论

本文所提出的面向通信不确定环境的无人机集群任务协同控制架构。

1)创造性地解决了无人机集群于电磁压制环境下的低通信任务协同问题,以及在战场拒止环境下的零通信编队控制问题。

2)打破了传统集群协同理论在工程化过程中对于数据链路高带宽、低时延性能的深度依赖。

3)摆脱了基于上帝视角进行任务协同设计的思维模式,转而采用完全分布式的技术路线实现了集群内全部无人机节点平权、等效、可替代。

【参考文献】

[1] 沈林成,牛轶峰,朱华勇.多无人机自主协同控制理论与方法[M].2 版.北京:国防工业出版社,2018.

[2] Joint Unmanned Combat Air Systems (J - UCAS)[OL].[2006 - 01].http://www. globalsecurity. org/military/systems/aircraft/j - ucas. html

[3] MARC J P. J - UCAS Common Systems & Technologies Industry Day for Common Operating System (COS) Development[R].2005.

[4] JAIME E. Navy Unmanned Combat Air System Carrier Demonstration (UCAS - D) Overview[R].2012.

[5] Collaborative Operations in Denied Environment (CODE)[OL].[2016 - 06]. https:// www. darpa. mil/progr-am/collaborative-operations-in-denied-environment.

[6] FASANO G,ACCARDO D,MOCCIA A,et al. Multi-sensor based Fully Autonomous Non-Cooperative Collision Avoidance System for UAVs[C]//Proceedings of the ALAA InfoTech @ Aerospace Conference and Exhibit. Rohnert Park,California. AIAA - 2007 - 2847,2007.

[7] KEVICZKY T,BORRELLI F,FREGENE K,et al. Decentralized Receding Horizon Control and Coordination of Autonomous Vehicle Formations[J]. IEEE Transactions on Control Systems Technology,2008,16(1):19 - 33.

［8］ KUWATA Y,HOW J P. Robust Cooperative Decentralized Trajectory Optimization using Receding Horizon MILP［C］//Proceedings of the 2007 American Control Conference. New York:IEEE,2007:522－527.

［9］ WANG P C. Navigation strategies for multiple autonomous mobile robots moving in formation［J］. Journal Robotics System,1991,8(2):177－195.

［10］ STANKOVIC S S,STANKOVIC M,STIPANOVIC D M. Consensus based Overlapping Decentralized Estimation with Missing Observations and Communication Faults ［J］. Automatica. 2009,45:1397－1406.

［11］ DIONNE D,RABBATH C A. Multi-UAV Decentralized Task Allocation with Intermittent Communications:the DTC algorithm［C］//Proceedings of the 2007 American Control Conference. New York:IEEE,2007:1497－1502.

［12］ RANDAL W B,TIMOTHY W M. Small Unmanned Aircraft Theory and Practice ［M］. New Jersey:Princeton University Press,2012.

［13］ OWEN M,RANDAL W B,TIMOTHY W M. Implementing Dubins Airplane Paths on Fixed-Wing UAVs［R］. Handbook of Unmanned Aerial Vehicles. Dordrecht: Springer Dordrecht,2015.

［14］赵冬梅.无人机航路规划技术研究［D］.成都:电子科技大学,2009:56－65.

［15］ HAROLD W K. The Hungarian Method for the assignment problem［J］. Naval Research Logistics Quarterly,1955,2:83－97.

［16］ PARK S,JOHN D,JONATHAN H. A New Nonlinear Guidance Logic for Trajectory Tracking［M］//AIAA Guidance,Navigation,and Control Conference and Exhibit. Providence:AIAA,2004.

［17］朱斌.自抗扰控制入门［M］.北京:北京航空航天大学出版社,2017.

［18］ GAO Z Q. Scaling and bandwidth-parameterization based controller tuning［C］.//Proceedings of the 2003 American Control Conference. Denver:IEEE,2003:4989－4996.

第二部分

无人机蜂群反制技术

关于无人机蜂群反制能力建设的思考

樊海荣[1] 张志远[2] 尹常京[3]

(1 陆军航空兵学院 陆军航空兵研究所无人机中心,北京 101123
2 陆军航空兵学院 陆军航空兵研究所无人机中心,北京 100123
3 陆军航空兵学院 航电和兵器工程系,北京 101123)

【摘　要】随着无人机蜂群作战逐渐从理论设想走向战场实践,未来维护空防安全面临严重威胁,为积极寻求科学应对之策,系统梳理无人机蜂群反制重难点问题,抓住无人机蜂群运用的特点规律,找准无人机蜂群自身的功能性能缺点,分析无人机蜂群反制技术发展和装备建设面临的问题,超前发展、综合利用多种类型的无人机反制手段,系统构建立体多维、优势互补的无人机蜂群反制体系,方可有效应对无人机蜂群安全威胁,对实质形成蜂群反制能力具有战略意义。

【关键词】无人机蜂群;反制;装备发展;体系构建

近年来,先后发生了无人机集群扰乱机场、攻击军事基地和袭击大型油田等诸多极端事件,尤其是阿亚战争爆发,亚美尼亚因缺乏有效反无人机(群)手段而损失惨重。因此,无人机集群在战场的应用,促使世界各军事强国纷纷加大对无人机蜂群的研发投入,力争扩大不对称优势,以谋求未来战争主动权。

引言

从战争角度而言,无人机蜂群技术的快速发展蕴含着对传统联合防空系统的挑战,甚至将引发防空装备体系颠覆性变革。从技术角度讲,无人机蜂群与集群的差别主要是群中个体数量和自主化程度。目前已经涌现出多种类型无人机反制手段、技术和装备,但现有无人机蜂群反制手段大多来源无人机反制手段,还没有一种技术能够单纯完整有效应对无人机蜂群威胁,基于无人机蜂群特有"群"的典型特征,与单架无人机的反制原则、方式和手段等方面差异巨大,无人机蜂群反制能力建设面临较大压力。

1　无人机蜂群运用特点分析

无人机蜂群具有数量多、体积小、成本低和智能化程度高等优势,通过发挥群体优势实施威胁、干扰和攻击,可将单架或少量无人机原有的威胁进行指数型放大。

（1）全方位、全领域、持续式威胁

无人机"蜂群"可采用"自杀"式、"鱼贯"式、"饱和"式攻击战术，形成上千架侦察、干扰和打击规模，从各个方位持续对军事设施、高价值目标和防御阵地实施电磁干扰、火力打击任务，消耗防空弹药，破坏防空体系，扰乱防御行动。

（2）多平台、多批次、多方式欺骗

无人机蜂群大规模、多批次出动，会对防空系统的发现识别能力和正确反应能力产生干扰，造成信息误判或负荷过量；防空雷达被诱骗开机后，则会暴露防空体系威力和火力范围；发射大量防空导弹攻击无人机蜂群时，又会严重消耗防空弹药资源，以致在极短的作战时间窗口内难以迅速补给弹药并拦截其他重要目标。

（3）隐蔽性、抗毁性、效费比兼优

"蜂群"无人机个体成本低，小巧轻便、容易隐藏、维修简便，损失部分无人机不影响整体作战效果，要有效防空拦截可能需付出百倍、千倍、甚至上万倍的成本，就目前水平实现100％拦截的可能性极微小。

（4）自主性较强，危险性极大

"蜂群"无人机可利用有人/无人机、火箭炮布撒，地面发射管或手抛等多种方式投送到目标区域。"蜂群"中可混编不同功能的无人机，分别执行情报监视侦察、目标指示、电子攻击、对地打击、毁伤效果评估等作战任务，能实现自主搜索、锁定、跟踪、目标确定、打击和评估等一体化作战功能，具有高度智能化的自主筹划、自主协作和自主行动能力，能够及时判别战场态势并立即采取行动。

2 无人机蜂群的战术缺陷

（1）机动性能偏弱

无人机蜂群采用固定翼无人机作战时，无人机速度与高度、角速度与姿态严重耦合，单架无人机的位置、速度、（角）加速度变化受限于蜂群响应速度，难以实现大转弯率和高加减速能力，速度机动性、高度机动性及方向机动性均受严重影响，装载各类载荷后机动性也随之下降。

（2）个体防护较差

为降低平台重量、减少投入成本，无人机外壳大多是碳纤维复合材料、PC（PA）塑料，甚至是泡沫，外壳密封性较差，内部电路元件防水、防尘和电磁防护能力较弱，遭受干扰时易出现大范围故障，可能迅速丧失战斗力。

（3）群体依赖过强

蜂群个体无人机功能较为单一，难以完成复杂任务，需实时进行信息资源共享，实现协同定位、数据处理、态势感知等功能，使得个体无人机对体系依赖较强。尤其是部分自主性不高的无人机严重依赖卫星、地面站、中继通信及群内的辅助，一旦关键节点缺失，将瞬间丧失战斗功能。若群间通信受到干扰或阻断，各作战单元将无法进行态势交互和群间协同，从而陷入瘫痪状态。

（4）作战航程有限

无人机蜂群航程较短、作战半径不足，通常需要基于陆基、空基或海基平台投放。由于蜂群投放平台易被敌探测系统发现，被早期侦测、发现和反制的风险大大增加。

（5）毁伤威力不足

小型无人机携带载荷、弹药十分有限，单一无人机攻击难以造成较大程度毁伤，尤其针对坦克、装甲车、舰艇等加固目标，作战效能大幅度降低，因此通常采取饱和攻击方式，方可产生较大规模的损伤。

3　无人机蜂群的技术弱点

（1）平台能力低下

无人机蜂群通常采用低成本、轻量化和小型化无人机平台，因此单体平台机动性、续航能力和载荷能力较差，物理上限制了其极限性能。

（2）载荷性能有限

蜂群无人机单架体积、重量及功耗有限，各类载荷性能经过折衷设计，低成本传感器性能较弱，可能出现较大定位、探测误差，通信设备性可能使群间通信出现带宽窄、延时大、距离近、丢包率高等问题，限制通信传输速率与传输距离，致使蜂群系统决策缓慢，难以实现战场态势快速交互、作战任务即时协同。

（3）协同规划复杂

无人机蜂群通常是多机执行多个任务，平台间、载荷间、任务间耦合均呈典型的非线性、强耦合、高时变等特点。蜂群规模、载荷差异、任务耦合造成任务规划模型多维爆炸，同强实时性、弱计算存储能力的矛盾使无人机蜂群自主协同规划问题求解极为复杂。

（4）安全难度较大

大规模蜂群内部协同难度、系统稳定收敛时间、机间传递测量误差、通信时延会呈指数级上升，从而限制了无人机蜂群数量规模。通常单架无人机安全率可达99%，但成百上千架无人机集群飞行，安全率仅约为36.6%，一旦群内某架无人机出现故障，容易引起连锁反应，甚至出现蜂群内部无人机因来不及避撞而导致飞行紊乱、互撞甚至坠毁。

4　无人机蜂群反制装备发展面临的问题

一是理论研究不够，发展规划不清。国家层面对反无人机蜂群系统发展的顶层规划缺乏统筹设计，没有制定具体的反无人机蜂群系统作战条令、指南和训练教程，缺乏反无人机蜂群系统指挥作战运用程序和规范，影响反无人机系统的发展和整体作战能力的形成。

二是技术移植受限，软硬兼顾不全。部分反无人机蜂群技术有待针对性优化完善，电磁干扰型武器的干扰手段对环境要求较高，在城市或居民密集区域使用容易造成干扰；硬摧毁型反无人机蜂群系统，由于对无人机采取直接摧毁的方式，若无人机内部携带爆炸物等危险物品，则会对周围环境产生次生危害。

三是前进动力有余，推进合力不足。由于反无人机蜂群系统代表未来重大发展方向，军用民用市场巨大，企业和科研机构的研发生产动力十足，但质量效果参差不齐。反映出技术标准不统一、集成性不够，信息互通和资源共享存在壁垒等问题，还远未实现反无人机蜂群系统生产工程化、使用模块化、能力体系化,进而导致重复开发、成本居高不下、行业内卷严重。

5 无人机蜂群反制能力建设的关键问题

2019 年 12 月,美军成立由陆军领导的联合反小型无人机系统办公室(JCO),以加强领导,整合资金、人员和技术。当前,仍处于反无人机蜂群体系建设的起步阶段,是打破壁垒、打通链路、打造联合的绝佳时机。

一需深化前沿理论研究。坚持用先进理论引领技术发展和战斗力生成,瞄准加速形成体系融合、智能决策、全域多维的一体化智能反制架构系统开展研究,进一步摸透无人机蜂群作战的制胜机理、技术特点、装备性能,从根源上理清无人机蜂群技术和战术短板,前瞻研究捣毁蜂巢、斩断链路、以群制群等先进有效的作战理念和战术运用方法,为装备研发提供指引、为部队训练提供指导,提高无人及蜂群反制的体系作战能力,改变无人机蜂群反制战术被技术牵着、"头痛医头,脚痛医脚"的被动局面。

二应加强顶层规划设计。坚持体系构建、梯次搭配、软硬结合的原则,以实现探测预警信息互联互通、情报实时共享、功能融合集成为重点,破除行业壁垒、避免重复建设,统筹协调陆、海、空、天等多部门、多兵种建设和作战力量,分阶段把握反制对抗的作战时机,针对性研发高效便携的反制装备,全方位打造集多种探测监视、拦截处置和智能指挥于一体的综合防御体系,以实现对无人机蜂群的有效反制。

三要统筹装备研发重点。在前瞻研发微波弹、多目标反电子系统等先进技术基础上,还要提升现有装备性能。激光、高功微波等定向能武器打击速度快、反制效果好、效费比很高,是反无人机蜂群的重要手段,发展重点是实现定向能武器小型化和高功率化,以及搭载平台的机动性,以满足多域防空、城市作战等多种环境实战要求。微型导弹、集束弹药、网(水)弹等新型装备具有成本低、可靠性高等特点,是未来反无人机蜂群的理想武器,发展重点是提升集束弹药的火力密集度、覆盖面和打击效能,以适应野战环境反制蜂群需要。格斗型无人机是未来"以彼之道,还施彼身"的反无人机蜂群重要方向,发展重点是进一步与人工智能紧密结合,使格斗无人机系统具备更强的自主探测、分析、判断甚至决策能力。格斗型"幽灵"无人机截面图如图 1 所示。

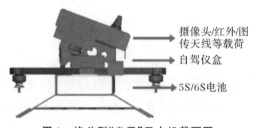

图 1 格斗型"幽灵"无人机截面图

6 无人机蜂群反制体系的构建及运用

针对无人机蜂群运用特点,应综合运用侦、扰、打、拦等手段,全面构建无人机蜂群反制体系,多措并举提高综合反制能力。

（1）立体化构建无人机蜂群反制"两张网"

探测预警网。尽早感知无人机蜂群是组织实施无人机蜂群反制的前提条件。在无人机蜂群来袭方向上分层配置远、中和近程雷达，分别负责探测无人机蜂群的母机、监视进入防御范围内的无人机蜂群，识别跟踪"低、慢、小"目标；实施平面组网探测，将不同体制、频段和工作模式的地面雷达，通过通信链路组成雷达网，统一管理调配、实施协同探测，实现对无人机蜂群目标的广域覆盖、无缝监视和多点观察；实施垂直立体探测，将预警机、长航时无人机和系留浮空器编队组网，发挥预警机探测范围广、长航时无人机接续能力强、系留浮空器滞空时间长的优点，规避蜂群探测在垂直方向上的盲区。

综合打击网。按照不同角度和高度、区分不同功能和特点，分别选用部署无线电干扰、激光武器、高功微波武器以及导弹、高炮等远中近程防空力量，全方位、多手段打造无人机蜂群反制体系。防区前端，可部署精确制导导弹、高功微波武器等重型打击力量；防区中段，考虑部署微型制导导弹、集束炸弹、格斗无人机等新型装备，提升大面积打击效能；防区末端，重点配备防空高炮、激光武器以及网弹和水弹等近程防御反制手段。还可通过给高炮、防空导弹、弹炮结合防空系统等增强无人机蜂群反制功能，利用战斗部破片或动能对无人机蜂群实施硬杀伤。

（2）分阶段实施无人机蜂群反制"四步走"

首先，探测监视阶段，及早发现直击蜂巢。目前，各国正在开展的无人机集（蜂）群项目大多由大型运输机或轰炸机搭载并发射，此类空中或地（海）面蜂群搭载平台体积庞大、目标明显，可利用各种侦察手段，提前发现对方无人机蜂群发射基地或平台，利用防空防空武器系统或己方格斗式无人机进行主动出击、拦截摧毁，实现御敌于防区之外。

其次，展开判断阶段，防抗结合干扰压制。通过电子对抗等手段，多途径干扰遏制其作战效能的发挥。如通过发射特定能量的光波对无人机群进行有源干扰，或通过对己方目标进行遮障伪装、示假伪装和迷彩伪装等手段进行无源干扰，降低光电传感器的侦察效果；干扰无人机蜂群雷达系统，通过发射大功率电磁干扰信号压制或遮盖无人机携带的轻型合成孔径雷达，降低其探测效能。据报道，俄军配备的 R－330ZH "居民"和"鲍里索格列布斯克"系统可用于压制导航卫星信号，联合运用两种系统可以破坏无人机与控制台之间的通信、遥测及视频信号传输。以色列"天蝎座"电子战系统如图 2 所示。

图 2　以色列"天蝎座"电子战系统

第三，反攻反击阶段，多措并举全力对抗。在掌握来袭无人机群袭击编成及飞行布阵基础上，针对性选择使用激光武器或微波武器，或对二者组合使用，最大限度发挥激光武器

"点杀伤"和微波武器"面摧毁"功能。在对方无人机蜂群进入进攻阵型期间,适时发射己方无人机或投放格斗式无人机蜂群,构设空中火力拦截网,破坏来袭无人机蜂群队形,引发空中碰撞;还可从空中、地面发射拦截器,在空中形成大覆盖面拦截网,使其通信、动力或操控系统失灵。

最后,清缴扫尾阶段,规避自损定点清除。无人机蜂群被干扰压制、火力打击后,可能仍有零星无人机继续向目标区进袭,对此可通过近距离使用便携式或机动型无线电干扰枪、激光武器或者网捕工具等,彻底歼灭其零星残余力量。

【参考文献】

[1] 孙昭,何广军,李广剑.美军反无人机技术研究[J].飞航导弹,2021(6):12-18.

[2] 苏润丛,向文豪,缪国春,等.纳卡冲突中无人机的作战应用与分析[J].飞航导弹,2021(1):65-70.

[3] 胡杰,陈桦,付宇,等.无人机蜂群技术现状及反蜂群应对策略[J].飞航导弹,2020(9):32-36.

反无人机蜂群电子侦测技术浅析

林世聪　刘泽辉　汤　鑫

(陆军航空兵学院,北京 101116)

【摘　要】针对目前中低空无人机类武器装备对防空力量的现实威胁,以无人机蜂群为例,简要分析其作战特征、关键技术及侦测难点,并浅析电子侦测技术的基本原理、针对无人机蜂群侦测的优势不足和应用情况,对反无人机电子侦测技术的发展方向提出一定思路。

【关键词】无人机蜂群;电子侦测技术;反无人机蜂群

引言

近年来,随着信息通信与控制技术的不断发展,以无人机为代表的低慢小飞行器正在军事领域展露其锋芒,超过 40 个国家和非政府组织已部署或正在研发无人机类武器装备,美军已将其列为空域战场的"五大威胁平台"之首。从最近几次俄驻叙赫梅米姆空军基地遭 13 架无人机袭击、委内瑞拉总统遭无人机携带炸药袭击、沙特油田遭无人机和巡航导弹协同攻击等作战行动来看,无人机尤其是无人机蜂群的作战样式对传统的防空力量带来了极大的挑战。本文以无人机蜂群为例,探究其作战特征与关键技术,分析无人机蜂群的侦测难点,浅析电子侦测技术在反无人机蜂群中的应用。

1　无人机蜂群

1.1　作战特征

(1)集群化行动

无人机蜂群以集群编队方式执行任务,可利用数量优势在局部时空迅速达到饱和攻击,实现压制、摧毁等目的。蜂群中单机目标的光学特征和雷达特征很小,现有的防空装备和技术手段难以反制,突防成功率高;集群行动又弥补了单机作战能力弱的缺陷,大幅提高防空决策复杂度,获得战场优势。

(2)效费比高

无人机蜂群单机成本低,凭借集群战术可快速消耗对方地空导弹等高价值武器装备,以规模优势给地方造成较大损失;放飞条件低,蜂群可以采取投掷、弹射、伞降等各种方式进行批量发射,操作简单、机动灵活,且起飞条件限制少、空勤保障简单;蜂群无人机可有效回收,通过重组配置,执行不同的作战任务,重复利用率高。

（3）智能化明显

蜂群中单机可根据任务需求搭载不同载荷,分别负责侦察、攻击、诱饵和通信中继等不同的任务,并能根据战场态势自行调整作战计划,其综合作战能力远远大于个体作战能力;蜂群中不设置主从关系,自然形成一个稳定的集群结构,作战单元被击毁对蜂群的集群行动影响较小,新的集群结构排列会快速自动形成并保持稳定。

1.2　关键技术

（1）数据链传输技术

数据链路组网是无人机蜂群实现作战任务的关键技术,包括了蜂群内部成员之间以及蜂群和其他协同作战单位之间的多信息实时传输与处理,是体现无人机蜂群智能化、信息化、规模化的重要因素。

（2）飞行控制与协同技术

基于地面控制站或车载、机载、舰载式移动控制站,依托数据链路完成飞行规划数据、图像回传数据、武器控制指令等的传输,实现对无人机蜂群的控制;利用多任务协同技术,实现作战信息资源共享及作战任务协同,提高作战效能。

（3）多平台投放与回收技术

蜂群受其个体影响续航时间有限,因此执行任务时的投放与回收是实现高效费比的重要途径,目前已实现陆基、海基、空基等多平台投放回收,大大提高了其对战场环境的适应性和多任务能力。

2　反无人机蜂群侦测难点

（1）个体尺寸

蜂群作为"低慢小"飞行器的典型代表,其个体体积优势明显,目标尺寸难以被可见光和红外探测捕捉,反射面积在部分目标指示雷达中仅有 $0.01\ m^2$,在下视雷达中小于 $1\ m^2$,大幅降低了可见光和雷达探测感知概率。

（2）多元干扰

蜂群巡航高度低、速度慢、信号微弱、隐蔽性好,受地球曲率遮挡、地面起伏遮蔽、强地杂波等多种因素影响,极大增加了探测发现及跟踪难度;城市环境下背景杂波更强,蜂群与飞行中的鸟群、气象杂波等干扰相近,很容易与慢动杂波相混淆。

（3）快速响应

蜂群机动性强、行动突发性高、飞行航迹无规律,并且可以根据实时侦察情况,实现战术层面的应激决策,指挥各分散的子系统在作战区域前迅速行动,通过不断改变作战环境和情况,使传统的防空武器系统和操作人员难以对目标快速判断,大幅压缩了防空预警时间。

3　电子侦测技术

3.1　基本原理

电子侦测技术也称无线电侦测技术,通过对特定频率和带宽的扫描,针对无人机与其地面控制单元的数传信号、图传信号和卫星导航信号进行实时监测、分析,通过多站到达角实现对无人机的定位,进而定位蜂群地面控制单元的位置。基本工作原理如图 1 所示。

对电磁波辐射来源的侧向定位是电子侦测技术的重要功能之一。主要是通过对信号源的侧向定位,探明目标的地理位置,探测跟踪目标的方位变化,获取更多的有用信号和特征参数,为信号源的识别提供数据支持。针对无人机蜂群主要采用基于到达角(DOA)侦测和基于到达时差(TDOA)侦测。

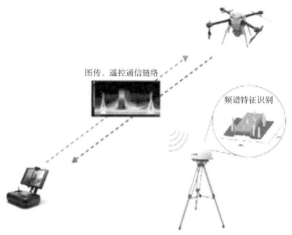

图传、遥控通信链络

频谱特征识别

图 1　电子侦测技术工作原理

　　DOA 侦测体制采用多天线阵列处理,该方案探测距离远、覆盖范围广、识别机型多、响应速度快、支持大集群蜂群侦测;缺点是定位精度低,存在交叉点定位模糊等问题。两个观测站对目标无人机进行方向测量,交叉定位输出目标位置,如图 2 所示。

　　TDOA 侦测体制设置三个站点,均接收目标无人机信号,通过计算主站与从站的到达时间差,得到两条曲线,进而确定交点,即目标 T 的位置,如图 3 所示。TDOA 天线为监测天线,没有复杂的侧向天线阵,环境兼容性好,对周围环境要求宽松,具有一定抗多径能力,定位精度高。其缺陷主要是无法单站工作,探测距离近,通信成本高,冗余度差等问题。

图 2　DOA 原理示意图

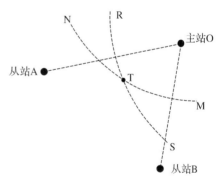

图 3　TDOA 原理示意图

3.2　技术优势

　　1)不主动发射电磁信号,不会对周边环境和现有设备产生电磁干扰,无人体辐射,可在城市环境下安全使用;

　　2)探测响应快,侦测无人机蜂群通信信号,对目标进行侧向,并上信号报频谱参数;

　　3)可对多类型无人机蜂群进行预警,并识别无人机 MAC 地址或 ID;

　　4)可有效侦测蜂群地面控制单元,支持多台组网,定位无人机和飞手位置;

5)探测距离远,通过特有的天线、通道处理技术以及超强的微弱信号处理能力,能够实施远距离侦测,可探测40km外无人机目标;

6)可全天候工作,不易受天气环境影响;

7)可与反制系统精准联动,侦测信息可为无人机反制平台提供精准频率与方位信息,实现有效的闭环联动;

8)通视条件下,无探测盲区。

3.3 技术不足

1)无法侦测到处于电磁静默状态下的无人机蜂群;

2)蜂群的特定频率和带宽数据不全,探测目标类型需要建立数据库;

3)城市环境中受复杂电磁环境干扰,虚警较多;

4)对蜂群地面控制单元的侦测成功率较低。

4 应用情况

4.1 Aaronia无人机侦测系统

安诺尼公司推出的基于电子侦测技术的Aaronia无人机侦测系统可对无人机电磁发射的信号方向进行实时测量,系统的频率范围为9 KHz～20 GHz,侦测范围取决于无人机和地面控制单元间的发射功率。该系统可在夜间、浓雾及恶劣天气下工作,允许7×24 h h的无间隔监控和记录。

4.2 URD360无人机侦测系统

该系统支持两种通用装配模式,主要形态为固定式,也可定制车载机动式。系统多个站点部署时,综合管控中心能够接收各前端设备侦测结果,根据各站点的侧向信息与站点所在经纬度,进行交叉定位。综合管控中心可根据设定,将测得的无人机位置、用频信息整合为管控信息,自动或半自动的发送给雷达、光电和无人机无线电压制设备,可对目标区域实施精准跟踪、干扰压制。URD360无人机侦测系统构成如图4所示。

图4 URD360无人机侦测系统

5　展望

反无人机的总体要求是同时具备较高的侦测率及较低的虚警率,这对传统的电子侦测技术带来了较大的挑战,针对以无人机蜂群为代表的低慢小飞行器,要提升系统的有效性和稳定性,通过对强敌通信链路的研究提高侦测可靠性;通过与光电侦测、雷达侦测、声音侦测等多种侦测手段的融合,构建侦测体系;通过多基站协同的方式覆盖固定区域,研究机动式侦测平台及对应战法。从技术手段到装备研发再到战法研究,逐步构建完善的反无人机蜂群体系。

6　结束语

本文针对未来战场中低空威胁,以无人机蜂群为例,探究其作战特征与关键技术,并浅析电子侦测技术的基本原理、优势不足及其在反无人机蜂群中的应用。随着无人机技术的飞速发展,无人机蜂群的小型化、隐身性、智能化程度将会进一步提高,推动多种侦测技术手段配合,进一步推动反无人机集群技术研究和装备发展是反无人机集群作战的重要途径和方向。

【参考文献】

[1] 李晶晶,罗晨旭,黄维."捕蜂"低空近程反无人机蜂群体系构想[J].现代防御技术,2020,48(4):16-22.

[2] 焦士俊,刘锐,刘剑豪,等.反无人机蜂群作战效能评估[J].舰船电子对抗,2019,42(4):27-32.

[3] 张冬冬,王春平,付强.国外无人机蜂群发展状况及反蜂群策略研究[J].飞航导弹,2021(6):56-62.

[4] 胡杰,陈桦,付宇,等.无人机蜂群技术现状及反蜂群应对策略[J].飞航导弹,2020(9):32-36.

国内外反无人机装备现状及技术发展

秦大伟　周旭光　刘　溢　薛宸宇

（陆军航空兵学院 无人机保障队，北京 101116）

【摘　要】随着科技的快速发展，无人机因其尺寸小、价格低、操作容易和难以被探测的特征，无人机广泛应用于世界各地。着眼部队重要执勤安保目标空域的多无人机黑飞、自杀式无人机集群恐袭的反制要求，针对现有无人机集群反制手段的不足，技术缺陷漏洞大，体系化反制水平低等现实问题，本文结合笔者自身工作经验及相关专业资料为大家介绍国内外反无人机装备研究现状与相关关键技术。

【关键词】反无人机；无人机侦测；无人机打击；反无人机装备；反无人机技术

引言

近年来，无人机在各行各业广泛应用，简易轻便、功能强大，无人机可长时间执行侦搜、监测、勘灾等任务，应用和需求广泛。

由于无人机成本低廉、操作方便、容易获取的特点，某些无资质、未经审批的个人和单位利用无人机进行的飞行活动已对社会治安、重要目标、大型活动等公共事业造成严重安全威胁和危害影响。尤其在一些敏感地区，无人机还极易被暴恐和犯罪分子利用，形成不稳定因素，危及国家和社会公共安全。

1　无人机特点及防控手段

（1）目标小难防范

普通的遥控航模，玩具飞机展翼飞行时可视面积不超过 $0.5 \, \text{m}^2$，当在 $100 \, \text{m}$ 左右高空降噪飞行时，由于其体积小、速度快，因此，难以第一时间发现并预警处置。

（2）精度高威胁大

大部分具有拍照摄像功能的遥控飞行器应用相当普遍，许多飞行器还安装了专业的航拍设备，具备较高的分辨率。一旦将爆炸装置安装在这类飞行器上，等于给炸弹安装了"千里眼"，可在"安全距离"外通过电脑传回画面控制飞行器爆炸物进行精确指导，严重威胁公共安全和公安警卫场所和警卫目标安全。

（3）制作易成本低

由于"低慢小"飞行器非常容易购买,操作便捷,经过练习后便可熟练操作;同时因网购普及自制拼装"低慢小"飞行器也十分方便。

（4）易于集群或蜂群作战

由于通过组网联网,易于实现多架无人机编队集群飞行,实现蜂群作战,已是现阶段无人机防控形势的重大威胁。

由于无人机目标升空突然、目标特征微弱较易形成突发事件,而具有针对性的处置手段经常由于无法及时部署而出现防护漏洞。

现阶段警用、军用对无人机目标的防控手段主要采用如下几种方法。

1）责令无人机厂家对无人机飞行区域屏蔽或者授权飞行。

2）通过区域周界围护,实现区域准入和隔离。

3）重点区域部署大量警力、军力,通过人眼观察、发现和确认目标。

4）具有较弱的探测和处置技术手段,比如无人机遥控遥测链路的频谱侦测,但无法应对无测控链路的无人机目标;比如手持式干扰枪,但同样无法应对特殊测控链路的无人机,也需要人眼找寻和跟踪目标。这些手段和方法不具备长时间、周密的空域监视和处置能力,比如对有预谋的非法或黑飞的无人机则很难进行有效监控和及时的处置。

在本文中,我们将介绍国内外反无人机装备现状及技术发展。

2 国内外反无人机装备现状及技术发展

反无人机系统是指利用技术手段对无人机进行监测、干扰、诱骗、控制、摧毁的一种装置。当前,反无人机的技术手段主要有激光炮、信号干扰、信号欺骗、声波干扰、黑客技术、无线电控制以及反无人机无人机等。

利用这些技术手段研制的反无人机系统大体上可分为二类:

1）监测控制类,借助阻截无人机使用的传输代码控制无人机,并引导其返航,同时避免无人机坠毁;

2）直接摧毁类,主要是利用导弹、激光武器、微波武器、格斯公司已经针对四轴旋翼无人机和其他小型无人机进行了反无人机的技术试验。

2.1 国外反无人机装备发展现状

法国空客公司研制了一种反无人机系统,该系统可利用 SPEXER500 有源电扫描阵列雷达、Night0wl 红外摄像机和 MRD7 无线电测向仪的传感器数据,探测劫持 5～10 km 内的无人机,实时分析无人机的控制信号,利用 VPJ – R6 多功能干扰机中断无人机和控制人员之间的联系和导航。系统的探向器还能跟踪控制人员的具体位置,以便对其实施逮捕。空客公司已向法国和德国的官员演示了该反无人机系统,目前正在与多个潜在用户和企业用户进行商谈。

意大利 SelexES 公司推出了采用模块化设计的"猎鹰盾"反无人机系统。该系采用与电子频率监控装置相结合的雷达探测非法无人机,利用光电传感器识别和跟踪无人机。

SelexES 公司发布的概念性视频演示显示,"猎鹰盾"可对无人机进行跟踪、识别、干扰,并接管控制无人机。

以色列国防部和拉斐尔公司对"铁穹"C–RAM 系统进行了升级,使其具备了反无人机能力,项目研究团队在尤马试验场进行了试验,利用基于火炮的 C–RAM 系统发射指令制导炮弹,击落了 1 架无人机,研究人员根据试验结果改进了其火控系统,在随后的最终演示期间,C–RAM 又成功击落了 2 架"驱逐者"无人机,拦截距离分别为 1 km 和 1.5 km,系统配有精确跟踪雷达干涉仪,火控计算机和射频收发机。

墨西哥 JAMMER 公司开发了 Tamce Bloqueador 防卫系统 Drieccional Anti-Drone 防卫系统,系统总干扰功率为 20 W,可压制几百毫瓦的无人机。系统开启后,干扰器可以干扰 2.4 G 和 5.8 G 信号,这对于大部分消费级无人机来说,遥控信号和图传信号都会丢失,丢失了信号后无人机只能返航或者原地降落。

美国无人机探测系统制造商 Drone Shield 研发出了利用雷达和麦克风来监测无人机的技术。它内置了 Raspberry Pi、信号处理器、麦克风、分析软件、无人机声音特性的数据库,通过监听周围环境的声音,通过声音对比确定是否有无人机。当有无人机在附近时,通过邮件或者短信发出警报。从原理上来看,预警技术并不难,因此监控的准确性和低误报率就非常关键,在这方面,DroneShield 拥有自己的专利技术。据悉美国当局已经利用这种系统来为监狱、体育赛事和政府大楼提供安保。

美国密歇根科技大学(MTU)的机械工程副教授 MoRastgaar 及他的团队研发了一种可有效捕捉无人机的无人机。这种无人机可射出一张大网,最远射程约 12 m,这张网连着捕捉器,然后将目标无人机网住并带走,射网功能既可以自动进行也可由人操控。

近年来,世界各军事强国对蜂群无人机作战越来越重视,无人机蜂群作战理念的发展对重点区域、重点目标和重大活动产生的重大威胁也日益突出。特别是在恐怖分子活跃的情况下,一旦被别有用心的人或敌对分子利用,将产生不可估量的损失和后果。随着无人机智能化水平的提高和集群控制技术的发展,无人机蜂群作战将成为未来空战的重要作战模式。

日本也开发出大功率激光系统和高能微波辐射技术。现有对策主要采用高能微波辐射等方式,对敌方无人机蜂群的通信、电子系统进行干扰和破坏。

1)大功率激光系统。日本防卫装备厅于 2015 年着手开发大功率激光系统,于 2019 年将其升级为"小型大功率激光辐射器",并将投入使用。

2)高能微波技术。该技术能够即刻使导弹、无人机等攻击无效并且依次切换打击目标。日本防卫装备厅从 2014 年开始着手基础研究,将于 2020 年结束研究,并在几年以内将地面车载型设备与舰艇搭载型设备投入正式使用。

2.2 国内反无人机装备发展现状

国内可用于"低慢小"飞行器的典型拦截系统主要有"空盾"武器系统、"天网"探测拦截系统及激光武器拦截系统、高能微波武器、高功率微波反无人机装备、无人机导航对抗装备等。

（1）火力拦截反无人机装备

典型装备为"空盾"武器系统。"空盾"武器系统是低空目标车载拦截系统，采用肩射防空导弹和小口径高炮对低空目标实施拦截，拦截成功率较低。

（2）抛网拦截反无人机装备

典型装备为"天网"低空慢速小目标探测拦截系统（简称"天网"系统），"天网"系统是在非传统防御领域拓展民用导弹市场的全新产品，主要用于执行重要活动和关键场所的安全防卫任务，圆满完成了各类大项安保任务。该系统能够对进入防空区域的航空模型、动力三角翼、动力伞等低空慢速小型飞行器进行预警、探测、跟踪定位，并在指控系统协调下对目标进行抛网拦截，消除目标的威胁，同时又具有无烟、无焰、无光、微声的"三无一微"特点，在城市环境使用中避免了对人群、楼宇的附带伤害，是一种对环境和社会影响小的高效拦截方式。

（3）高功率微波反无人机装备

我国自1997年左右开始超宽谱技术研究，历经十几年的发展，取得了长足的进步，技术发展比较成熟，达到国际先进水平。某所在高功率微波技术的发射系统、综合集成、指挥控制方面开展了大量的研究工作。2002年与某大学合作完成"高功率长脉冲微波试验系统"2007年，某所与某基地研究所合作研制的双脉冲"要地防御超宽谱高功率微波武器试验样机"，成功开展反炮弹实弹打靶效应演示试验，验证了其作为要地防御武器的可行性；某所合作研制的超宽谱反弹药引信样机，开展了实弹打靶试验，表明可对三种引信有效干扰引爆。经过多年的潜心研究工作，某所在高功率微波领域解决了多项关键技术，积累了大量研究和工程经验。

目前，包括我国在内的多个国家对超宽谱HPM武器系统和器件开展了广泛的研究。已完成多套武器样机，初步展示了高功率微波武器的效能，取得了预期的成果。

（4）无人机导航对抗装备

针对无人机导航系统的特点，牵引式导航欺骗干扰技术是对无人机导航系统进行对抗的有效手段。牵引式导航欺骗技术关键在于形成连续的航迹位置欺骗，使干扰系统能够连续发送预定轨迹欺骗信号，使其组合导航系统无法采用惯性导航数据修正正确位置。其核心在于欺骗系统的延迟控制方式，避免在相邻两点间信号产生大的跳变，保持输出信号稳定，接收机端会产生误码，但不会导致接收机环路重新锁定，仍然连续输出定位结果，对组合导航系统，GPS信息产生连续变化，有可能使组合导航系统逐渐失去正确位置信息，从而偏离航向或坠毁。

我国有多家单位开展了导航对抗装备的研制工作，已经研制完成机载、车载、单兵背负式等多种干扰装备，开展了GPS信号侦收、高效压制干扰技术、可控欺骗干扰技术的研制工作，并取得了关键技术攻关、系统集成及结构紧凑化、工程化等方面的重大突破，共同承担完成的对GPS干扰系统是我国第一套大型导航战对抗装备，总体上达到了国际先进水平，代表了我国在导航对抗领域的技术水平。其中某改进型对GPS信号固定侦察站可实现对GPS卫星P码信号的情报侦察，由无人机载GPS干扰系统采用转发欺骗干扰技术，可完成大范围的野战机动要地防空和前出支援干扰任务。

某所已经完成装备定型的无人机载 GPS 干扰系统,采用转发欺骗干扰模式,干扰发射设备由无人机平台搭载,具备大区域的 GPS 欺骗干扰功能。

在该系统现有成熟技术的基础上,某所 2012 年在试验期间,利用该系统现有的接收转发信道,采用新研的信号处理器模组和具备预欺骗航迹设定的监控处理软件。利用该平台进行了牵引式干扰的原理性试验,初步验证了牵引式轨迹欺骗的可行性。

(5)高功率激光反无人机装备

随着万瓦级固体激光器研制成功,国内初步具备了发展固体激光武器的前提条件。各单位业已投入巨资进行前期的技术研发和系统集成,且已经取得了初步的演示验证效果。

典型的装备为万瓦级"低慢小"目标激光拦截系统(简称"低空卫士"系统)。"低空卫士"系统可以在 1 km 以内对固定翼、多旋翼等多种小型航空器实施 360°全空域快速精确打击拦截。

某所在高功率激光反无人机技术方面也有较深的技术积累。2017 年,某所结合其在雷达目标捕获、光电精密跟瞄、电子干扰、激光毁伤等领域的成熟技术,研发了一套低空无人飞行器探测与拦截系统,可对重要目标如公共交通枢纽、重要会议场所等的上空近距内的"低慢小"目标实施及时有效监控和处置。

2020 年,某所研发出某型机动反无人机系统,该系统包括雷达搜索、红外搜索、无线电侦测三种侦测手段,同时具有电子干扰、激光打击两种拦截手段。其中,雷达搜索威力 10 km,红外搜索威力 1.3 km,无线电侦测威力 5 km,电子干扰威力 3 km,激光打击威力 2 km。

目前,无人机正向多种类,多用途快速发展,呈现出高、低、快、慢各异的灵活使用方式,现有的单一探测、干扰、拦截手段已经无法满足对无人机的反制需求,那么该如何针对无人机发展对应关键技术呢?

3 反无人机关键技术

(1)多目标智能探测与跟踪技术

针对无人机集群智能探测需求,开展多目标智能探测与跟踪技术研究,重点突破弱小目标远距离雷达探测,复杂电磁环境下无线电频谱监测,集群目标特征智能识别,复杂背景下小目标光电跟踪等关键技术,运用体系集成和信息融合,实现对无人机集群目标的低漏警、低虚警探测能力。

(2)大范围电磁压制与精细诱骗技术

针对无人机集群目标的电磁对抗需求,开展大范围电磁压制与精细诱骗技术研究,通过对无人机集群目标的导航信号和通信链路信号特征的研究,开展针对导航和通信链路的大范围电磁压制技术、基于干扰导航信号的精细诱骗技术研究,实现对无人机导航和通信链路的全向压制能力和精细诱骗能力。

（3）协同无人机网捕技术

针对无人机捕获需求,开展无人机网捕技术研究,通过研究无人机目标规避机理、网捕无人机的工作方式优化等方面,重点突破面向无人机目标规避的博弈式应对技术,实现通过网捕无人机对无人机进行捕获,增强系统对无人机的捕获能力。

（4）高效激光打击技术

开展高效激光打击技术研究,通过对无人机材料、光与物质的作用、高功率激光毁伤机理的分析,重点突破紧凑型高功率激光光源、轻量化 ATP 实现高机动性激光武器系统,以适应高机动性作战需求。

高机动性车载反无人机系统,通过搭载高功率微波源、天线、伺服及载车平台等部分,用于对低小慢飞行目标集群的拦截。

（5）无人机集群反制战术战法

针对反无人机集群的作战需求,通过对无人机集群目标的单体特征、集群特征进行分析,综合梳理系统各项功能,借助体系对抗思路,开展无人机集群反制战术战法研究,优化无人机对抗的作战流程,提升无人机集群反制效率。

5　总结

在本文中,我们对反无人机技术的特点进行了深入分析,并全面回顾了国内外各类反无人机装备发展现状以及无人机探测和打击中使用最广泛的几种技术。

从目前世界战争的发展趋势来看,反无人机作战已经提升到国家安全保障的层面。单个反无人机武器只能针对特定目标,无法应对不同类型的无人机。尤其是随着无人机应用领域的扩大,多机型无人机同时作战成为必然。因此,融合多种反无人机探测技术和反无人机防御手段的智能无人机指挥控制系统,必将在未来的战争中占据主导地位。

【参考文献】

[1] SEDJELMACI H,SENOUCI S M,ANSARI N. Intrusion detection and ejection framework against lethal attacks in UAV-aided networks：A bayesian game — theoretic methodology[J]. IEEE Trans. Intell. Transport. Syst. 2017,18(5):1143 − 1153.

[2] SU J, et al. A Stealthy GPS Spoofing Strategy for Manipulating the Trajectory of an Unmanned Aerial Vehicle[J]. IFAC-PapersOnLine,2016,49(22):291 − 296.

[3] FLOREANO D,WOOD R J. Science, technology and the future of small autonomous drones[J]. Nature,2015,521(7553):460 − 466.

[4] RITCHIE M,FIORANELLI F,BORRION H. "Micro UAV crime preven- tion：Can we help princess Leia?"in Crime Prevention 21st Century[J]. New York, NY, USA：Springer, 2017:359 − 376.

[5] TAO Y J, LI P F. Development and key technology of UAV[J]. Aeronautical Manufacturing Technology,2014 (20):34 − 39.

［6］WU Y. Current situation and development trend of counter – UAV strategy and weaponry［J］. Aerodynamic Missile Journal，2013(8)：27 – 31.

［7］DONG J J. Study of countermeasures for LSS – target［A］. Collected Papers of China UAV Conference，2014：4.

［8］ZHU H M. Research on radar weak and slow target detection technology［D］. Xi'an：Xidian University，2010.

［9］张静,张科. 低空反无人机技术现状与发展趋势［J］. 航空工程进展,2018(2):1 – 8.

［10］郭珊珊. 反无人机技术与产品发展现状［J］. 军事文摘,2016(19):36 – 39.

基于空基平台搭载的反无人机技术研究

石新新[1-3]　臧子漪[1-3]　张士朋[1-3]　马长正[1-3]

(1 中国航天科技集团有限公司 智能无人系统总体技术研发中心,北京 100094

2 中国航天科技集团有限公司 第九研究院无人体系中心,北京 100094;

3 航天时代飞鸿技术有限公司,北京 100094)

【摘　要】本文首先对基于空基平台搭载的反无人作战概念及优势进行了总结,得出了基于空基平台搭载的反无人作战系统相较于传统以地面为主的反无人防御系统,具备搭载灵活、机动性强、打击精准、费效比高等优势。然后,从干扰阻断、动能拦截以及定向能拦截三方面分析了基于空基平台搭载的反无人技术研究现状。最后,简要总结了未来基于空基平台搭载的反无人技术发展趋势。此外,空基搭载平台与反无人武器装备间具有密切协同、灵活部署及互联互通等功能,可完成单机武器装备无法胜任的复杂作战任务。

【关键词】基于空基平台搭载的反无人技术;干扰阻断;动能拦截;定向能拦截

引言

反无人机技术[1,2]是反制无人机的一种技术手段及措施,旨在探测无人机并对其进行打击摧毁。反无人机按照作战功能可分为两种,即侦察探测和反制拦截[3]。其中,侦察探测是对无人机进行探测跟踪与预警,主要是地面监测无人机。反制拦截是对无人机直接摧毁打击,主要分为软杀伤和硬杀伤两类技术[4],软杀伤是对无人机数据通信进行干扰阻断,硬杀伤是对无人机机体通过动能(导弹、火炮、网捕)和定向能(高能激光、高能微波)武器进行打击毁伤[5]。

反无人机技术重点在对无人机进行打击摧毁,首先通过电子干扰手段阻断目标无人机通信链路,该技术主要用于微小型不易被侦察探测到的无人机[6]。然后,采用密集型高射击速度的导弹、火炮等动能拦截设备对目标无人机进行大面积摧毁打击,为提升打击精度也采用制导导弹[7]及霰雾弹,为降低成本也采用微型导弹[8-9]等进行打击,该技术主要用于小型及以上无人机。最后,为提高反制无人机费效比,定向能武器装备已成为反无人机技术发展的主流。其中,高能激光是反无人机最具发展的武器装备,高能微波是反无人机集群最有效的武器装备[10-12]。

1 空基搭载反无人作战概念及优势

（1）作战概念

随着无人技术及装备的发展，传统大型反无人系统虽具备准确识别及快速反制等优点，但构成设备多、防御范围有限，不利于快速部署和实时维护，且部署后战位相对固定，遭受攻击易造成附带损伤，不适于复杂作战环境下使用。鉴此，在未来的反无人作战研究中，一方面应积极开发反无人机武器装备，以满足要地要域防空作战需求，另一方面应注重将反无人机武器装备与小型无人作战平台整合，实现多域灵活部署。本文所提基于空基平台搭载的反无人作战是以飞机、无人机和飞艇等作为平台，搭载干扰阻断、动能拦截以及定向能拦截设备等，通过复合手段实现对目标无人机的捕获及摧毁，任务结束后平台无人机即可安全返回。

（2）作战优势

基于空基平台的反无人作战系统不是简单的反无人机武器装备与空基作战平台的整合，其武器装备与空基搭载平台间具有密切协同、灵活部署及互联互通等功能，可完成单机武器装备无法胜任的复杂作战任务。基于空基平台搭载的反无人作战系统在优化整合的技术优势上，相比于传统的反无人机作战技术手段，其主要优势如下。

无限发射，持续战斗力强。空基平台搭载干扰阻断及定向能拦截设备的发射不受弹药数量限制，其发射次数仅受限于载机平台所供电力，功率需求可从几瓦到上千瓦不等，目前可搭载 6 枚空空导弹的作战飞机在换装干扰阻断及定向能设备后可实施数百次发射，而通过空中加油又可进行新一轮发射，具备持续作战战斗能力。

灵活搭载，打击速度极快。空基平台可搭载干扰阻断、动能拦截以及定向能拦截设备等，因无人机很难被敌方探测设备侦测到，所以可在作战区域上方形成大量部署力量，可近距离对敌目标进行打击，攻击结束后无人机携搭载武器迅速撤离作战区域。敌方在短时内难以发现攻击目标来自何处，通常来不及进行机动、规避或对抗。

打击精准，毁伤强度可控。空基平台搭载干扰阻断、动能拦截以及定向能拦截设备，均可通过精确控制信号及能量的聚集与释放，迅速锁定目标关键部位，且可通过发射能量实现对敌毁伤强度控制，进而对敌目标实现非杀伤性警告、功能性毁伤及结构性破坏。

2 空基平台搭载的反无人技术

目前国外基于空基平台搭载的无人系统反制技术发展迅速，部分已进入工程样机演示验证阶段。国内方面，对于反无人武器的研究大多以地面现有武器为基础开发的车载武器，相比车载武器，机载武器因无人机利用面积有限所以其研究难度更大，因此国内针对地面目标的察打一体无人机平台基础较好，对于机载武器的研究鲜有公开报道。

（1）空基平台搭载的干扰阻断反无人技术

基于空基平台搭载的干扰阻断反无人技术是以空基作为平台，搭载干扰阻断设备，进而实现对目标无人机的有效干扰处置。机载干扰阻断设备反无人机的典型代表是机载电磁干扰设备，无人机作战过程中主要依靠通讯系统接收、执行指控信号进行作战，所以其通信链路是作战过程中的最重要环节,而无人系统对电磁干扰极其敏感,因此通过对目标无人机定向发射大功率电磁干扰射频信号[13],就会导致其产生错误控制指令,使其无法执行任务,甚至失控坠机。当前美军发展的机载电磁干扰吊舱主要是用于防范机载雷达的探测,并可干扰任何具备射频能力的目标。

（2）空基平台搭载的动能拦截反无人技术

基于空基平台搭载的动能拦截反无人技术是以空基作为平台,搭载动能拦截设备,通过复合手段实现对目标无人机的捕获及摧毁处置。机载动能拦截设备反无人机的典型代表是机载网捕设备[14],机载网捕是在地面信息支持下,由无人机平台对目标的近距伴飞悬停或掠飞提供捕获条件,在符合条件时发射捕获网,进而实现对目标的缠绕抓捕,并在快速收口后将目标拖曳转移至地面,可保证无人机的安全处置。此外,无人机还能挂载武器或破片战斗部,对敌方无人机进行硬毁伤,美军将"郊狼"和 KRFS 雷达组合成反无人机集群武器系统,可迅速识别并消灭目标无人机。

（3）空基平台搭载的定向能拦截反无人技术

基于空基平台搭载的定向能拦截反无人技术是以空基作为平台,搭载定向能拦截设备,通过复合手段实现对目标无人机的摧毁打击处置。机载定向能拦截设备反无人机的典型代表是机载激光设备,激光武器因具备部署灵活、毁伤可控且发射成本低廉等特点而备受青睐,但激光光束传输受天气影响极大,靠近地面水平方向上大气对激光的衰减最为严重,高度越高影响越小,因此将激光武器装载在无人机或高空武器平台上更能发挥其作战优势,同时激光武器的发射不受载机携弹量的限制,所以进行机载激光武器的研究对反无人系统作战具有重要军事意义[15]。另外,机载激光武器的研制可采用美、俄等国的经验,即采用敏捷开发方式先行部署最可行的机载武器,然后随功率、射程和效能的不断提高,对已部署机载武器进行更新迭代。

3　空基平台搭载的反无人技术发展

随着人工智能技术的快速发展及其在反无人机领域的广泛应用,反无人机技术正向小型化、一体化、智能化等方向发展,基于空基平台搭载的反无人机技术也将呈现机动灵活、软硬兼备、体系融合、高度智能等发展趋势。因此,未来战场上将出现具备真正自主能力的反无人机技术作战平台,通过发展并运用无人智能武器平台,以无人反制无人、智能应对智能的方式防范无人机的威胁。另外,随着科学技术的发展,未来基于空基平台的新型反无人技术势必会在隐身技术水平、智能决策能力以及多维全域打击等方面大大增强。

4　结论

传统大型反无人机系统在部署、攻击作战中均存在一定问题,在部署后战位相对固定缺乏机动性,在遭受敌目标攻击后易造成附带损伤,且在执行空中拦截打击时,存在多目标打击难度大、对抗成本不对称等问题。而本文所提基于空基平台搭载的反无人技术具有无限发射、持续战斗、灵活搭载、打击精准、毁伤可控、效费比高等优势,适合在大范围远距离复杂作战环境中使用。

【参考文献】

[1] 李林莉,程旗,张荔,等.反无人机技术研究现状综述[J].飞航导弹,2021(11):8.

[2] 孙昭,何广军,李广剑.美军反无人机技术研究[J].飞航导弹,2021(11):7.

[3] 杨近文.国外军用反无人机发展研究[J].军事文摘,2022(3):46-51.

[4] 高博,张乃千,范旭.反无人机电子战发展[J].国防科技,2019,40(1):35-39.

[5] 张静,张科,王靖宇,等.低空反无人机技术现状与发展趋势[J].航空工程进展,2018,9(1):1-8.

[6] 夏铭禹,赵凯,倪威.要地防控反无人机系统及其关键技术[J].指挥控制与仿真,2018,40(2):9.

[7] 谢伟,徐波,张亮.对抗反舰导弹倾卸式复合干扰方法研究[J].战术导弹技术,2022(1):11.

[8] 李梅.小而全的"空地杀手"英国"长矛"3微型巡航导弹[J].兵器知识,2021(2):6.

[9] 段鹏飞.空空导弹小/微型化发展趋势与启示[J].航空兵器,2021,28(3):4.

[10] 朱孟真,陈霞,刘旭,等.战术激光武器反无人机发展现状和关键技术分析[J].红外与激光工程,2021,50(7).

[11] 陈珊珊.高能激光引领定向能武器技术发展[J].国际航空,2021(4):5.

[12] 张颜颜,陈宏,鄢振麟,等.高功率微波反无人机技术[J].电子信息对抗技术,2020,35(4):41-45.

[13] 林晓君,俞利光,陈高强.电子元器件质量及其可靠性管理措施研究[J].数字通信世界,2020(5):2.

[14] 魏远旺,杜忠华,陈曦,等.基于ABAQUS的网捕无人机动力学仿真分析[J].兵器装备工程学报,2021,42(7):98-103.

[15] 郧奇佳,宋笔锋,裴扬,等.基于Agent建模的机载激光武器系统作战效能影响因素分析[J].系统工程与电子技术,2020,42(4):10.

无人机蜂群探测技术发展现状及展望

臧子漪[1-3]*　　石新新[1-3]　　杜绍岩[1-3]　　马长正[1-3]　　刘大鹏[1-3]

(1 中国航天科技集团有限公司 智能无人系统总体技术研发中心，北京 100094
2 中国航天科技集团有限公司 第九研究院无人体系中心，北京 100094
3 航天时代飞鸿技术有限公司，北京 100094)

【摘　要】作为现代化战争中的一种新型作战力量，无人机蜂群技术迅猛发展，在战场上崭露头角。由于蜂群作战具备效费比高、智能化高等优势，对传统的防空手段造成巨大威胁，因而统亟待发展一种针对无人机蜂群的有效防御体系。而高精度、高效能的无人机预警探测技术是反蜂群作战的首要环节和关键要素。基于此，本文讨论了蜂群作战的特点以及蜂群目标预警探测中存在的要点难点，并对蜂群探测技术的未来发展态势做出展望，以期为蜂群防御与反制体系建设提供参考。

【关键词】无人机；蜂群作战；蜂群反制；预警探测；综合防御

随着人工智能、导航通信、大数据等前沿技术的发展，无人机蜂群作战理论逐步被实现，完成了从理论概念到战场应用的初步转化。无人机蜂群作战可实现对地面车辆和水上舰船等重要价值的高效毁伤，达到较高的作战效费比。在近期的局部战争中，可直接携带弹药攻击地面或水面目标的各类无人机频繁跻身战场，取得举世瞩目的战绩，以其独有的零伤亡、低可探测性、长航时、多功能等特性，引发各国军界的青睐，成为空中战场的新宠。

无人机蜂群技术及装备的快速发展应用，使得反蜂群问题愈加突出，需求日益强烈，推进反蜂群作战装备研制以及作战理论研究将成为当前和未来很长一段时间里世界各国军事领域的重要课题。反蜂群作战主要包含四个步骤：一是预警探测，即对入侵的无人机进行识别、定位、跟踪、预警；二是综合决策，通过对战局的分析对目标处置次序和处置手段进行决策；三是拦截反制，对入侵无人机施行干扰诱骗、火力打击等杀伤手段；四是效能评估，即对蜂群反制效果进行评估。其中，预警探测作为体系中的首要环节，负责为整个作战行动提供情报支援，是反蜂群作战体系的前提与基石。本文以蜂群探测为核心，首先对无人机蜂群及其作战优势做出简介，并对现有无人机蜂群探测技术及典型探测装备进行分析介绍，最后对无人机蜂群探测中存在的难点进行总结，并对蜂群探测技术的发展方向做出展望。

1　无人机蜂群作战特点

无人机蜂群作战概念是美军分布式作战理念的典型代表，受到各军事大国的高度重视。典型的蜂群由大量小型无人机组成,遵循"智能驱动,化整为零,形散神聚"的核心思想。蜂群作战具备以下优势[1,2]。

1)效费比高,支持饱和式攻击方式。目前可用于蜂群作战的低成本战术型无人机单架仅需几百至几千美元,成本远低于传统高精度防空武器。蜂群无人机可通过多方向、多批次的饱和式作战策略,迫使对方分散防空系统资源乃至耗尽拦截导弹库存,进而以较低的经济成本夺取空战场。

2)智能化高,具备体系生存优势。无人机蜂群可将复杂多用途的作空域战斗装备分解成大量单一功能的子系统,并根据作战需求灵活编组配置。同时蜂群具备分布式作战能力和智能化自组网工作能力,不依赖于特定物理中心节点运行。因而当单架无人机失去作战能力时,生存无人机可根据态势改变自身行为,保证群体作战性能。

2 无人机蜂群探测手段发展及分析

蜂群与反蜂群是博弈对抗中的发展趋势。尽早发现、及时预警是反蜂群作战的前提条件。针对无人机及蜂群目标探测的需求,国内外已经在雷达探测、光电探测、无线电侦测以及声探测等技术领域开展了广泛研究。通过上述技术的单项应用或综合部署,可实现对敌方蜂群目标的识别探测与追踪定位。

2.1 蜂群探测技术

(1)雷达探测技术

雷达作为全天时、全天候、远距离探测的传感器,是无人机预警探测系统中最重要的信息获取手段。雷达可通过电磁波回波信息给出目标的距离、方位、高度、径向速度等信息。但对于无人机蜂群,由于其数量多、机动性强、队形多变等特点,导致雷达在探测、跟踪、识别无人机蜂群队形时面临新的挑战[3]。

(2)光电探测技术

无人机目标光电探测系统机理来自20世纪八九年代的军用舰载光电搜索跟踪系统,一般包含可见光成像、红外热成像以及激光测距三部分。在大多数应用场景中,光电探测设备主要用于雷达引导下的目标识别和跟踪。在无法使用有源探测设备时,光电也用于目标搜索。但现阶段光电系统对小型无人机的识别距离普遍较低,防御范围受限。远距离、高精度、快速、稳定、高可靠性的无人机光电侦察探测在未来一段时间内仍然是需要解决的一大难题。

(3)无线电探测技术

无线电侦测技术是一种被动式无源探测技术。该技术通过被动侦收无人机自身辐射的测控信号、图传信号等无线电信息,实现大致的测向、定位。同时可根据信号参数特征实现目标识别。但城市中复杂电磁环境会极大削弱无线电设备的侦测能力。

(4)声学探测技术

声学探测技术通过识别发动机运行、旋翼旋转等特征声信号对无人机进行探测识别。该技术受光照及气象影响小,且系统隐蔽性好。但在针对低空无人机侦察探测的声学传感设备方面,相关领域研究与研制离规模应用还存在一定差距。

2.2 国外典型蜂群探测系统

探测识别装备方面,各国着力发展多探测手段融合的复合探测设备。国外典型的无人机蜂群探测系统见表1。

表 1 国外典型无人机蜂群探测系统

系统名称	探测手段	系统能力	国 家
UAVX 系统	小型监视雷达;白光摄像机;红外摄像机	基于人工智能的反无人机系统;用于无人机探测、情报、分类及预警;探测距离:500 m	美国
Titan 系统	无线电侦测	基于人工智能的反无人机系统;用于无人机的快速探测、识别和打击	美国
Sapsan-Bekas 系统	信号探测测向;有源雷达;光电和图像跟踪	机动式反无人机系统;用于无人机探测跟踪及信号压制;探测距离:10 km	俄罗斯
RU12M7 侦察指挥车	无线电侦测;雷达侦测;光电侦测	机动式反无人机系统用于无人机探测、识别、跟踪;可指挥其他作战装备完成一体化反无人机作战;单车探测距离:25 km;联合探测距离:200 km;多目标能力:120 个	俄罗斯
无人机哨兵系统	光电传感器;3D雷达	可对小型无人机进行探测、识别和干扰	伊拉克

2.3 无人机蜂群探测存在的难点

(1)隐身性强"难看见"

无人机的小型化、微型化、隐身化发展提升了蜂群探测难度。在雷达探测方面,新型无人平台多以复合材料为外壳,采用小型化集中型设计,雷达散射面积小。同时无人机能够在低空、超低空利用雷达盲区实施机动飞行,雷达远距离探测跟踪难度大。在光电探测方面,无人机截面积小,动力系统红外辐射特征低,可见光及红外效探测识别距离受限。在声学探测方面,无人机噪声与周围环境噪声相比较小,具备一定的声学隐身性[4]。

(2)编队密集"难看清"

蜂群作战时无人机数量多、间距近,降低了常规手段的探测准确率。要看清蜂群数量和队形,声探测目前无法实现。光电探测受到拍摄视野、室外气象、光强、光照角度等因素影响,存在目标成像较小和图像模糊的问题。无线电侦测在信号特征复杂、频谱密度极高的复杂电磁环境中虚警率高。雷达常规分辨率无法满足秘籍全目标探测需求,若为提高分辨率而增大带宽,蜂群目标的回波会分散到多个不同的距离单元上,导致每个距离单元的回波较弱,难以达到检测门限。

(3)特性相似"难分辨"

一方面,目标有无难分辨。城市环境中无人机目标特性被隐埋于复杂的电磁环境与地形环境中难以提取。慢速无人机的移动速度与车辆等目标相当,雷达分辨难度大。民用无人机与军用小成本无人机的通信信号与日常民用信号类似,无人机通信链路频段内存在混杂频谱信号,信号分选识别难度大。对于远距离目标和在楼宇间隐蔽发飞行的低空目标,对现有光电探测设备造成了挑战。另一方面,目标类型难分辨。由于无人机挂载载荷的可更换性高,同型号无人机既可用于侦测也可用于火力打击。仅通过雷达或外观特征,几乎无法分辨目标的性质和威胁等级。这将直接影响反蜂群作战中的武器资源分配与击次序决策,很可能会造成战机贻误,导致作战失利。

(4)队形变换"难跟住"

受时间资源、处理资源、分辨能力和跟踪策略的限制,传统探测设备对密蜂群目标跟踪时会出现目标跟踪数量不足、混批、合批和丢批等问题;同时还存在漏检、虚警等问题,造成目标数量的随机变化。而低成本可消耗无人机蜂群在作战过程中会根据战场环境变换队形,稳定跟踪更加困难。蜂群队形识别的关键在于对其队形的描绘,即对每架无人机的空间位置进行定位。目前这方面的研究成果较少,且已有成果都对实际问题做了近似和简化。

3 无人机蜂群探测技术展望

(1)建立基于复合传感器的融合探测方法

在目前的探测系统中,单一的探测手段已经无法适应各种复杂的情景。可以采用多手段复合探测及多维异构数据融合分析策略,对雷达、光电、无线电、声学等不同探测单元的结果进行融合分析,通过对各传感器从多角度探测获取到的目标多维度数据汇聚、融合处理,实现多层次的信息互补与择优处理。如采用多雷达航迹融合、雷达光电航迹融合等手段,基于目标时间、空间配准技术,完成对目标的高精度定位与广域空间跟踪。采用雷达粗探与光电精探逐级引导、层层递补等策略,完成对目标数量的精确探测。更重要的是,需统层面优化传感器资源管理模式,最大限度地获得有用的目标信息从而实现对传感器资源的最佳利用使得整个系统性能最优。最终提高蜂群探测准确度。

(2)构建无人机预警探测空间网络

地面探测存在防御范围有限、感知滞后等问题。在已有防空预警网络基础上,适当补充低空探测装备,空间域实施多维多层探测预警,通过对车载、机载、舰载探测装备的综合运用,并将探测设备作为载荷与各类无人平台结合,在陆海空多域,分层部署远程、中程和近程探测节点,形成反蜂群传感网络,实现体系组网预警,以精准感知蜂群的存在性、数量和队形。通过跨平台异步异质传感器交叉提示、高精度时空配准、目标特征信息关联融合等算法技术拓展可用探测信息的深度和广度,挖掘系统协同判断潜力,提升对蜂群关键节点、作战行为、作战意图判断的准确率。

4 结论

无人机蜂群作战对防空体系造成严重威胁,对高效费比、高防御力的无人机蜂群反制体系的需求愈加强烈。作为蜂群防御的第一环,预警探测系统的技术和发展是升级蜂群反制体系的基础。目前蜂群探测仍存在"难看见、难看清、难分辨、难跟住"等问题。发展基于复合传感器的融合探测方法,构建无人机预警空间探测网络,有望为无人机蜂群防御体系提供多维度、全方位的目标信息,从而提升无人机蜂群防御效能。

【参考文献】

［1］陈方舟,黄靖皓,赵阳辉.美军无人"蜂群"作战技术发展分析[J].装备学院学报,2016,
　　27(2):4.

［2］陈镜.无人机蜂群作战特点和对抗体系设想[J].无线电工程,2020,50(7):6.

［3］刘尚争.未来雷达探测发展重点[J].现代雷达,2022,44(2):2.

［4］蔡杰,王菲菲,杨彬.无人机蜂群防御技术探索[J].飞航导弹,2020(12):5.

无人机蜂群精确探测定位技术概述

张京亮　郭明明　黎　娜　郗秋月

(陆军航空兵学院，北京 101123)

【摘　要】近年来，受"非对称作战"和颠覆性技术思想的影响，同时随着智能化、网络化技术的大幅提升，无人机蜂群技术和装备快速发展，并在作战行动中发挥越来越重要的作用。然而，传统防空作战手段普遍无法应对无人机蜂群带来的颠覆性威胁。本文针对抵御无人机蜂饱和攻击能力弱、拦截成本高等问题，开展了针对性的探测预警与精确定位技术研究，为后续反制无人机蜂群奠定基础。

【关键词】无人机蜂群；光电侦测；雷达侦测；无线电侦测；无源探测

近年来，随着智能化军事技术快速发展，无人机蜂群作为人工智能和无人机技术深度融合的产物，可在战场侦察、目标打击、电子对抗，以及核生化探测等作战行动中发挥重要的作用，无人机蜂群的广泛运用可以丰富作战手段，重塑作战模式，提升作战效能。

然而，传统防空作战手段发展相对滞后，在面对无人机蜂群威胁时，普遍存在抗多目标或饱和攻击能力弱、拦截成本高，受到干扰的情况下作战效果大打折扣等困难和不足，因此面临无人机蜂群带来的颠覆性威胁，急需发展新质作战手段应对无人机蜂群威胁[1]。

1　引言

无人机蜂群，是指以单体无人机作战能力为基础，以无人机间的自主协同为支撑，基于开放式体系架构综合集成，具有高度智能自治和功能分布特征，可遂行特定作战任务的无人机集合体。无人机蜂群作战，通常是指由空中平台投放或火炮发射等方式释放大量小型或微型无人机，并编成战斗集群，采取无人机群自主协同方式，完成飞行控制、态势感知、目标分配和智能决策，并依靠规模优势形成整体作战能力，遂行较为复杂作战任务的过程。作为一种完全扁平、去中心化的网状结构，蜂群中个体依靠点与点间的链接，影响邻近个体的行为，在没有集中控制的情况下，蜂群中众多无/低智能的个体通过局部简单的相互交流，使得整体表现出诸如自组织、协作等一些较为复杂的"群体智能"行为[4-6]。

由于本身个体简单、控制分散、联系有限和群体智能等特性，无人机蜂群具有了数量、协同、全域和低成本等优势，可以执行精准饱和攻击、诱骗引导打击、协同干扰、协同察打、渗透侦察等作战任务，对现有军事系统造成巨大威胁。因此，为有效应对无人机蜂群威胁，亟需对其进行远距离发现、高精度定位、目标性质识别以及飞行航路预测，为后续反制奠定基础[2][3]。

2　光电侦测预警技术

光电探测技术主要包括激光探测、红外探测和可见光探测,其通过成像技术采集无人机的图像进行分析对比特征提取,可实现对目标的探测、跟踪、识别。近年来,随着低慢小无人机及集群化无人机反制需求的不断涌现,光电探测成为与雷达探测并驾齐驱的主流探测手段,得到了广泛的研究和应用。

激光探测与雷达探测的原理相似,即通过主动辐射信号并分析回波脉冲以实现对目标的探测。但由于其发射的光波波长波远小于雷达探测波,因此具有更高的分辨精度;且不受地杂波的影响,非常适用于低空探测。激光探测不但可实现对弱小目标的高精度测距和照明,还可实现三维成像。激光三维成像雷达通过位置、距离、角度等观测数据可直接获取对象表面点三维坐标,再将这些数据以图像的形式显示出来,从而可产生较高分辨率的三维距离图像、灰度图像和反射强度图像等,可实现对目标的多维度信息提取和三维场景重建。激光雷达优点源于其较短的波长特性,但这一特性也成为激光探测的缺点。由于波长较短在传播中会受到大气的吸收和散射,导致激光能量随传播距离成指数衰减,同时云、雾、雨中的水滴会造成激光的折射和反射构成噪声,影响探测的效能。

红外探测的基本原理是利用物体表面各点因温度和发射率不同而产生的红外辐射差异转换成可见图像的技术,也称为红外成像或热成像技术。它将红外传感器接收到的场景(包括运动目标、静态目标、大气和地物背景)的红外辐射转换成各个等级的灰度值,进而形成典型灰度图像。由于大气透红外特性和目标自身辐射特性,红外系统通常采用中波(3～5 μm)和长波(8～14 μm)两个红外波段。红外探测能够全天候检测具有温度异常的个体,特别是夜晚条件下能够检测出侵入监视区域的异常目标。针对低慢小无人机的红外探测属于红外弱小目标探测,根据图像处理所需数据量的不同可分为基于单帧图像检测法和基于图像序列的检测法。基于单帧图像检测法主要以增强目标抑制背景的方式提取待选目标,再进一步识别出真实目标;与单帧图像检测相比基于多帧图像检测的方法能够利用更丰富的图像信息,因此这类检测方法更加稳定,且能进一步实现对目标的跟踪。虽然红外探测算法众多,但一方面由于红外图像对弱小目标形状识别度非常有限,从信号的特征上不能区分飞鸟和目标,容易将鸟类误判为无人机,所以基于红外技术多弱小目标的识别分类仍然是研究的难点;另一方面,由于无人机目标的红外特性较弱,且易受到背景热源干扰,因此在复杂环境下的成像效果不稳定,误报率较高。

可见光探测的基本原理主要是利用空间目标反射太阳光等光源的能量,获取目标的反射光谱曲线进行检测和识别。基于可见光的探测方法主要三种:经典的运动目标检测、传统的目标检测、基于深度学习的目标检测。运动目标检测算法主要包括光流法、帧间差分法、背景减除法,以及上述方法的融合算法。传统的目标检测以滑窗选择—特征提取—分类器分类的检测方式进行,该方法不需数据集作支撑,但运算量巨大,无法满足无人机目标检测的实时性要求且难以工程应用。基于深度学习的目标检测算法是当下研究的热点,包括两阶段法和单阶段法。就现阶段的研究情况来看,两阶段法虽然较传统算法降低了运算量,但依然无法满足检测的实时性要求;而基于端到端的单阶段目标检测方式有较快的检测速度,但其检测精度不如两阶段检测。同时,基于深度学习的目标检测由于缺乏真实的数据集因此难以训练出可靠的分类模型,从而成为阻碍其发展和应用的重要因素。

综合上述光电探测手段的技术原理,相比较于近程防御雷达,光电探测技术具备基本无近距盲区、被动探测(红外、可见光,无主动辐射)、体积功耗小、探测指示精度高等优点;因此,光电探测成为低空、超低空防御的利器。尤其是根据其配属的不同光电载荷可实现满足高、中、低档功能和性能的需求。但光电探测的缺点在于无法实现全天候探测,且探测距离近,受到背景干扰严重等。每种谱段的探测性能都具有各自的优点和缺点,而对于复杂环境下的低慢小无人机、无人机蜂群探测是融合多种条件、多种因素交错的探测场景,利用传统的单一谱段无法在复杂背景下实现对弱小目标准确、快速的检测跟踪。因此,综合多谱段的光电探测手段成为反小微无人机的主流技术趋势。

综合考虑无人机蜂群的目标特性和探测环境,若采用多谱段光电探测技术进行探测,则需要解决以下两个关键问题。

1)研究复杂背景下多谱段图像处理技术,解决在复杂背景干扰条件下对无人机弱小目标难以有效检测和稳定跟踪的问题。

2)研究凝视视场内的多目标(群目标)探测跟踪技术,解决在有限视场条件下对宽空域分布的无人机蜂群目标探测与跟踪难题。

3 雷达侦测预警技术

无人机蜂群符合雷达探测领域对广义上"低慢小群"的目标特征定义,即高度低(10～100 m)、速度慢(0～100 m/s)、反射截面积(RCS)小(0.05～0.1 m²)、密集分布的特点。而上述特性对于雷达探测,就会出现飞行高度低导致杂波和目标回波混叠、运动速度慢导致多普勒频移不明显、雷达散射截面积小导致弱小目标检测困难、群目标回波重叠导致无法判断规模等不利因素,加上复杂背景干扰,使得常规雷达体制难以实现对无人机蜂群目标的有效探测。

具体来说,研究针对无人机蜂群的雷达探测技术需面临以下问题。

(1)无人机蜂群的雷达目标特性分析较为复杂

雷达目标特性的分析很大程度决定了雷达技术体制设计的合理性和雷达探测性能的好坏,因此首先需要对目标特性进行分析。根据影响的程度主要分为目标空间运动特性和目标 RCS 特性。对于无人机蜂群目标来说,就需要兼顾个体点目标和群体面目标两方面的特征。同时由于无人机蜂群多样性的作战任务、方式,使得对其目标特性的分析变得更为困难。

(2)低信杂比回波及复杂非均匀背景使无人机蜂群目标检测困难

无人机蜂群由于其"低"特征使得目标回波信号受到强地海杂波干扰、目标信杂(噪)比大幅降低;其次,由于其"小"特征,致使其回波能量较低并淹没于各种杂波、噪声中难以检测。因此如何在低信杂比的背景下实现对目标能量的有效累积对"低慢小"目标的检测具有重要意义。

（3）无人机蜂群目标回波多普勒频率低且与杂波混叠严重

无人机蜂群由于其"慢"特征致使其回波信号在多普勒频率靠近零频；并且与强地物固定杂波以及慢速杂波存在严重交叠，经典频域滤波手段检测性能严重下降，难以完成对其有效探测。因此，如何实现对慢速目标的有效检测也是无人机蜂群探测的重要问题。

（4）群目标特性不利于雷达探测对目标规模的正确估计

在利用常规探测手段的情况下，在密集多目标存在情况下，会出现多个目标的回波进入雷达接收机，使得多个目标位于雷达同一距离—角度分辨单元内，通过常规的信号处理后所获得的目标指向实际上是多目标的能量中心，而无法对目标数量进行估计和圈定无人机蜂群的规模边界，从而影响后续的识别和态势判断。

（5）雷达探测需具备更强的复杂战场适应能力

对无人机蜂群的雷达探测将会面临复杂战场环境所带来的多方面电磁干扰、反辐射威胁；同时按照规划，无人机蜂群将具备强大的分布式协同电子干扰能力。因此，作为具备主动辐射特性的雷达探测技术将存在被干扰和易暴露的巨大隐患，其战场适应能力将面临严峻的考验。在雷达设计中需进一步提升其低截获特性和自适应抗干扰能力。

传统的相控阵雷达通常采用一个波束对探测空域进行扫描，由于单波束设计，存在目标驻留时间短、可积累的回波数量少等问题，同时由于无人机蜂群大都符合"低慢小群"的目标特征，这对雷达探测就会造成飞行高度低导致杂波和目标回波混叠、运动速度慢导致多普勒频移不明显、雷达散射截积小导致弱小目标检测困难、群目标回波重叠导致无法判断规模等不利因素，加之使用环境复杂、背景干扰多，使得常规雷达体制较难实现对无人机蜂群目标的有效探测。

基于数字多波束凝视体制的雷达探测技术又称为全息数字阵列雷达（Holographic Radar），被认为是下一代先进雷达技术的重要代表。其原理是基于数字阵列天线实现多波束/宽波束的发射和同时多波束接收，通过凝视待检区域目标获得长时间积累，并对回波信号进行联合相干处理，一方面可在距离—多普勒域实现对微小群目标的检测，并可进行数量估计；其次能够通过凝视特性的成像优势，结合 ISAR 成像等方法实现微小群目标的检测、数量估计、航迹生成。因此，基于数字多波束凝视体制的雷达探测对无人机蜂群这类具有"低、慢、小、群"特征的目标具备潜在的优势。

4　无线电侦测预警技术

无人机在工作过程中要实现控制器对飞行器的实时控制，以及对飞行器获取的影像实时的读取显示，在控制器和飞行器之间存在稳定而长期的交互信号，即地面控制终端对飞控系统的控制信号和舵机云台视频系统发送给显示器的图传信号，这给对无人机及控制终端的无源定位提供了信号源，也使得利用无源手段实现对无人机探测定位成为可能。相对于传统的探测定位系统，无源定位技术具有无源性，即本身不辐射电磁波，仅接收目标辐射或反射的电磁波，对其进行检测和分析计算实现目标定位。

无源探测的波程仅为雷达探测的一半，且直接对目标辐射源信号进行分析，所以采用无源技术对无人机信号进行探测，具有探测距离远、型号识别能力强、无辐射等特点。无源定位方法很多,如测向交叉、多站时差等定位方法,其中测向交叉定位是最成熟和最常用的一种方法,其通过计算同一时刻各观测站测得的目标方位角的交点实现定位,该方法无需精确站间时间同步,无同时到达信号的要求,工程上易实现且在合理布局下也能实现精确定位。因此本文主要研究基于测向交叉的无源探测定位方法,该方法需要进行信号检测、参数估计、角度测量以及交叉定位等过程,其中基础是目标信号检测和提取以及相关参数的测量,核心是通过对相关参数的分析和计算实现目标测向和交叉定位。

由于无源探测技术对探测对象不具有特殊的选择性,只要目标辐射电磁信号,均属于可探测范畴。同时,无人机蜂群与控制站(机)、无人机蜂群之间的协同均需要无线通信,从而保持态势感知、规划队形和任务分配。因此,一般意义上可用于探测小微无人机的无源探测技术仍可应用于对无人机蜂群的探测。从当前的研究情况来看,采用无源技术对小微无人机/无人机蜂群的图传和控制信号进行探测,面临的技术问题主要有:①小微型无人机发射功率低,且同频干扰源多,接收信号信噪比低,信号检测难度大;②无人机/无人机蜂群为非合作目标,其信号形式、参数等信息未知,信号提取难度大;③无人机目标具有一定运动速度,对多目标测向和定位算法的精度和实时性要求高。而无人机蜂群一方面具备单架无人机的运动特征,还具有编队运动特征,进一步加大了对编队多目标准确测向和定位的难度。

5　小结

无人机蜂群作战具备诸多优势,难以被常规手段进行探测识别和拦截处置,因此需要构多样化的预警探测体系,为无人机蜂群反制处理奠定基础。

为此,以光电、雷达、无线电探测等技术为主,根据防御需求,发展中远程、中近程、近程,低空、超低空等系列预警探测装备,可以实现重点地区的无人机蜂群和"低慢小"的可靠发现、连续跟踪、精确引导和准确识别。

【参考文献】

[1] 屈旭涛,庄东晔,谢海斌."低慢小"无人机探测方法[J].指挥控制与仿真,2020,42(2):128 - 135.

[2] 鲁亚飞,陈清阳,郭正,等.要地防卫反无人机装备发展与启示[J].国防科技,2020,41(5):67 - 73.

[3] 郭溪溪.低空慢速小目标检测识别与威胁度评估[D].长春:中国科学院大学,2016.

激光武器反无人机技术浅析

张志远　　樊海荣　　郝文龙

（陆军航空兵学院，北京　101116）

【摘　要】随着无人机技术不断发展，现有防空系统压力剧增。激光武器特有的毁伤机理和作战效能使之在反无人机方面有着独特的优势。文章对激光武器反无人机技术进行分析和动态追踪，并分析其发展趋势。

【关键词】激光武器；无人机；反无人机；软杀伤；硬杀伤；无人机蜂群

引言

随着无人机技术的快速发展及其作战效能的显著提升，无人机已成为未来战争中最为重要的作战平台之一。美国陆军将无人机列为"五大威胁平台"（固定翼飞机、无人机、弹道导弹、巡航导弹和直升机）中最具有破坏力的空中威胁之一，认为无人机将对作战全过程构成威胁。现代无人机能够在多种恶劣战场环境执行目标侦察和信号探测、精准打击、实时毁伤评估、电子对抗等复杂任务，同时，无人机具有几何尺寸小、雷达散射截面小、红外特征弱的优势，加上复杂的环境和地物遮挡等因素，难以发现和拦截。传统采用的防空导弹、火炮、机枪等常规硬杀伤武器可在一定程度上完成反无人机任务，但存在效费比低、弹仓有限等问题。使得防空系统压力剧增，反无人机作战成为未来防空作战的重要部分。

近年来，激光武器得到了军事强国的大力发展，技术日趋成熟，在反无人机方面具有巨大的优势。

1　激光武器

1.1　激光武器概念及分类

激光武器是一种利用定向发射的激光束直接毁伤目标或使之失效的定向能武器。激光武器的分类方法有多种，根据激光能量大小的不同，激光武器可分为低能激光武器和高能激光武器两大类。高能激光武器的一个重要应用就是反无人机作战。

1.2　激光武器的毁伤机理及系统组成

激光武器的毁伤机理，是通过激光武器发出高能激光束照射目标，使其发生特殊的物理效应，产生极为有效的杀伤力。主要有以下三种：一是烧蚀效应，材料吸收功率密度足够高的激光能量,经历急剧升温、熔化等一系列过程达到汽化,当激光强度超过汽化阈值时,激光照射将使目标材料持续汽化,这个过程称作激光热烧蚀。汽化很强烈时,飞速向外膨胀,可将靶材的一部分液滴或颗粒带走,从而使目标被照射部分形成凹坑或造成穿孔。二是激波效应,当目标受到激光照射、表面蒸汽向外喷射时,会对目标产生反冲作用,于是在目标内部形成激波。照射目标外表面的激光与背面的激波前后夹击目标,目标材料产生应变并在表层发生层裂,飞出的裂片具有杀伤破坏作用。三是辐射效应,目标材料因激光照射汽化会形成等离子体云,等离子体一方面屏蔽激光,另一方面辐射紫外线、X光射线等,对目标材料造成损伤,使目标内部的电子元件损伤。紫外线主要用于激光致盲。X射线单光子能量高,具有极强的穿透能力,造成固体材料的剥落、破裂等物理损伤。这种紫外线或X射线辐射甚至比激光直接辐射引起的破坏更高效。

目前,一般根据激光能量的强弱及对敌方装备杀伤力的大小将激光杀伤分为软杀伤和硬杀伤两种。硬杀伤是强激光通过热效应对目标产生热学、力学上的破坏,使目标结构部件的强度或承载能力部分乃至全部丧失,达到永久性摧毁目标的目的。软杀伤则是利用相对较弱的激光照射敌方装备的光电系统,达到破坏目标的信息传输、采集和处理能力的目的,使其暂时性失效。激光武器只有组成系统才能充分发挥其作战效能,其系统基本组成如图1所示。

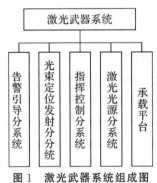

图1 激光武器系统组成图

1.3 激光武器作战特点

基于激光的好的单色性,好的相干性,好的方向性以及高亮度等特性,激光武器有以下几个特点。

(1)反应速度快

激光的传播速度为每秒30万公里,实际工作中激光武器攻击的无人机距离基本都在10 km以内,激光束从发射到目标所需的时间极短,可以实现对无人机的快速杀伤。

(2)抗干扰能力强

由于激光武器通常采用光电跟踪器或激光雷达作为配套的目标跟踪系统,激光发出后不受外界电磁波的干扰,被攻击目标难以利用干扰手段避开攻击。

(3)转向灵活,打击精确

激光束是"没有"质量或者其质量可忽略不计,故激光武器不会产生常规武器发射时所产生的后座力,易于迅速变换射击方向,瞄准时间短,射击频率高,可快速有效杀伤来袭目标群中的某一目标。能够满足未来对于反无人机蜂群作战需求。

（4）杀伤概率高

激光武器在中远距离可实现对无人机光电系统的软杀伤,而在近距离内可以破坏飞机、导弹的壳体。所以对一个威胁目标可实现在不同距离上的多次杀伤,具有高的杀伤概率。

（5）杀伤力可控

根据作战需要,可通过调整激光武器发射功率、照射时间以及攻击距离来实现非杀伤警告、目标结构部件的强度或承载能力部分丧失或永久性摧毁等不同杀伤效果,从而达到不同作战效果。

（6）作战效费比高

激光武器作为高科技武器,成本相对较高,但可重复使用,每次发射只消耗部分电能,发射成本极低。一枚激光制导导弹约几十万美金,而化学激光武器一次发射成本仅为几千美金。因此,用激光武器来对付无人机、制导导弹等是最合适的。

（7）监视能力强

激光武器系统中的光束定向器等效于一个大口径的天文望远镜,可提供超高分辨率的红外或者电视图像,因此激光武器打击目标时可保持对目标的持续红外和电视观察评估,直到杀伤或达到预期毁伤程度。

2　反无人机作战的难点

无人机的发展引起各国的重视,大量高性能、低成本无人机陆续列装,并广泛用于空中战场。但是在抗击无人机方面,重视程度相对较弱。当前,传统地面防空武器系统是反无人机的主力。而地面防空武器系统是针对有人驾驶飞机设计的,虽然一定程度上能够抗击无人机,但是射击能力有限,防空压力大,尤其是在应对无人机机群时显得力不从心。反无人机作战主要有以下几个难点。

（1）发现能力有限,远距探测跟踪难

传统防空武器系统大都是利用雷达进行探测与跟踪,探测距离有限,预警时间短,而无人机几何尺寸小、雷达散射截面小、红外特征弱,使无人机对雷达和红外隐身性能达到了相当高的水平。因此,对发现探测和跟踪无人机变得十分困难。

（2）抗击反应时间长

常规防空武器系统需要经过从跟踪识别、到瞄准发射、再到与目标相遇、最后对目标毁伤效果评定这一系列过程。对目标毁伤效果评定时间长,一旦第一次拦截没有成功,系统做出再次反应的时间相应减少,使得传统常规的防空武器系统只能拦截速度较低、一般高度的无人机,而对于高超声速的无人机无法实现拦截,难以满足抗击高速飞行的无人机作战。

（3）抗干扰能力弱

传统地面防空武器受电磁干扰的影响大,一旦光电探测系统遭受电子干扰,武器系统将无法正常使用。随着技术的发展，无人机携带的电子战武器越来越强，无人机又有近距离干扰的优势，传统地面防空武器电子战压力大。

（4）多目标抗击难度大

常规防空武器系统一旦首次射击没有拦截成功，系统还要做出再次抗击，反应时间相应更少，射击难度更大。如果在战场上空出现大批量的无人机蜂群，这对传统防空武器系统的压力是可想而知的。因此，传统常规动能防空武器系统难以满足大批量的无人机蜂群的作战需求。

3 激光武器反无人机技术手段

随着现代信息技术、电子技术和新材料技术的发展，无人机将会有更快的速度、更高的升限、更远的航程、更小的体积、更强的功能、更好的隐身性。无人机的发展对防控武器系统提出了更高的要求，例如能迅速反应并有效地摧毁快速低空、超低空突防的无人机；能抗击临近空间突防的无人机；能不受电磁干扰影响可在强电磁干扰环境下作战，从而实现对来袭空中目标进行有效拦截完成全方位防御任务。这就要求防空武器具有更快的攻击速度和更高的攻击效率。

通过分析激光武器的特点和反无人机作战难点可知，激光武器是反无人机作战的一种优质的选择。激光武器反无人机作战主要有以下几种技术手段。

（1）激光威胁告警

激光威胁告警技术可以探测无人机光电系统，减小被敌方发现和击中的概率，提高己方在战场上的生存能力。

（2）激光对光电系统的软杀伤

激光对光电系统的软杀伤主要是对光－电传感器的软杀伤。用适当能量的激光束将传感器"致盲"，使其无法继续跟踪已经探测到的目标，例如 CCD 传感器，当较强的激光对 CCD 传感器局部持续一段时间的辐射会发生电子"溢出"现象。像元溢出的电子会对周围的其他像元造成干扰甚至会损坏像元控制电路；对无人机射出的导弹中的传感器进行干扰或诱骗，使其不会伤害预期目标。

（3）激光对无人机的硬杀伤

使用高能激光束照射在无人机某个位置上，在短时间内转换为热能造成无人机局部升温，产生热扩散、热膨胀和热应力，造成无人机的光电系统或者机体损伤、失效，或者使无人机发生故障、效能降低甚至失去作战能力。

4 激光武器反无人机的应用现状

4.1 CLaWS"利爪"紧凑型激光武器系统

CLaWS 是由波音公司开发的紧凑式、小型激光武器系统。可以集成在作战车辆上，也可安装在支架上使用，便于携带，方便地面作战人员使用，防御小型监视型无人机甚至自杀式无人机，如图 2 所示。2019 年 6 月，美海军陆战队完成反无人机测试，对于小型无人机，

"利爪"能够在数分钟内击落十余个目标。

图 2　CLaWS"利爪"紧凑型激光武器系统

4.2　HELWS 高能激光武器系统

HELWS 高能激光武器系统是美空军支持的雷声公司研发的激光武器系统,该系统安装在"北极星 MRZR"全地形车上,最大特点是能直接伴随空降兵空投至前线作战,如图 3 所示。该系统所需的安装空间很小,并且可以提供 4 h 侦察和监控能力以及 20～30 次的激光射击。

图 3　HELWS 高能激光武器系统

4.3　无人机穹顶反无人机系统

无人机穹顶反无人机系统由以色列拉斐尔公司研发。目前,最新的无人机穹顶系统可独立完成对无人机的探测、识别、跟踪和激光硬摧毁拦截,如图 4 所示。系统只需一人就能完成操作,主要用于应对小型无人机的威胁。在一次演习中,模拟敌军发射 70 架无人机实施突然蜂群袭击,结果全部被无人机穹顶的激光武器顺利摧毁。

图 4 无人机穹顶反无人机系统

5 激光武器反无人机的发展趋势

激光武器将会向高功率、高光束质量方向发展,整个激光武器系统将会向着高效能与高功重比、高功体比并重的方向发展。高功率、高光束质量是激光作为武器的的基本前提,高效能、高功重比、高功体比是能应用于战场的必要条件。

在无人机作战中,随着体积小、破坏力强的无人机智能蜂群的加入对激光武器反无人机提出了更高的要求。无人机蜂群通过自主或人工控制,无人机之间协同互通,发射后自主编队,完成作战任务。传统反无人机系统很难完成对无人机蜂群的防空。激光武器特有的毁伤机理和作战效能,具备软硬多重的毁伤效应,能够有效地应对无人机蜂群的现实威胁,激光武器将成为反无人机蜂群的主旋律。

信息化战争下战场态势复杂多变,单个武器已无法支撑整个反无人机任务。未来激光武器将会与电子战杀伤等多种手段结合,构建一种多层次多平台参与的一体化反无人机防御体系。

6 结束语

无人机作战已突破传统维度,逐步向无形战场空间延伸,其破坏性更大、威胁程度更高,反无人机技术成为了各国关注的焦点问题。激光武器作为一种高科技武器,其独特的毁伤机理和作战效能,将会使之在未来的反无人机的战场上大显身手。

【参考文献】

[1] 禹化龙,伍尚慧.美军定向能武器反无人机技术进展[J].国防科技,2019,40(6):42 - 47.

[2] 朱孟真,陈霞,刘旭,等.战术激光武器反无人机发展现状和关键技术分析[J].红外与激光工程,2021,50(7):188 - 200.

[3] 李振华.激光武器在无人机反制中的发展趋势[J].武警学院学报,2021,37(10):34 - 38.

[4] 高新栋,杨梅枝.以色列反无人机系统发展现状及趋势[J].飞航导弹,2021(11):19 - 24.

[5] 徐晨阳,刘克检.机载激光武器未来发展分析[J].飞航导弹,2021(4):27 - 32.

第三部分

无人机蜂群作战运用

城市作战无人机蜂群作战样式分析

白乐荣　曾卫平　王　臻　杜奕聪

(中国直升机设计研究所，景德镇 333000)

【摘　要】分析了城市作战环境建筑众多、军民错杂等重要特征及其对城市作战行动的具体影响，并以此为背景，结合当前无人机蜂群属性和工作特点阐述了无人机蜂群在城市作战中主要运用方式及其作用，创新设计并分析了未来城市作战中无人机蜂群主要作战样式、协同作战对象及协同方式，并牵引出诸多无人机蜂群功能要求，总结了欲在未来城市战争中取得优势的无人机蜂群能力提升途径，对无人机蜂群的相关技术发展及其在城市环境下基于典型作战样式的应用实现具有指导价值。

【关键词】城市作战；无人机；蜂群；作战样式；协同作战

引言

随着人类城镇化步伐不断迈进，在人类战争中，城市作战难以绕开且地位将愈加凸显。作为"地域里的战争"，城市作战环境危险性高、敌情错综复杂、舆论关注度高，稍有不慎，城市作战行动便会陷入军事和外交被动。鉴于此，以多架小型无人机组成的无人机蜂群由于其突击速度快、数量规模大、载荷类型多、环境适应强等特点，将成为城市进攻作战的"利器"，在未来城市作战中作为有人作战的重要补充，替代前线作战人员遂行各类高危险性的作战任务[1]。因此，分析城市环境下无人机蜂群作战样式意义重大。

1　城市作战特征

未来，在城市作战中，作战双方都将投入更多现代化作战装备力求实现战场优势，探索城市战场特征，实现装备协同、高效作战，将有利于在复杂的城市作战中占取先机。分析近年来发生的局部战争中，城市作战主要存在如下特征：

1)战场复杂，易守难攻。城市作战作为现代战争中一种重要的作战样式，区别于野外开阔地带，城市路网发达，建筑高矮错落。此外，一些较为发达的城市拥有庞大的地下交通网、完备的通讯系统以及各种防空设施等。这使得防守一方既可以凭借地利，利用高大的建筑物及四通八达的地上和地下工程设施，构筑坚固的堡垒，又可在市区内大量设置地雷和各种障碍物，从而实现据制要点，以点控面；此外，防守一方还可利用楼房和街区组织交叉火力。城市易于藏匿，对进攻方来说，前沿侦察十分困难且常需攻坚夺点、短兵巷战，加之对地形、敌情不明，行动透明度提升，易陷于被动。

2)机动困难，火力受限。城市作战环境复杂且不规则，城市内街道纵横、建筑物众多，致使交战双方侦察视场和攻击范围受到约束,由此产生的大量观察和射击死角使得进攻一方优势武器装备无法高效发挥作战效能。此外,受地形限制,人员装备的行动大多只能沿道路及其两侧街巷展开,战斗队形易被割裂,不利于大规模兵团活动。碍于道路交错复杂,阵地转移过程也将更加耗时,对于多方配合尤其不利。

3)高楼林立,协作困难。城市环境中由于中、大型混泥土结构建筑物较多,电磁环境复杂,人员、武器装备之间通信受限,极大的影响了各作战单元之间的协作配合;各层级指挥易受干扰,导致上层决策经常无法高效下达,指挥通信上的障碍往往直接影响作战效率及任务完成。

4)军民错杂,风险增高。由于城市的特殊性,城市作战注定是一场高伤亡、高风险作战。城市目标隐蔽、军民难辨,交战过程中极易造成无辜平民伤亡,而现代军事行动绝大部分都将引起世界瞩目,借助高度发达的媒体,任何因战争行动导致的平民误伤情况都可能给指挥方造成巨大的舆论压力,影响甚至改变其进一步的作战筹划。

2 城市作战无人机蜂群作用

(1)提升城市作战中侦察能力

城市环境及城市作战特征有利于防御一方进行多层、分散的隐蔽部署,及时、准确的掌握城市内敌军兵力分布和动态显得尤为重要。然而,受城市密集的建筑物遮挡或阴影影响,传统侦察手段如卫星侦察和中高空侦察无人机均难以获得较好的侦察效果,错综复杂的建筑物内部更是犹如"盲区",且单机无人机价值高、被拦截和毁伤风险大,一旦受损,将直接影响指挥决策过程。无人机蜂群群体数量多、编队灵活且单机个体小、价值低,面对复杂的城市环境可灵活组配,在短时间内对城市街道甚至建筑物内部的目标实施连续、有效的侦察覆盖,大幅提升指挥员对战场态势的立体感知能力[2]。

(2)提升城市作战中打击能力

城市建筑壁垒众多,隔墙之外尚可存敌。在城市中遂行局部的作战行动时,盲区多、射界小,风险较高。无人机蜂群成本低、易补充、载荷搭载灵活,将无人机蜂群运用于城市打击任务中存在诸多优势:一是作战风险小。无人机蜂群单机成本低、易补充,可承受较高的战损比,且无人机不会受到人体生理极限的限制,尤其适用于代替士兵或有人装备执行高危作战任务;二是生存能力强。无人机蜂群具有高可靠性、高鲁棒性、高动态性、高容错性和高实时性特点,其单机隐身能力强,且具有载荷模块化优势,在城市作战中将表现出优异的战场生存能力;三是打击方式多。在城市作战中可根据打击任务和目标特征灵活选配无人机挂载载荷和执行任务无人机数量,无人机蜂群在任务区域游弋,可遂行单机分布式自察自打、群体饱和式攻击或辅助打击任务。因此,无人蜂群的加入将为城市作战提供更加高效、灵活的侦察、打击手段,为战场对敌打击能力提供有效增益。

3 城市作战无人机蜂群作战样式

得益于突出的作战费效比和灵活的战术运用,无人机蜂群能够适应城市各种复杂环境,它既可以"独当一面",也可以是"得力助手";同时,它具有多层次、全天候、全方位立体侦察、打击能力,在未来城市作战中将发挥巨大的作战潜能[3]。结合城市环境特征及城市作战无人机蜂群主要作用,分析未来城市作战无人机蜂群主要有如下作战样式。

(1)无人诱耗、掩护机降

"无人诱耗、掩护机降"是当下各国正在大力发展的有人无人协同作战样式,力求实现有人平台与无人平台的相互结合、相互促进和优势互补,实现聚能增优。在城市进攻作战初期,向城市区域投送兵力实现控点制要显得尤为重要,可由运输直升机搭载武装士兵,并作为无人蜂群的搭载、投放平台和指挥控制平台,在接近任务区域前首先发射无人机蜂群,由无人机蜂群作为"先锋兵"在前方对机降航路及周边敌隐蔽野战防空目标实施分布式侦察、抵近式干扰、精准式毁伤,清除压制敌阻航阻降力量,掩护开辟机降航路。随后,在运输直升机实施先遣机降过程中,无人机蜂群外扩形成机降区域外围监护网,监控敌反机降兵力火力,实现早期预警、即察即打,掩护后续机降作战行动。无人诱耗、掩护机降作战样式图如图 1 所示。

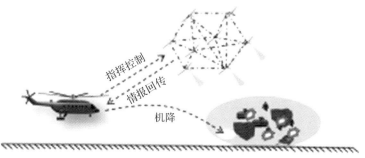

指挥控制

情报回传

机降

图 1　无人诱耗、掩护机降作战样式图

(2)无人前出、空地协同

"无人前出、空地协同"的近地面遥控作战样式,历来是陆军部队运用无人作战力量遂行陆上作战的重要方式之一。当城市作战进入胶着状态,敌我部署已无明显界线,为降低前线人员行动风险,后方人员为无人机蜂群进行任务规划,由无人机蜂群自主完成组内任务分配和再分配。一方面,无人机蜂群通过大量搭载光侦、红外、电磁等载荷组成分布式网络结构,抵近任务区域协同实施多层次、全方位的侦察监视行动。作为城市作战中的"领路者"和"探照灯",蜂群无人机通过机间信息交互和多源/多模信息融合快速实现对任务区域目标的发现、识别、跟踪、锁定等,为作战人员提供全面准确的实时战场态势[4];另一方面,无人机蜂群搭载光侦、武器载荷在地面人员控制下对敌方技术兵器(通信枢纽、雷达站天线、导弹发射架等目标)和有生力量实施单机即察即打,也可实施集群式全向攻击,以量增效,充分发挥无人机蜂群不怕伤亡、执行命令坚决、力量补充快、损伤代价低等优势。无人前出、空地协同作战样式图如图 2 所示。

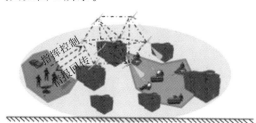

指挥控制

情报回传

图 2　无人前出、空地协同作战样式图

（3）多型多能，协同应用

"多型多能，协同应用"的分布式无人作战，是新时期体系化作战无人机蜂群的一种进阶作战样式，是无人作战的重要发展方向[5]。通过运用体系内各类固定翼无人机、无人机蜂群以及地面无人作战力量，构建高低搭配、远近覆盖、时空衔接、功能多样、高效协同的无人装备作战"族群"。在城市环境中，可由无人机蜂群抵近渗透高威胁街区，实施分布式侦察、网格式扫描，上承固定翼无人机在城市上方进行中高空盘旋侦察获取的城市广域态势，下接地面无人作战力量对街道中各隐蔽、可疑区域的局部态势信息，形成街区三维立体态势，实现态势单向透明。此外，无人机蜂群可对敌指挥员实施人脸识别式精准狙杀或指引地面无人作战力量实施派遣式猎杀；对于发现并识别的敌坦克、装甲车辆等重型装备，在引导固定翼无人机发射空地导弹对目标进行毁伤后，无人机蜂群还可进一步抵近目标实施毁伤评估并视情完成二次打击。由于城市作战的特殊性，在各无人装备协同作战过程中，仍需指挥人员密切监视无人装备是否偏离指令要求，实现"控城市而不毁城市""歼敌人而不打百姓"。多型多能，协同应用作战样式图如图3所示。

图3　多型多能，协同应用作战样式图

4　结束语

城市作战是本世纪最重要、最受关注战争形式之一，其复杂性和困难程度可谓首屈一指，而无人机蜂群特征使其在城市作战中存在诸多"天然优势"。应强化无人机蜂群顶层设计，深入研究、攻关无人机蜂群关键技术，找准城市作战下无人机蜂群地位作用，创新无人机蜂群在城市环境下的作战样式并验证其科学性、可行性，实现战法牵引技术提升，技术支撑战法实现的良性循环，以期在未来城市作战中取得优势。

【参考文献】

[1] 苏卜显,范会兵,罗倩.自主化无人装备改变城市作战[J].前沿视点,2020,2(3):10-16.

[2] 李鹏举,毛鹏军,耿乾.无人机集群技术研究现状与趋势[J].航空兵器,2020,27(4):25-32.

[3] 张双雄,李晶晶,尹帅.无人机蜂群作战分析[J].现代信息科技,2020,4(12):22-24.

[4] 党爱国,王坤,王延密.无人机集群作战概念发展对未来战场攻防影响[J].战术导弹技术,2019(1):7-42.

[5] 申超,武坤琳,宋怡然.无人机蜂群作战发展重点动态[J].飞航导弹,2016(11):28-33.

关于反无人机蜂群与无人机蜂群作战的思考

郄秋月 靳 一 张 乐

(陆军航空兵学院 无人机中心,北京 101123)

【摘 要】随着无人机技术在全球扩散以及蜂群作战带来作战效能的提升,无人机及蜂群反制措施也逐渐成为关注的重点。本文从攻防两个方面,研究了无人机蜂群与反无人机蜂群之间的对抗作战,提出了基于 OODA 作战循环构建的反无人机蜂群作战体系,并分析了反无人机蜂群技术在探测识别、干扰欺骗、预警拦截以及毁伤打击等方面存在的难点。同时,根据反无人机蜂群作战特点,分别从延迟观察、延迟判断、延迟决策以及抗击行动等四个方面设计了无人机蜂群攻击反无人机蜂群作战系统的方法,进而提出了反无人机蜂群作战的发展对策。

【关键词】无人机蜂群;反无人机蜂群;OODA;延迟;作战系统

引言

近年来,无人机蜂群和反无人机蜂群作战已经成为世界上的一个热门话题。俄罗斯驻叙利亚的军事基地遭无人机集群攻击,阿塞拜疆运用无人机蜂群战术对亚美尼亚的地面装甲部队造成重大毁伤,纳卡冲突等更是把无人机作战和反无人机问题推到了风口浪尖上。未来,无人机蜂群将更多地介入战争领域,渗透到战争的各个环节,这使得反无人机蜂群作战成为亟待解决的问题。可以看出,无人机蜂群和反无人机蜂群在作战关系上是完全对立的,但在技术角度它们又是相互促进的。目前,无人机蜂群与反无人机蜂群之间的对抗研究主要集中在技术、装备和策略方面。其中,对抗技术的研究主要体现在预警探测、识别与跟踪、干扰与欺骗、毁伤打击等问题上[1-5];对抗装备的研究主要围绕开发激光武器、高能微波武器和其他新型反无人机蜂群装备[6-7];对抗策略的研究主要包括系统攻击、精准功能破坏、通信链路干扰等[8]。但上述研究缺乏对作战应用的考虑,因此本文提出了基于 OODA 作战循环的反无人机蜂群作战体系,从延迟观察、延迟判断、延迟决策以及抗击行动等方面设计了无人机蜂群攻击反无人机蜂群系统的作战方法。

1 反无人机蜂群作战体系的构建

反无人机蜂群作战体系的构建和运行符合"观察—判断—决策—行动"的 OODA 循环程序。在作战过程中,无人机蜂群与反无人机蜂群之间的对抗可以看作是敌对双方 OODA

循环速度的互相较量。因此,为了更好地完成反蜂群作战,加快 OODA 循环速度至关重要。

在观察阶段,通过无线电频谱、雷达、声波等探测技术进行目标观察。当发现无人机后立即将预警信息发送到指挥控制系统,并将无人机方位信息传输给光电系统,引导光电系统进行探测,实现对无人机的预警探测[8]。

在判断阶段,通过光电探测系统判断目标是否存在。当光电探测系统接收到雷达和射频探测传输的方位数据后,开始对指定的方位进行搜索,进一步发现和区分无人机的目标属性,从而锁定跟踪,并将情报信息报告给指挥控制系统。

在决策阶段,由指挥与控制系统进行相应的决策。通过雷达和无线电探测信息对光电系统进行任务分配,从而识别和判断来袭无人机的作战意图,生成作战态势,同时进行决策和目标分配,并将决策部署传递给处置设备。

在行动阶段,通过电子对抗、激光、微波、网导、火力打击等处置设备进行相应的处置行动[7]。根据指挥控制系统的任务分配,对来袭的无人机进行分级处置。

在部署反无人机蜂群作战体系时,要根据各节点设备的性能,形成分布式布局和分层防御态势,进行协同探测和协同攻击,通过软杀伤降低无人机作战效率,并与硬杀伤攻击相结合,共同构建作战体系[9-11]。

2 反无人机蜂群作战面临的困难

探测和识别难:无人机是典型的低空慢速小目标,这决定了无人机蜂群的目标探测面临三个方面的困难:首先,"低"的特点使得地杂波等背景杂波干扰严重,而无人机的雷达截面(RCS)很小,与强杂波背景目标相比,回波很弱,导致目标类型多;其次,"慢"的特点导致常规的多普勒方法很难探测到目标,雷达必须具有很好的低速检测性能;最后,"小"的特点导致雷达需要较高的检测灵敏度以及稳定性。此外,地面多径效应、地面覆盖物和杂波干扰也使得可靠探测和连续稳定跟踪变得困难。航空图像背景复杂,光电设备对目标的探测概率低[12]。

干扰和欺骗难:无人机蜂群通常会采用跳频、扩频、时间戳等一系列复杂的通信手段,增加了对测控链路实施有效干扰与欺骗的难度[13]。同时随着技术的发展,无人机蜂群的自主飞行、自主态势感知、自主协同和自主攻击能力得到不断增强,减少了对通信和人的依赖,导致在没有测控链路的情况下仍然能够完成任务,干扰和欺骗手段失效。

预警和拦截难:与传统机械化、信息化战争中高机动串行作战方式不同,无人机蜂群作战最为显著的特点是采用低成本、高数量、广域集群覆盖的并行作战方式,突然发起行动,使敌防御体系的探测、跟踪和拦截能力迅速饱和、陷入瘫痪。资料显示,当无人机蜂群以 250 km/h 的速度来袭时,防御系统从发现目标到启动拦截只有 15 s 时间,预警时间短,难以合理分配火力,导致部分无人机能够避开拦截,攻击对方目标。

破坏性打击难:无人机蜂群数量多、密度大,成本低,传统防空武器对付无人机蜂群的性价比极低。同时还要考虑防空导弹等防空资源有限,导致决策难度加大。即使高功率定向能设备对集群目标打击相对有效,但附带损伤大,对具备防护手段的目标打击效果有待验证。对于新兴的反无人机武器如激光、微波、网导等攻击距离较短,难以大面积防御,而且难以高速处置无人机,在强光背景下光电瞄准效果不佳。

3　关于反无人机蜂群作战思考

随着无人机蜂群技术的不断发展成熟,未来反无人机蜂群作战将更为困难,发展反制力量刻不容缓。这就意味着对反蜂群作战提出了更高的要求,必须积极引用新技术和新方法,从跟踪应对到预测提升发展,克服自身的弱点和局限,具体如下。

首先,在探测方面采用多手段分布式协同预警探测,即综合运用雷达、光电、频谱、声学等探测技术,构成多手段、远近结合的综合识别和预警探测系统。同时,发展多源信息融合技术,整合多传感器数据,提高探测精度,形成统一的态势;在决策方面开发智能辅助决策系统,缩短决策时间。为了应对无人机群的复杂性,有必要在决策端开发一个智能辅助决策系统。根据情况信息智能制定处置方案,辅助人们进行决策和资源调度管理,从而缩短决策时间,加快 OODA 循环,提高反应效率;在行动方面采取低成本、可消耗作战。传统防空导弹性能优越,区域防御面积大,但价格昂贵,与中小型无人机相比,作战效率低。因此,有必要开发激光、微波等低成本武器,提高其打击距离、打击精度、行动时间和破坏效率,使其真正便于使用[14-15];最后,在创新方面可以结合新技术,利用无人机对抗无人机。同时考虑定向能武器存在防御面积小的问题,可以从交叉融合创新的角度出发,将定向能武器移植到无人机平台上[16-17]。利用无人机的机动性,结合定向能武器的特点,扩大攻防范围,实现对无人机的远距离打击。

4　关于无人机蜂群作战的思考

反无人机蜂群作战系统的构成和作战应用与 OODA 循环是一致的,那么无人机蜂群就可以通过延迟甚至切断反无人机蜂群系统 OODA 循环的方式攻击反无人机蜂群作战系统。这是一种通过降低其 OODA 循环速度,削弱其作战效率,最终导致敌方的反无人机蜂群防御系统反应延迟甚至瘫痪。

从延缓反无人机蜂群作战 OODA 循环的角度出发,根据反无人机蜂群作战体系的作战难度,无人机蜂群可以采取以下设计方法和作战策略进行攻击对抗。

一要延迟观察,一方面可以通过减小无人机的雷达散射截面(RCS),压制雷达的探测距离,缩短反无人机作战系统的反应时间,另一方面可以利用雷达盲区,以超低空飞行方式进行穿透。此外,还可以利用地理环境,根据地形和建筑掩体规划航线穿插,近距离编队,造成雷达误判,还可采取自主静默飞行,应对无线电观察。

二要延迟判断,利用自然环境,根据时间规划路线,沿着阳光飞行,其他不利于光电探测的天气条件,可以进行突袭;此外,还可以进行低能见度涂层处理、热管理设计、电磁波谱设计和管理,延长反蜂群系统的反应时间。

三要延迟决策,利用电子设备形成虚假目标或者安装电子干扰设备,进行电子干扰攻击,降低对方的情况感知能力。此外,还可以利用无人机短距离起飞及速度优势,压缩反无人机作战系统的 OODA 周期时间。同时增强群体智能和自主性,丰富集群构成,提高自身系统的复杂性,使反蜂群作战系统的决策陷入决策困境。

四要抗击行动,加强自主能力,如自主飞行、自主情况意识、自主协作和自主打击,并利用跳频、扩频、时间戳和其他手段来应对通信干扰和欺骗；利用地形匹配、场景匹配等导航技术，以及利用纯惯性导航进行末端飞行，应对 GPS 干扰和欺骗。最后渗透阶段，可采用倍频飞行等机动飞行模式，应对激光、微波等低成本打击。此外，还可以通过低空穿透和高空穿透相结合的方式，发挥成本对抗的优势。

5 结语

无人机蜂群技术在作战领域已展现出不容小觑的作战威力，使得对反无人机蜂群作战需求也越来越迫切。传统防空主要针对大型飞机，对于中小型无人机，特别是无人机蜂群，性价比很低，难以应对大规模无人机的攻击。在反无人机蜂群作战中，可以采用系统防御的思想，从 OODA 循环的各个环节发展新的作战力量，通过电子化作战切断蜂群通信和卫星导航，形成拒止环境，降低无人机蜂群的作战效率，并使用低成本的手段进行打击。同时，我们必须加快自身的 OODA 循环，从而建立不同层次的防御体系。

随着电子手段、激光和微波武器等新型反无人机力量的崛起，无人机也面临着新的挑战。无人机蜂群作战时，需要在拒止环境中保持已方的战斗力，同时还要能够在敌方的防御系统中进行有效突破。因此，在反蜂群作战过程中，我们必须从反无人机蜂群系统 OODA 循环的各个环节入手，延缓 OODA 循环速度，从而降低反无人机蜂群系统的战斗力。本文提出的方法就是使反无人机蜂群方难以观察、判断、决策和行动，进而达到突袭的目的，这也对反无人机蜂群系统提出了新的挑战。

无人机蜂群和反无人机蜂群技术作为无人机发展的两个方向，能够针对对方的弱点，不断完善增强自身能力，扩大优势，呈现出螺旋式对抗发展态势。在未来战场上，它们之间的交锋也将愈演愈烈。

【参考文献】

[1] 薛猛,周学文,孔维亮.反无人机系统研究现状及关键技术分析[J].飞航导弹,2021(5): 52-56.

[2] Research on anti UAV swarm system in prevention of the important place[C]//Journal of Physics:Conference Series. IOP Publishing,2020,1507(5):52020.

[3] 罗阳,巩轶男,黄屹.蜂群作战技术与反制措施跟踪与启示[J].飞航导弹,2018(8):42-48.

[4] 罗斌,黄宇超,周昊.国外反无人机系统发展现状综述[J].飞航导弹,2017(9):24-28.

[5] ZHANG J,ZHANG K,WANG J. Current situation and development trend of low altitude anti UAV technology[J]. Progress Aviation Eng,2008,9(1):1-7.

[6] 蔡亚梅,姜宇航,赵霜.国外反无人机系统发展动态与趋势分析[J].航天电子对抗, 2017,33(2):59-64.

[7] TANG Z,PENG S,ZOU J,et al. Radar photoelectric integrated system LSS target detection and recognition research[C]//Sixth Symposium on Novel Optoelectronic Detection Technology and Applications,SPIE,2020,11455:1426-1433.

[8] 杨丽娜,曹泽阳,韩耀锋.高功率微波反无人机蜂群系统能力需求分析[J].军事运筹与

系统工程,2020,34(2):26-32.

[9] JING-JING L,CHEN-XU L,WEI H. "Bee Catching": system conception of air short range anti-UAV bee colony[J]. Modern Defense Technology,2020,48(4):16.

[10] LIU Y,LIAO X,JIANG M. Construction of basic framework for anti UAV technology system[J]. Sichuan Armed Forces Journal,2015(10):23-25.

[11] CEVIK P,KOCAMAN I,AKGUL A S,et al. The small and silent force multiplier:a swarm UAV—electronic attack[J]. Journal of Intelligent & Robotic Systems,2013, 70(1):595-608.

[12] QI M,WANG L,ZHAO Z,et al. System construction of a new "Low Slow Small" target detection and disposal system[J]. Laser Infrared,2019,49(10):1155-1158.

[13] 邓静,陈鹏,翁呈祥,等.对无人及蜂群测控链路干扰策略研究[J].舰船电子对抗, 2022,45(3):31-36.

[14] 焦士俊,刘剑豪,王冰切,等.反无人机蜂群战法运用研究[J].飞航导弹,2019(8):39-42.

[15] YAN H,SUN X. Research on Anti-UAV swarm operational concept on the sea[J]. Ship Electron. Eng,2019,11:38-42.

[16] 黄文华.未来智能无人对抗的机遇与挑战[J].现代应用物理,2019,10(4):18-22.

[17] GAO X Z,WANG K L,PENG X,et al. Drone-smasher:the key technology analysis on the manner of hard kill to counter UAV swarm[J]. National Defence science and technology,2020,41(2):33-38.

关于无人机蜂群作战在院校教学中的几点思考

陈　鹏　徐　靖

（陆军边海防学院昆明校区 少数民族指挥系，昆明 650217）

【摘　要】随着国际战争局势的复杂化和战争武器的智能化，无人机蜂群作战已经成为全球各国竞相研究的热点。相较于西方国家而言，我国对无人机作战的研究起步较晚，在无人机专业人才的培养发展上体系还不是很完善。为此，培养无人机专业人才的任务十分紧要。本文主要从无人机蜂群作战在战场上的特点和优势入手，侧重于以无人机蜂群作战的优势特点阐明该作战领域研究的重大意义，并进一步来对军队院校中关于无人机教学和专业人才培养模式进行研究探讨。

【关键词】无人机；作战特点；教学改革

随着社会的发展和科技的不断进步，无人机的应用领域也在不断扩大。在民用无人机领域，无人机已经广泛应用于新闻航拍、抢险救援、交通指挥、地图测绘等各个方面。在军事方面，世界各国正加紧加强在航空作战领域的装备竞赛，而无人机作战装备无论是在成本、数量还是作战能力方面都有着无可比拟优势，特别是依托现在发达的网络及智能化技术的加持下，使得无人机蜂群作战逐步成为各国军事争相研发竞争的重要内容。在此大背景之下，我国也急需加强无人机蜂群作战相关领域的研究探索，各专业院校应紧密结合军事时势对相关无人机课程进行探索性改革。

1　无人机蜂群作战的特点

无人蜂群作战是当前无人作战领域正在发展的一个重要概念，它源自于生物界中的群体行为。在生物群体中，个体的感知、行动能力有限，但遵循简单的行为规则，却能够相互协作完成复杂的团队活动，表现出分布式、自组织、协作性、稳定性等特点，这种通过"大量局部交互产生的全局行为"，形成了极强的环境适应能力。正是受到生物群体行为的启发，人们开始使用大规模、低成本的小型无人作战平台，以遂行集群侦察、干扰、打击等任务，通过规模优势提高整体作战效能。

蜂群战术最先主要由无人机实施，随着地面无人战车、海上无人船舶、水下无人潜航器的出现并加入作战，蜂群的构成日益多样化和多维化。以功能专业的蜂，通过大幅增加功能种类和数量规模，形成复杂的、强大的群，作战效能出现蝶变和豹变，蜂群战术开始体现以下突出特点。

（1）数量规模化

单个无人平台个体载荷小、功能简单，破坏力必然有限，但一旦形成规模，即可大幅提升其功能的复杂度和破坏力强度。如蝉翼无人机小如蝉，可携带天气、温度、湿度、气压传感器或声学探测、生化探测等微型电子设备，由空中平台"撒放"，降落地面后通过数据链互联成网，在指定区域形成稳定的"无人探测蜂群"。

无人机蜂群的数量还可有效增强整体上的抗毁能力。无论因为什么原因损失 10 架或 20 架无人机，对一个千架无人机的蜂群而言影响不大。对于上万架无人机构成的蜂群，损失数百架也微不足道，不会显著影响作战效果。

（2）构成多元化

预警探测、广域监视、前沿侦察、电子对抗、饱和攻击等作战功能需求，需要承载不同的功能任务的无人作战平台构成蜂群。多军兵种一体化联合作战的形式要求，决定了在同一个蜂群中，不仅有陆上的机器人和无人战车，有海上的水面无人船舶和水下无人潜艇，还有空中的无人机。在实战中，必须根据作战任务的不同性质和规模，决定组成蜂群的无人机种类和数量，以构建适应任务需求的体系化蜂群。

（3）控制算法化

无人作战平台虽然自身并不载人，但它离不开操作员的控制。一个操作员控制一个或者数个无人平台是可能的，一个人控制数十个无人平台就比较困难。实现对成千上万无人作战平台的实时控制，最大的可能是把大量的信息处理交给算法和无人平台内置微型处理器去完成。算法使大规模数量无人作战平台可以像一窝白蚁或者蜜蜂筑巢觅食般有条不紊地工作，完成战场侦察、目标攻击和效能评估等作战任务。

（4）防护强度化

由于指挥所与无人机、有人机与无人机、无人机与无人机之间的通信只能通过无线手段，无线通信具有天然的开放性，这就给对手的入侵与控制以可乘之机。与此同时，己方对蜂群实施控制的算法也有被对手破译的危险。如果控制算法被破译，不仅会造成对手以己方制定的内部规则来击败自己，甚至有己方蜂群为对手所用的可能。

2　无人机蜂群作战的优势

无人机蜂群作战近年来备受关注。2019 年 9 月 14 日凌晨，位于波斯湾沿岸的沙特石油炼厂遭遇智能化无人机群的攻击，转瞬之间精确摧毁石油生产大国沙特阿拉伯多达一半的石油生产能力，达成一次中小型战争的打击效果。2020 年，美尼亚和阿塞拜疆在纳卡地区的冲突中，阿塞拜疆运用无人机群携带毁伤载荷攻击亚美尼亚地面部队，在 24 h 内摧毁亚美尼亚方面坦克 130 辆、火箭发射系统 50 个、武装车辆 64 部、防空导弹系统 25 个。人们普遍认为，阿塞拜疆的取胜，无人机蜂群战术发挥了决定性的作用。

除此之外，海湾战争中以美国为首的多国部队大量使用无人机参战，包括美国的 BQM - 147A"敢死蜂"、FQM - 151A"短毛猎犬"、英国的"不死鸟"、法国的"玛尔特"MKII、加拿大的"哨兵"和以色列的"先锋"等，总共飞行近千架次，为多国部队实时获取了大量情报和数据。

阿富汗战争中,无人机作战大显身手。2011 年 11 月 15 日深夜 1 点,正在空中巡航的 MQ-1"捕食者"无人机和三架 F-15 战斗机实施协同攻击,成功击毙塔利班首领本·拉登的副手提夫。此后,无人机猎杀的战例越来越多。最近一次是 2020 年 11 月 27 日,伊朗顶级核科学家穆赫森·法赫里扎德被远程操控的无人车中的自动武器精准射杀。

这些种种的案例都展现出了无人机蜂群作战在现代战争中的重要作用及其战争优势。总的来说有以下三点:

一是小,易于隐蔽突袭。用于蜂群作战的无人系统多为小型无人作战平台,且采用复合材料,雷达反射面积小,具有较强的低可探测性,对方难以远距离探测,可有效压缩敌反应时间,使对方来不及反应和进行拦截。外军测试表明,当蜂群无人机以 250 km/h 的速度攻击时,"宙斯盾"舰载防空系统雷达探测发现到目标后,仅有 15 s 的拦截时间。即便由于集群运用使目标特征增强,被探测发现的可能性增大,但通过分布式部署、多方向同时突入,一样能够以较高的突防概率有效突破对方防御体系,渗透至预定作战区域并抵近重点、要害目标,快速形成局部的高密集性部署和全方位的攻击态势,达成作战的突然性。

二是多,宜于饱和攻击。无人蜂群的最大优势就是数量优势,即通过大量不同功能类型无人系统的集群运用、协同作战,造成敌防御体系在探测、跟踪和拦截能力上的迅速饱和,从而因系统超载而导致体系瘫痪。比如,现代防空系统虽然一次跟踪上百个目标,但真正能够有效拦截的仅有十余个甚至更少,而且其待发射导弹数量有限,再次装弹时间长,在面对一次大规模的无人机集群式攻击时,将很快耗尽弹药而没有反击机会。因而有专家认为,无人机蜂群作战不需要非常高的精确性和自主性,只要 25% 的无人机能够接近并命中目标就够了。同时,由于大量无人系统多点投放,不同高度、不同方向同时或连续进入,也将是对方因防御力量分散而陷入被动应付的状态。

三是廉,利于消耗作战。相对于防御武器系统,蜂群无人系统具有较好的低成本优势和较高的效费比,可以不计损失地大量投入,有效毁瘫对方高价值目标并同时消耗其造价昂贵的弹药,使对方因难以承受非对称消耗而造成持续作战能力降低甚至作战失败。比如,蜂群无人机的单价通常在万余美元左右,而一枚防空导弹则至少在百万美元以上,攻防双方成本差距巨大,在面对无人机蜂群攻击时,防御一方往往会陷入"防不住""打不起"的困境。另外,由于蜂群无人系统结构相对简单,可利用增材制造或敏捷制造技术,快速大批量生产,迅速补充并投入作战,能够极大地提高作战持续性,始终保持进攻作战的高压态势。

3 院校教学中的启示建议

随着科学技术的不断进步,无人机在不同领域的应用也逐渐广泛和多元化,无人机在军事领域的使用价值也进一步凸显,现如今众多的军队院校都新开设了相关的无人机教学课程,并成为成为了学员们心中的热门课程。但由于是新兴课程,目前院校开设的无人机课程更多局限于某一学科应用或专业技能的培养,没有从全局角度打造相应的课程体系。针对如今复杂的国际战场局势,培养一批优秀的无人机专业人才迫在眉睫,而部队院校作为军事人才培养的摇篮在无人机作战人才的培养上有着至关重要的作用,这就需要在相关课程的教学中对相关课程进行改革探索。

一是增加无人机理论课程的授课比例,科学安排理论与实践课的课时比例。现阶段,大部分院校开设的无人机课程以实操为主,主要讲授、训练无人机的基本操作运用以及相关航拍绘图功能的运用,而关于无人机系统、内部构造、代码编程等专业理论课程所占的课时比例很低甚至几乎没有,这样培养出来的学员最多只能是一名合格的无人机操作员,而想要在战争中通过无人机进行系统作战几乎是不可能的,况且现在无人机蜂群作战的趋势都是依靠智能化的系统编程来实现无人机自主作战,很少依靠单人操作无人机蜂群来实施作战。为此,部队院校在开设无人机课程时应瞄准未来智能化的战争趋势,逐步拓展课程理论的深度和广度,进一步增加理论专业的课程比例,引导学员往无人机专业人才高精尖的方向发展深造。

二是分版块构建无人机课程体系。无人机蜂群作战在战争中看似是由简单的一个架无人机组成,但其中涉及的各个环节种类繁多。在作战过程中,单就作战无人机的设计研发就涉及了模型设计、系统编程、组网通信、性能测试等专业工作,除此之外还有相关的战法、算法、维修等其他相关方面的专业内容。因此,在院校的教学中,应根据无人机的相关专业版块科学化分课程体系,分版块进行课程教学和相关专业人才的培养。只有这样才能培养出一批优秀的无人机专业人才,为我国在无人机作战领域提供坚实的后方人才保障。

三是联通相关课程,进行跨学科统筹。由于无人机课程是一门涉及多学科、多专业的课程,为在教学资源有限的情况下,最大限度地实现教学效益的最大化,各院校应在现有开设课程的基础上探索一套较为合理的跨学科无人机教学策略。在其他相关专业课程的教学中,其教学内容的设计应与无人机课程做好衔接,帮助学员进一步构建起无人机课程的整体学科框架。同时,通过开设相关选修课、设立无人机兴趣小组、开展相关第二课堂活动等方式来帮助学员进一步巩固拓展无人机的相关专业知识,加强学员的课后实践训练来培养能力综合的无人机专业人才。

总体而言,未来国际军事的趋势更多的向着无人化、智能化的方向发展,无人机蜂群作战也必将在未来的军事战场上大显身手,我国院校应贴紧部队作战的实际和国际战场未来趋势,加大力度探索出一套符合本国国情的无人机人才培养体系,不断优化教学内容和课程体系设置,进一步加强对无人机蜂群作战的研究,抢占无人机蜂群作战领域的制高点。

【参考文献】

[1] 许彪,张宇,王超.美军无人系统蜂群技术发展现状与趋势分析[J].飞航导弹,2018(3):36-39.

[2] 梁晓龙,张佳强,吕娜.无人机集群[M].西安:西北工业大学出版社,2018.

[3] 昂海松.无人机系统概念和关键技术[J].无人系统技术.2018(1):66-71.

[4] 王桂芝,沈卫.国外战术无人机系统与技术发展分析[J].飞航导弹.2020(9):71-74.

[5] 周安斌,尹承督.我军无人机系统统型建设的几点思考[J].价值工程.2020(14):272-273.

无人机蜂群作战特点及反制策略研究

刘　冲　张胜民　吴　江

（陆军炮兵防空兵学院 士官学校,沈阳 110867）

【摘　要】无人机蜂群作为一种新型的智能化武器系统,具有突防能力强、智能程度高、攻击成本低等特点,在战场上给传统的防空体系带来了巨大挑战。结合外军战例分析无人机蜂群作战,存在机动能力弱、通信依赖大、应变反应迟等薄弱环节,立足我军现有防空力量,融入新弹种杀伤捕捉、无人机蜂群对抗等反无人机蜂群新技术、新战法,提出了"多维度探测预警、多手段干扰设障、多层次火力拦截"的反无人机蜂群作战抗击策略,对在未来在战争中提升防空体系作战效能和生存能力具有借鉴意义。

【关键词】无人机蜂群;作战优势;薄弱环节;毁伤手段;抗击策略

近年来,无人机技术越来越成熟,其在作战中的运用也越来越广泛,尤其是无人机蜂群作战已经从曾经的作战概念真实地踏入了战场。无论是 2018 年 1 月叙利亚反政府武装使用 13 架无人机群袭赫梅米姆空军基地[1],还是 2019 年 9 月胡塞武装使用 10 架无人机群袭沙特炼油厂,都对我军防空兵反无人机蜂群作战起到了启发和警示作用,深入研究反制策略对于在未来在战争中提升防空体系的作战效能和生存能力具有重要意义。

1　无人机蜂群主要作战特点

密切关注无人机蜂群的前沿技术和作战样式,深刻认识其在作战中的突出特点,对反无人机蜂群作战研究至关重要。和现有的常规防空手段相比,无人机蜂群的作战优势十分巨大。

（1）突防能力强

无人机蜂群是由小型无人机组成的,其具有飞行高度低、速度慢、体型小、雷达反射截面积小、红外特征低等特点,使得雷达不易有效探测和持续跟踪,有很强的战场生存能力。且无人机蜂群在作战中有数量优势,可实施饱和攻击,使对空防御系统仅靠火力拦截明显力不从心。例如美海军利用蒙特卡洛分析法进行仿真,模拟无人机集群攻击宙斯盾防空系统,经过数百次仿真计算得出的结果表明,如果无人机数量在 10 架以上,系统只能拦截前面的 7 架左右,可见无人机蜂群强大的突防能力。

（2）智能程度高

智能化是未来战争的发展趋势,无人机蜂群的作战应用就体现出了智能化优势。一是去中心化,在蜂群中没有某一架无人机作为控制核心起着主导作用,即使击毁了部分个体,整个蜂群仍然可以继续完成任务,具有高速的蜂群内信息共享能力;二是攻击自主化,可通过预先的程序设定使无人机蜂群在飞行期间不需要人为控制,机载计算机之间可相互协作,分配打击目标,主动寻的攻击,具备了一定的"发射后不管"功能,极大增加了攻击的隐蔽性和智能性。

(3)攻击成本低

小型无人机构造相对简单,研制、生产、维修费较大型无人机低很多,而且可以利用民用无人机进行改装,提升完成作战任务的经济型。例如袭击叙利亚赫梅米姆空军基地的无人机,就是反政府武装利用简易零件和小排量发动机拼凑起来的,价格十分低廉,即使是美海军研究局的郊狼无人机,单机价格也仅有1.5万美元,相比于动辄百万美元的防空导弹有着极不对称的成本优势,在对抗中即使拦截成功也是对防御方的极大消耗。

2 无人机蜂群作战薄弱环节

无人机蜂群虽然具有体积小、数量多、智能化、成本低等优势,但其在作战过程中也存在薄弱环节,值得深入分析、重点突破。

(1)机动能力弱

在蜂群作战中使用的无人机通常续航时间较短,不能进行长距离飞行,必须利用大型飞机作为空中平台,飞行至距离目标区较近的空域后实施投放,这个平台就类似于一个移动的空中"蜂巢",如果依靠防空兵远距离对空火力直接摧毁"蜂巢"将实现极佳的作战效果。另外无人机蜂群的单体速度较慢,以美军的"山鹑"无人机为例,最高速度为111km/h[2],面对激光、电磁脉冲等定向能武器攻击时,以其机动性能难以实施有效规避。

(2)通信依赖大

无人机蜂群在作战中需要通过电子设备接收卫星导航和遥控指令等信号,尤其是在飞行过程中主要依据GPS导航参数飞行,对通信链路的依赖性很强,这就给信号干扰和信号入侵带来了可乘之机。例如,2011年伊朗捕获美军RQ-170哨兵无人机,正是利用导航信号容易被干扰的弱点,切断无人机与控制站之间的通信,重新构设虚假导航坐标,成功诱导无人机在伊朗境内降落。如今各国也都紧盯此薄弱环节大力发展反无人机的电子战系统。

(3)应变反应迟

由于在作战中对于防御方的作战部署和战法运用无法提前准确掌握,而且战场情况复杂、突发情况多,无人机蜂群预先设定的突防规划往往需要在作战中临机调整,利用机载计算机之间的数据链路进行协同配合,这个过程很容易受到带宽限制和电子防空分队电磁干扰的影响,导致对攻击策略的调整灵活度不够,应变存在延迟,增大了被发现和拦截的可能性。

3 反无人机蜂群作战抗击策略

反无人机蜂群作战,不能仅仅依靠末端的火力抗击,应合理运用现有武器装备,采取"多维度探测预警,多手段干扰设障,多层次火力拦截"的抗击策略,准确掌握空情,灵活运用新技术、新战法,才能有效提升抗击效果。

（1）多维度探测预警

反无人机蜂群作战需融入联合作战体系，在多维空间构建涵盖天基侦察卫星、空中预警平台、地面探测雷达、游动观察哨位的探测预警网络，拓宽信息接收渠道，尽早掌握敌无人机蜂群的数量、类型、航速、航向等空情信息。一是掌握天基侦察情报，借助侦察卫星对敌持续监视，获取作战部署等情报，通报可能搭载无人机蜂群的载机行动情况。二是获取空中预警信息，发挥预警机监视范围大、预警距离远、能够突破地球曲率限制的优势，将空中预警信息共享给地面防空分队，发挥联合作战体系效能。三是构建地面探测网络[3]，综合运用防空兵各型侦察预警雷达，立足性能互补，采取交叉探测、接力探测等搜索目标方法手段，对无人机蜂群进行不间断的探测识别和跟踪定位。四是组织游动对空观察，在敌无人机蜂群可能飞临的航线附近，配置远、近方对空游动观察哨，携带光学器材掌握低空空情，或采取"哨弹结合"方式，赋予便携式地空导弹分队侦察任务，弥补雷达盲区的同时，择机实施火力拦截。

（2）多手段干扰设障

反无人机蜂群作战应在实施火力拦截前，通过干扰设障影响和阻碍蜂群行动，在有效完成作战任务的前提下，利用多种手段提升拦截概率和抗击效费比。一是实施通信干扰，针对敌无人机蜂群无线电信号特征，合理使用电子干扰装备，对其工作波段实施干扰和压制，切断蜂群间的通信联络，影响其智能化的战术协同，降低其自主飞行能力。二是发射诱骗信号，通过高度仿真的 GPS 欺骗信号，使敌无人机蜂群接收到假的导航指令和坐标，诱导其偏离预定航路，甚至在我预定的区域降落，完成诱捕。三是设置空中雷场，在一些不便于防空兵发挥火力毁伤效能的地域，可结合敌无人机蜂群活动规律，判断敌机航线，提前使用空飘雷等障碍物布设空中雷场，在敌无人机蜂群进入雷区后引爆，或迫使其改变航路后进入我防空火力拦截范围。四是制造烟幕遮障，利用施放制式发烟器材或航模靶机空投等方式在掩护目标上空制造烟幕，使敌无人机蜂群难以通过光学手段对目标进行精确定位，为火力拦截和重要目标转移赢得时间。

（3）多层次火力拦截

反敌无人机蜂群作战，火力拦截是最保底的手段，要提升作战效能，必须立足现有装备，综合运用车载导弹、便携导弹、高炮、弹炮结合武器系统和己方无人机，按照"高中低搭配、远中近结合"的原则，构成多层次的拦截火网进行抗击。一是配置车载式地空导弹分队，在敌施放无人机蜂群之前，尽远打击空中运载平台，通过捣毁"蜂巢"将蜂群攻击扼杀于摇篮，也让价格昂贵的防空导弹物尽其用。二是配置无人机分队，在敌无人机蜂群飞临掩护目标附近之前，施放己方蜂群来对抗敌方蜂群，"以彼之道，还施彼身"，通过提升编队协同、态势感知、敌我识别等方面的能力，实现无人机的一机多用和攻防兼备，通过提升挂载弹药规模杀伤、自杀式集群拦截等方面能力，依靠己方蜂群数量和毁伤优势抵消敌方蜂群数量优势，用"以机制机"的蜂群对抗达成反制蜂群的作战目标。三是配置高炮或弹炮结合武器系统分队，在掩护目标附近实施末端火力拦截，在使用传统火力打击方式的基础上，应用新技术、新弹种提升拦截效果，例如通过使用定向预制破片弹有效扩大打击范围，实现面杀伤，提升拦截概率，通过使用炮射网弹将拦截网射至空中，在无人机蜂群的来袭方向上形成巨大的拦截面,将无人机缠住,实现捕捉的作战效果。四是疏散配置便携式地空导弹分队,在敌方无人机蜂群可能来袭的方向,以游动和定点相结合的方式灵活配置,既对可能来袭的无人机蜂群进行提前预警,也在其攻击航路上相机设伏。

4　结束语

无人机蜂群作战是一种全新的作战样式,其应用前景十分广阔,正在引领战争形态的深刻变革,如何反制无人机蜂群成为了我军防空兵急需深入研究的问题。本文从无人机蜂群作战特点入手,总结无人机蜂群的作战的突出优势和薄弱环节,立足我军现有防空力量,融入新弹种杀伤捕捉、无人机蜂群对抗等反无人机蜂群新技术、新战法,提出了"多维度探测预警、多手段干扰设障、多层次火力拦截"的反无人机蜂群作战抗击策略,对未来在战争中提升防空体系作战效能和生存能力具有借鉴意义。

【参考文献】

[1] 张慧,张洋,袁成.从叙利亚战例看小型无人机群袭攻防作战[J].国际航空,2018(5):48-50.

[2] 胡雷刚,邱占奎,李宗璞.无人机蜂群的防御与反制策略[J].陆军航空兵学院学报,2018(4):46-49.

[3] 焦士俊,刘剑豪,王冰切,等.反无人机蜂群战法运用研究[J].飞航导弹,2019(8):39-42.

无人机集群作战运用研究

汤 鑫

（陆军航空兵学院，北京 101100）

【摘 要】随着人工智能和无人机技术的发展，作为一种颠覆传统作战模式的无人机集群作战日益受到各国的高度重视。本文介绍了无人机集群作战的基本概念，研究了无人机集群作战的经典战例，总结了无人机集群作战的攻击样式，构想了无人机集群作战在未来战场上的运用方式，为无人机集群作战的研究、运用和发展提供一定的参考借鉴。

【关键词】无人机集群；作战运用；集群作战；攻击样式；经典战例

近年来，随着无人机、人工智能等前沿技术的发展与应用，无人机集群作战进入了作战的领域。对俄罗斯驻叙利亚赫梅米姆空军基地进行袭击的无人机数量虽然只有十三架且制作粗糙，但此次空袭已是无人机集群作战的雏形。而多架不同种类无人机构成的无人机集群和巡航导弹协同攻击沙特油田，则显著地展示了无人机集群协同作战形式的多样化和高效能。随着机器学习、自主作战等为代表的人工智能技术的发展和在无人机集群项目上的大力推广应用，无人机集群作战对未来战场攻防影响越来越大。

1 无人机集群基本概念

无人机集群的概念是来源于大自然的鱼群、鸟群、蜂群、蚁群等种群行为。群体中个体之间仅存在简单的信息交流，就能够涌现出大规模集群的智能行为，具有分布式特点。

美军在《小型无人机系统飞行规划 2016～2036》文件中指出：无人机集群是指在操控人员的指挥或监督下，根据使命任务及战场环境自动构建网络、并相互协作遂行统一作战任务的一群小型无人机，构成集群的无人机可以具有相同功能（同构），也可以具备多种不同功能（异构），组群方式可以是有中心控制的，也可以是无严格控制中心，地位平等的[1]。

2 无人机集群作战产生的背景

2014 年 1 月，新美国安全中心智库的首席执行官罗伯特·沃克和执行副总裁兼研究主任肖恩·布里姆利合作发表了研究报告《20YY 年：为机器人时代的战争做好准备》，该报告指出美军当前面临的主要问题有三个方面。

一是与主要对手国家的优势差距正在逐渐缩小。中国、俄罗斯正逐步缩小与美国的差距,当时,我国已经试飞了歼-20战斗机,北斗卫星导航系统也在迅速建设中。俄罗斯也试飞了苏-57战斗机,并计划在未来投入巨资发展其全球卫星导航系统"格洛纳斯"。

二是系统防护存在短板。虽然美军构建了全方位的战略防御系统,但俄罗斯的白杨-M和"亚尔斯"弹道导弹能够有效突破美军的导弹防御系统。而且,当前俄罗斯已经列装了号称"全球最强导弹"的"先锋"高超音速导弹,该导弹飞行速度可达到20马赫,能突破目前世界上所有的防空反导系统。

三是武器和人员成本高昂。美军的F-22"猛禽"战斗机单机成本约2.58亿美元,福特级航空母舰的造价约130亿美元。建造和维护武器系统需要大量的经费。同时,美国军人的薪金成本也在增加,预计2021财年与军事人员有关的成本将占到国防部预算的46%。

要解决以上问题,使用机器人完成作战是一个不错的选择。报告强调对于美国及其盟友而言,无人和自主武器系统将在未来战争中扮演核心角色。紧接着,新美国安全中心又发布了《战场机器人》报告,该报告第二部分标题为"未来的集群"。

3　无人机集群作战优势分析

无人机集群作战是由大量无人机基于开放式体系架构进行综合集成,以通信网络信息为中心,以系统的群智涌现能力为核心,以平台间的协同交互能力为基础,以单平台的节点作战能力为支撑,构建具有抗毁性、低成本、功能分布化等优势和智能特征的作战体系[2]。不同于执行"孤狼"式作战任务的大型无人机,无人集群的战术注重于利用其数量上的优势对敌方产生非对称性的局部压制。

集群化利用分布式、分散化手段实现原有的复杂系统功能结构,在系统作战生存能力、传感器作战任务完成率等方面优势明显。无人机集群作战的三大优势如下:

一是功能分散。无人机集群作战,将单个完备作战平台所具备的各项功能,如侦察监视、电子干扰、打击与评估等能力,"化整为零",分散到大量低成本、功能单一的作战平台中,通过大量个体的集群来实现原本复杂的系统功能,系统的倍增效益将使无人机集群具备远超单一平台的作战能力。

二是体系生存率高。无人机集群作战具有"无中心"和"自主协同"的特性,集群中的个体并不依赖于某个实际存在的、特定的节点来运行。在对抗过程中,当部分个体失去作战能力时,整架无人机集群仍然具有一定作战能力,可有效提高作战体系的生存率。

三是战争费效比低。功能单一的无人作战平台成本较低,在执行作战任务时,敌方应对大量的无人平台个体需要消耗数十倍甚至上百倍的成本进行防御,这将在战争中带来显著的成本优势。

4　无人机集群经典战例分析

对俄罗斯驻叙利亚赫梅米姆空军基地进行袭击的无人机数量虽然只有十三架且制作粗糙,但此次空袭已是无人机集群作战的雏形,而多架不同种类无人机构成的无人机集群和巡航导弹协同攻击沙特油田以致全球油量锐减的典型案例,则显著地展示了无人机集群协同作战形式的多样化和高效能。随着机器学习、自主作战等为代表的人工智能技术的发展和在无人机集群项目上的大力推广应用,无人机集群作战对未来战场攻防影响越来大,更是成为当前防空作战中日益显著的现实威胁和亟待解决的重难点问题。

4.1 俄驻叙基地遭无人机集群袭击

2018 年 1 月 8 日,俄罗斯国防部发布消息称叙利亚当地时间 5 日晚至 6 日清晨,俄驻叙利亚赫梅米姆空军基地和塔尔图斯海军基地成功抵御了无人机群的恐怖袭击[3]。

赫梅米姆空军基地位于叙利亚西北部拉塔基亚市中心以南 23 km 处,海拔高度 45 m 左右。塔尔图斯海军基地位于叙利亚西岸港口城市塔尔图斯,周边地势平坦。两个基地以东约 30 km 处是南北走向的安萨里耶山脉,平均海拔高度 1 300 m 左右。迈斯亚夫基地位于该山脉南端,向西可通视赫梅米姆空军基地和塔尔图斯海军基地,向东可通视哈马省、伊德利卜等平原城市,具有重要的战略优势。俄军在赫梅米姆空军基地部署了 S-400 防空系统和铠甲-S 弹炮系统。在塔尔图斯海军基地部署了 S-300 防空系统和铠甲-S 弹炮系统。在迈斯亚夫基地部署了 S-400 防空系统和铠甲-S 弹炮系统。从而构建了高低搭配、远近衔接的防空火力体系。此外,俄军还在基地分别部署了营级规模的电子战部队,装配了克拉苏哈、R-330ZH、汽车场、杀虫剂等先进电子战装备,能够对无人机测控链路和 GPS 导航信号进行干扰压制和控制诱骗。战场态势示意图如图 1 所示。

图 1　战场态势示意图

恐怖分子放飞无人机的地点在伊德利卜省西南部的穆阿扎尔居民点。距离赫梅米姆空军基地约 50 km,距离塔尔图斯海军基地约 100 km。放飞点位于叙反对派控制的居民聚集区,相对安全,具有掩护作用,而且该地点与俄空、海军基地之间有安萨里耶山脉相隔,无人机可利用山脉遮挡作用防止俄军雷达过早的发现,掩护其起飞地点。

此次袭击是经过事先精心筹划的,袭击所用的无人机是专业技术和简陋廉价实用平台的结合体。从俄方公布的照片等信息分析,无人机使用市售零件和航模级机身,用胶带捆绑固定,长约 1.6~1.8 m,翼展约 2.3~2.5 m,估算 RCS 不超过 0.05 m²。采用前置割草机型汽油发动机,公开资料表明,其转速最高为 5 400 rad/min。据此,我们估算,飞机速度约 100~140 km/h,飞行高低小于 1 000 m,飞行距离可达 100 km。此无人机平台有一定的飞行和载荷能力,可通过市场渠道获取。但据俄军报道,此次恐袭无人机搭载的 GPS 模块采用自主预编程的航迹路线规划,可实现较为准确的导航控制,并且搭载有伺服单元、压力传感器和升降舵,可远距离控制飞行高度和投掷爆炸装置,无人装载了 10 枚重约 400 g 自制弹药,爆炸物为季戊四醇四硝酸酯,威力超过黑索金,增加了钢柱作为预置破片,单枚杀伤距离可达 50 m。

1 月 6 日凌晨,13 架无人机从穆阿扎尔恐怖分子营地起飞后,10 架飞往赫梅米姆空军基地,3 架飞近塔尔图斯海军基地。由于飞行高度较低和安萨里耶山脉遮挡影响,虽然俄赫梅米姆空军基地和塔尔图斯海军基地部署的目标搜索雷达能探测 90 km,但在无人机在翻越山脉以前,俄赫梅米姆空军基地和塔尔图斯海军基地部署的雷达无法发现目标。通过仿真计算,部署在安萨里耶山脉上迈斯亚夫基地雷达对无人机目标探测距离可达 238 km 左右,迈斯亚夫基地的 S - 400 目标搜索雷达首先发现无人机目标,为俄军后续处置提供了宝贵的预警时间。当无人机翻越安萨里耶山脉后,进入俄赫梅米姆和塔尔图斯基地 S - 400、S - 300 目标搜索雷达探测范围内,俄军连续跟踪掌握目标,并引导电子战装备对无人机测控链路进行侦测干扰和 GPS 诱骗。飞往赫梅米姆空军基地的 10 架无人机中有 5 架被电子战系统控制,其中两架降落在基地外受控区域,另外 3 架触底爆炸。飞往塔尔图斯海军基地的 3 架无人机中,有 1 架被电子战系统控制并降落在基地外受控区域。剩余 5 架无人机继续向赫梅米姆空军基地飞行,2 架无人机继续向塔尔图斯海军基地飞行。通过仿真计算,基地部署的铠甲 - S 目标搜索雷达在 14 km 左右发现掌握目标,其跟踪制导雷达在 9.5 km 左右锁定无人机目标,并迅速引导弹炮击落最后 7 架无人机。

4.2 沙特油田受无人机集群重创

2019 年 9 月 14 日,沙特阿拉伯国家石油公司两处石油设施遭无人机袭击。其中布盖格油田炼油厂约有 17 处设施遭到了袭击,目标主要有两类,一是 13 个天然气储气罐、二是 4 个原油稳定塔。对于储气罐的打击,储气罐的破损处为约 1.5 m 的圆形,切口比较整齐可以判断来袭的目标应该为高速细长型的飞行器,符合巡航导弹末端打击还有机动飞行的一个特点;从储气罐被袭后的外形来看并未造成破损,气罐内部也没有发生爆炸,因此该巡航导弹只装载少量的弹药药量,甚至没有装载弹药,属于破甲类战斗部,目的仅仅是造成储气罐的漏气。由布盖格炼油厂原油稳定塔受损情况来看,其破损处面积较大,切口不规则,有的没有穿透钢板,符合 Qasif"自杀式"无人机直接撞击的特点,胡塞武装应该是直接使用 Qasif - 3 无人机直接撞击原油稳定塔。综上分析,胡塞武装使用了至少 13 枚 Quds - 1 巡航导弹,对布盖格炼油厂的 13 个天然气储气罐实施精准攻击,以及 4 架 Qasif"自杀式"无人机对原油稳定塔进行撞击

在己方部署的防御设施中,沙特在其北部边境部署了 88 个"爱国者"导弹发射器,其中有 52 个是最新的"爱国者 - 3"版本。理论上"爱国者"导弹低空杀伤区为 160 km,在实际中对于低空目标的拦截应该在 40 km 左右。而胡赖斯油田位于"爱国者"导弹低空杀伤区外,通过合理的航路规划可以规避无人机被击落的可能,布盖格炼油厂则是位于两个"爱国者"导弹杀伤区的边缘,通过合理的航路规划无人机和巡航导弹可以实现到达布盖格炼油厂上空才被发现,因此其防空导弹来不及升空进行拦截。

在此次袭击行动中使用了 3 种不同类型的无人机,分别为 Samad - 3 无人机、Rased - 3 无人机和 Qasif - 3 无人机。其中胡赖斯油田至少方向出动 1 架 Rased - 3 无人机进行侦察、2 架 Qasif - 3 无人机进行攻击、1 架 Samad - 3 无人机进行电子干扰;布盖格方向至少出动 1 架 Rased - 3 无人机进行侦察、4 架 Qasif - 3 无人机进行攻击、1 架 Samad - 3 无人机进

行电子干扰。

这次袭击组织和实施成功的前提因素是在袭击前进行了目标侦察和航路规划等一系列准备。胡塞武装组织利用高空长航时无人机对沙特境内的炼油厂以及油田等目标进行了反复的侦察,针对此次的袭击目标对无人机和巡航导弹提前进行了航路规划的设计。

而无人机执行的各项任务中,无人机集群与巡航导弹的协同作战是此次袭击行动的一大显著特点。沙特在其境内配备有精密的防空系统,特别是从美国方面引进来的爱国者系列防空武器系统。在正常情况下巡航导弹在面对全方位、多层次的防空体系时,往往突破能力较弱,同时由于其发射后的飞行距离较远,如果仅仅有卫星一种导航方式,在精度方面就很可能因为受到干扰而降低。但利用无人机和巡航导弹的协同配合就很好的弥补这些缺点,在一方面可以利用电子压制、干扰使得防空系统预警失效或短暂失灵,能够提高巡航导弹的突防能力;另一方面能够通过无人机先行到达指定地点对目标信息进行更新,提高巡航导弹对目标的打击精度;最后侦察型的无人机通过对目标进行毁伤评估,记录对目标的打击情况。

4.3 总结分析

通过对无人机集群经典案例分析,我们可以总结出无人机集群的攻击样式如下。

先导式突击。无人机集群可以充分发挥其低成本特点,自身可以作为诱饵或者模拟假目标,引诱敌方的防空探测设备开机,暴露自身位置及无线电信息,无人机可将诱骗侦测到的情报反馈至己方进行打击,或者直接由无人机集群配置的反辐射武器实施攻击,无人机集群可以大量消耗,可伴动威胁目标,较单架无人机更有利于直接攻击目标,诱骗迫使对方防御,吸引对方火力,消耗敌方高价值武器,为后续突防或攻击减少威胁。

饱和式攻击。无人机集群凭借其隐蔽性、数量、成本优势可以对敌防空系统或空中目标发起饱和式攻击,规模超出敌预警系统探测、跟踪或攻击能力,突破其防御体系,实现传统武器难以达到的作战意图。

精确化猎杀。无人机集群功能可以组合搭配,灵活配备侦察探测、目标识别、火力攻击等载荷或直接加装战斗部,渗透突破敌防空体系,深入敌方核心区域,对重点目标和危险目标实施一体化侦察打击。

无人有人协同。有人与无人系统为执行相同任务而建立的整体编队,通过平台互操作和资源共享来控制,以达成共同的任务目标,在智能协同、集群算法和新型传感器的支撑下,无人机集群与有人机协同作战能更好的发挥无人机集群的数量规模和功能自主优势[4]。

5 未来无人机集群运用方式

（1）信息支援

小型无人机将是其未来情报监视侦察力量的基石,利用小型无人机搭载的多种类型和数量较多的传感器,合理分工任务,获取前沿战场信息,开展目标详查,可为后续空中打击提供目标跟踪、定位、指示信息。无人机集群侦察将作为大型有人/无人侦察预警飞机的重要补充,可扩大侦察区域范围,弥补探测盲区,提高目标侦察能力和定位精度[5]。

（2）干扰压制

为小型无人机装备电子干扰、诱饵、高功率微波等系统，可发挥其反射截面积小、辐射信号弱，不易被敌雷达探测的优势，可进入敌防区内更近距离地靠近目标，利用数量庞大、不同频段的电子攻击系统，协同干扰敌雷达站、指挥控制系统、通信系统、空对面导弹发射器等，实施集群电子战和压制敌防空系统任务，提高己方作战飞机的突防能力，为后续空中打击打开走廊。根据战场威胁情况，可运用不同的航线，采取多批多任务策略，同时对敌多个威胁目标实施干扰。

（3）攻击与防御

小型无人机携带炸弹，可作为武器投放平台以自杀方式实施饱和式攻击，可获得先进的空对面导弹相同的战术价值。在攻击方式上，使用多架无人机在某个时刻，从多个阵位、多个角度对单个或多个目标火力齐射，还可根据需要连续实施多次攻击。在战术运用上，可先以协同方式将部分无人机作为诱饵，对敌实施干扰欺骗，等待其他无人机到达攻击区域后，同时发起攻击，能提升目标杀伤率，增加攻击突然性。在应对敌大规模空中打击行动时，可利用小型无人机集群进行有组织的联合防御，配合地面防空系统作战，必要时采取自杀式行动，撞向敌空中平台并予以摧毁。

【参考文献】

[1] 党爱国.无人机集群作战概念发展对未来战场攻防影响[J].战术导弹技术,2019(1):38-41.

[2] 邹立岩.马赛克战视角下的智能无人机集群作战概念研究[J].战术导弹技术,2020(6):67-74.

[3] 王肖飞.无人机集群战例分析与作战研究[J].舰船电子工程,2020,40(11):16-19.

[4] 李文.有人机/无人机混合编队协同作战研究综述与展望[J].航天控制,2017,35(3):90-95.

[5] 胡杭.无人机蜂群在渡海登陆(岛)作战中的应用研究[J].国防科技,2020,41(2):107-112.

无人机蜂群作战典型战法研究

徐艳艳[1]　胡雷刚[1]　王真[2]

(1 陆军航空兵学院 无人机中心，北京 101116
2 陆军航空兵学院 航空机械工程系，北京　101116)

【摘　要】本论文围绕陆军使命任务，采取调研分析、论证研究等方式，对无人机蜂群作战基本概念、无人机蜂群作战任务需求、无人机蜂群作战应用场景、无人机蜂群作战典型战法进行了研究。根据无人机蜂群的基本特性，分析提炼出侦察监视、精确打击、饱和攻击、电子对抗等四种无人机蜂群在执行未来作战任务时的主要任务需求；结合渡海登岛作战、边境自卫作战、战略特种破袭任务分析了无人机蜂群作战的应用场景；基于以上分析提出无人机蜂群在遂行侦察监视、精确打击、饱和攻击、电子对抗作战任务时的典型作战战法。

【关键词】无人机蜂群作战；任务需求；应用场景；典型战法

无人机蜂群是由较多数量无人机组成，能够遂行同一任务，具有较高自主和协同能力的无人机集群，以功能相对单一的低成本单元非对称式抵消传统大型多功能平台的能力，获得了各国军方及各种军事组织的广泛关注。开展无人机蜂群作战战法研究，对于推动无人机蜂群作战技术进入未来无人机作战体系，整合现役无人机装备，提升现有作战效能，降低装备制造、使用和维护成本，争取未来战场主动权，推动新军事变革，具有重大意义。

1　无人机蜂群作战概述

(1)无人机蜂群作战基本概念

无人机蜂群作战通常以单体无人机作战能力为基础，以无人机间的自主协同为支撑，基于开放式体系架构综合集成，具有高度智能自治和功能分布特征，可遂行特定作战任务，多采用微小型无人机，是智能化的无人机集群，是无人机集群的高级形式。

无人机蜂群作战战法，是以无人机蜂群为主战装备，组织实施作战行动的基本方法。在执行作战任务时，针对不同的作战对象、作战环境，灵活运用各种战法，是陆军各级指挥员和战斗员必须认真研究和把握解决的问题，是取得战斗胜利的基本保证。

(2)无人机蜂群作战军事意义

在全域作战背景下，陆军将面临强拒止性、高度不确定性、高度动态性、高度对抗性的复杂战场环境，客观上要求陆军作战能力向无人化、智能化、网络化、体系化方向发展。无人机蜂群作战具有低成本、数量规模、作战效能、体系作战等强拒止环境下的非对称作战优势,可以突破单架无人机的任务能力限制,实现能力互补和行动协同,能够从整体上大大提升陆军作战效能,满足陆军作战发展需求。

当前,无人机蜂群作战在实现上还面临着许多实际困难,随着智能化作战、分布式打击、无人化技术的发展和作战理念的更新,无人机蜂群作战将在未来战场环境中有着巨大的应用前景。在目前国内外无人机蜂群项目的研究中,无人机蜂群在作战中多是作为支援作战装备发挥辅助作战作用,要想融入信息化、智能化的联合作战行动中形成以无人机蜂群为核心的作战能力体系,更加适用未来作战需求、发挥关键作战作用,取得更大的作战效能,还要有与陆军作战使命任务、装备体系、作战理论相适应的无人机蜂群作战战法。

因此,应加强对无人机蜂群作战战法的研究,创新信息化和智能化条件下的作战战法,形成一套行之有效的作战方法,抢占无人机蜂群作战领域的制高点。

2　无人机蜂群作战任务需求

组成无人机蜂群的无人机通常具有体积小、可搭载多种任务载荷、成本低等优势,具有分布式、灵活性、智能化等诸多特点。无人机蜂群协同执行战场任务,将是未来无人机自主作战发展的重要方向,可以广泛应用于情报侦察、压制防空、制作诱饵、毁伤评估等各类战术任务,在侦察监视、精确打击、饱和攻击、电子对抗等作战行动中具有独特优势,可丰富作战手段,创新作战模式,提升作战效能。

（1）侦察监视

微小型无人机是组成无人机蜂群的主要形式,它具有良好的隐身特性,能够较好的避开敌防空系统的探测,潜入敌方阵地。通过在无人机上搭载各类侦察载荷,无人机蜂群能够以低空或超低空飞行的方式突破敌防空体系,进入敌方重点、要害区域,通过快速隐蔽组网进行战场信息的侦察和监视,并将收集的情报通过数据链系统实时回传,为作战提供有效的情报保障。

（2）精确打击

无人机蜂群成本较低,自身可作为诱饵或者模拟假目标,引诱敌方防空探测设备开机暴露自身位置及无线电信息,无人机可将诱骗侦测到的情报反馈至己方进行打击。无人机蜂群功能可组合搭配,能够根据需要灵活配备侦察探测、目标识别、火力攻击、反辐射等载荷,突破敌防空体系,深入敌方核心区域,对重点目标或威胁目标实施打击,摧毁敌方防空系统。相比于大中型察打一体无人机,具有灵活精准、突破能力强等优势。

（3）饱和攻击

组成蜂群的无人机单个成本较低、数量众多,能够承受大量损耗。无人机蜂群可凭借此优势,对敌目标实施超出其预警系统探测、跟踪或攻击能力的饱和攻击,以较低的成本换取敌高价值武器的消耗,既能提升目标的杀伤概率,又能增加攻击的突然性,实现传统武器难以达到的作战意图。

（4）电子对抗

通过配备电子干扰设备,对敌方的预警雷达、制导武器等进行电子干扰,无人机蜂群能够为后续作战力量提供有效的掩护,开辟安全走廊。无人机蜂群也可以通过配备反辐射武器,对敌方目标进行攻击,摧毁敌防空系统,为后续攻击减少威胁。

3　无人机蜂群作战应用场景

无人机蜂群可以搭载在陆基或空基平台上,飞抵特定区域或在指定区域内发射或释放,通过自适应组网、信息交互、自主编队飞行、大规模无人机管理与控制、任务规划等技术实现态势感知、协同作战和智能决策,可完成侦察监视、精确打击、饱和攻击、电子对抗等多样化任务。陆基平台发射方式主要为火箭助推式、箱式、弹射式,空基投放平台一般为战斗机、运输机,轻小型无人机蜂群也可通过布撒器投放,利用布撒器良好的低空性能,突防至攻击区域后释放。无人机蜂群的典型作战应用场景主要有以下三种。

(1)渡海登岛作战

在渡海登岛作战中,无人机蜂群作战主要利用微型/轻小型无人机组成蜂群"敢死队",遂行吸引和消耗敌防空火力、饱和防空通道的作用,为后方高毁伤能力空袭提供安全通路。主要作战样式可能为:通过作战飞机、运输机、水面舰艇等投放前出作战编队巡航飞行,既可以模拟战机雷达反射信号,通过认知对抗和智能学习提升模拟能力,诱使敌防空雷达开机并消耗防空导弹,也可以利用数量优势饱和敌方防空系统探测、拦截通道。

(2)边境自卫作战

在边境自卫作战中,无人机蜂群作战主要由中小型无人机组成作战编队,既可独立遂行察打一体任务,也可与有人机协同遂行感知、护卫等任务。独立遂行任务时,利用中小型无人机的隐身、协同、战损比小等优势,深入敌方防区,独立完成探测、攻击等任务;与有人机协同作战时,既可前置探测目标,通过数据链将目标信息传送至后方有人机,引导有人机实施防区外打击,也可作为有人机的"护卫队",在有人机受到攻击时保护有人机安全。

(3)特种破袭作战

在特种破袭作战中,无人机蜂群作战主要利用轻小型无人机组成蜂群"突击队",遂行探测、攻击、干扰等多样化作战任务。其主要作战特点包括:蜂群中的所有节点具备自主和"去中心化"特性,它们都处于相同的地位,某一节点受损不会对其余节点造成影响,可以通过自适应组网继续完成协同作战任务。所以无人机蜂群作战具有极佳的战场生存能力和任务完成能力,在特定环境下可完成探测、攻击、干扰等作战任务。

4　无人机蜂群作战典型战法

随着无人机智能化水平的提高和集群控制技术的发展,无人机性能越来越强,造价越来越低,无人机蜂群作战也正在由概念走向现实。在未来作战环境中,无人机蜂群会成为指挥官手中的得力工具,执行侦察监视、精确打击、饱和攻击、电子对抗等任务,成百上千架无人机飞抵上空的震撼场面将令人不寒而栗。

(1)侦察监视典型战法

无人机蜂群执行侦察监视作战任务时的基本战法应为:隐蔽抵近,缜密侦寻。当无人机蜂群实施侦察监视时,在抵近侦察监视区域前,应采取超低空隐蔽飞行,或者以无线电静默的方式进行蜂群投放,通过目视、光学、红外、雷达侦察等多种手段,对敌方的动态、位置、规模等信息进行侦察,尤其是对装甲目标和防空兵器的型号、数量进行识别和判明,并将侦察的信息通过可靠的数据链路实时回传至我方,为作战行动提供及时、准确的情报信息。

(2)精确打击典型战法

无人机蜂群执行精确打击作战任务时的基本战法应为:协同作战,灵活打击。当无人机蜂群实施打击作战时,考虑到蜂群中的无人机通常体积较小,挂载的火力攻击载荷有限,可与有人机配合进行协同作战。无人机蜂群成本较低,自身可作为诱饵或者模拟假目标,引诱敌防空探测设备开机暴露自身位置及无线电信息,无人机可将诱骗侦测到的情报反馈至己方通过自身搭载的火力攻击、反辐射等载荷,也可以通过有人机使用机载火箭、航炮、机枪等武器进行猛烈、连续的打击,力求首次攻击摧毁目标,或瘫痪其作战能力。

(3)饱和攻击典型战法

无人机蜂群执行饱和攻击作战任务时的基本战法应为:多维进攻,毁瘫结合。无人机蜂群成本较低可承受大量损耗,可主动暴露自身佯动威胁目标或直接攻击目标,诱骗、迫使对方防御,吸引防空火力,消耗敌方高价值武器,为后续突防或攻击减少威胁。当无人机蜂群实施饱和攻击时,可凭借其隐蔽性、数量、成本优势,对敌方单个或多个目标,在某个时刻从多个攻击阵位、多个攻击角度发起规模超出敌防空预警系统探测、跟踪或攻击能力的饱和攻击,摧毁其防空预警系统,或瘫痪其作战能力,既能提升目标的杀伤概率,又能增加攻击的突然性,实现传统武器难以达到的作战意图。

(4)电子对抗典型战法

无人机蜂群执行电子对抗作战任务时的基本战法应为:充分准备,多措并举。当无人机蜂群实施电子对抗时,应根据电子干扰的目的、手段和方式,隐蔽进入预定位置,按照任务要求,采取相应的电子攻防行动,瘫痪其作战能力。一是电子干扰。无人机蜂群可携带电子干扰设备,组成前沿电子战编队,对敌方的预警雷达、制导武器进行电子干扰、压制、欺骗等,为后续作战力量开辟安全走廊,并提供可靠的掩护。二是电子攻击。无人机蜂群通过配备反辐射武器,基于诱骗侦测到的情报,对敌方目标实施攻击,摧毁敌方防空系统。

5　结论

本论文瞄准未来陆上无人作战,围绕陆军无人机蜂群作战,以作战任务需求为牵引,分析无人机蜂群作战的应用场景,设计无人机蜂群典型作战战法,形成无人机蜂群作战的基本理论与方法,以期为陆军未来无人化、智能化装备发展提供参考。

【参考文献】

[1]党爱国,王坤,王延密,等.无人机集群作战概念发展对未来战场攻防影响[J].战术导弹技术,2019(1):37-41.

[2]张志伟,黄传贤.陆军航空兵作战理论研究[M].北京:国防大学出版社,2014.

[3]燕清锋,肖宇波,杨建明.美军无人机蜂群作战探析[J].飞航导弹,2017(10):49-53.

[4]申超,武坤琳,宋怡然.无人机蜂群作战发展重点动态[J].飞航导弹,2016(11):28-33.

[5]袁成.即将到来的无人机蜂群作战[J].无人机,2019(4):25-29.

反恐维稳行动中无人机蜂群
作战应用与关键技术研究

杨 震[1*] 刘树杰[2] 段洪刚[1] 程 程[3]

1 31539 部队,北京 100043
2 陆军航空兵学院,北京 101123
3 中部战区某部,北京 100043)

【摘 要】近年来,恐怖主义在全球范围蔓延,恐怖手段不断升级致使常规的处置方法难以有效应对,严重影响地区的安全稳定,部分国家通过创新手段方法和发展新型装备应对上述困境。随着无人机技术的发展,无人机蜂群在各领域得到广泛的运用,但针对反恐维稳行动的研究较少。本文对无人机在反恐维稳行动中的作战应用进行研究,总结了该背景的下国内外研究现状,研究了无人机蜂群在反恐维稳行动中平时和战时两种情形下的主要作战样式和关键支撑技术,研究设计了无人机蜂群在反恐维稳行动中的典型作战场景及运用方法,为创新无人机蜂群作战运用及装备发展提供理论支撑和思路方法。

【关键词】反恐维稳;无人机;典型场景;作战应用;关键技术

反恐维稳行动是指武装力量依法处置骚乱、暴乱、暴恐袭击等群体性突发事件的非战争军事行动,是维护地区安全稳定的重要基石。近年来,我国面临的各类威胁更加复杂多样,群体性突发事件呈现组织化程度高、抗争形式多元、扩散倾向明显等特点,使得预防和处置的力量、策略和手段亟需优化升级。随着科学技术的发展,无人机凭借其投入维护成本低、自主可控性强,能够满足复杂作战环境、多样场景行动需要及迅捷、可靠、隐蔽的执行任务能力,使得其在军事和民用领域[1]得到广泛的运用。本文主要研究无人机蜂群在反恐维稳行动背景下的作战应用问题,通过对无人机的分类及国内外研究现状的梳理,研究无人机蜂群的作战样式、关键支撑技术及典型应用场景,对无人机蜂群应用在反恐维稳行动的未来发展需要重点解决的问题进行研究。

1 国内外无人机蜂群发展现状

1.1 无人机分类

无人机(Unmanned Aerial Vehicle,UAV)是一种机上不载人、有动力并利用空气动力飞行、可遥控或自主控制、携带致命或非致命性任务载荷、可重复使用的无人驾驶飞行器,也是一种空中机器人。无人机最早出现在第一次世界大战后,在战争的催化下产生,第一架真正的无人机"寇蒂斯"原型机于 1918 年由美国的斯佩里团队研发成功[2]。

无人机的分类多种多样。从结构上区分,无人机可分为固定翼无人机、旋翼无人机、无人飞艇、伞翼无人机、扑翼无人机、垂直起降固定翼无人机;按尺度分类,无人机可分为微型无人机、轻型无人机、小型无人机以及大型无人机;按任务高度区分,无人机可分为超低空无人机、低空无人机、中空无人机、高空无人机和超高空无人机;按用途分类,无人机可分为军用无人机、民用无人机及消费级无人机。应用在反恐维稳行动中的无人机主要应用在城市环境或偏远地区,通常以固定翼及旋翼无人机机型为主,功能介于军用无人机与民用无人机之间,可以在区域范围内使任务需求得到高效实现,而相较于固定翼无人机,旋翼无人机因其操作简便、成本低廉、机动灵活、载荷丰富,可以悬停和垂直起降等特点,成为反恐维稳行动中主要的发展机型。

1.2　国外发展现状

随着人工智能和无人机技术的快速发展,无人机集群在作战中的作用越趋显著,多国将无人机作为影响未来作战样式的典型武器开展大力研究并逐步在实战中加以运用,但专门针对无人机蜂群在反恐维稳行动中的运用研究较少,本文梳理总结了可用于反恐维稳背景下的国外无人机蜂群项目。由美国国防预先研究计划局(DARPA)主导研发的"快速轻量自主"(Fast Lightweight Autonnmy,FLA)项目于 2018 年 7 月验证了无人机在模拟的城市环境中以高度在多层建筑之间飞行、穿过狭窄通道并识别感兴趣的物体及绘制室内的三维图等实验。同样由 DARPA 主导研发的"进攻性蜂群"(Offensive Swarm-Enabled Tactics,OFFSET)项目研究了开放式软件与系统架构、沉浸式交互以及分布式机器人系统集成与算法开发等技术,实现开发并测试专为城市作战蜂群无人系统设计的蜂群战术,验证超过 100 架无人机的蜂群作战。俄罗斯研发的"闪电"无人机系统可将大量无人机从机载平台中迅速发射并在战场中形成蜂群,用以执行情报侦察监视、目标打击、火力压制、重要节点打击等复杂任务,能从坦克顶部对其进行攻击或打击掩体内的人员。英国国防科技实验室研发的"多无人机轻量作业"(Many Drones Make Light Work,DSTL)项目在 2020 年 1 月验证了由 220 架具有 5 种不同作战能力的异构固定翼无人机组成的共携带 6 种不同载荷的无人机集群实验,实现了态势感知、医疗援助、后勤补给、爆炸物检测与处置以及电子干扰与欺骗等功能演示,使用移动指挥与控制系统系统控制整架无人机集群开展协同处理超视觉飞行的分析任务。土耳其 STM 军工集团在 2019 年 7 月展示了 20 架"卡尔古"四旋翼攻击无人机集群作战反恐的概念演示。综上所述,国外部分国家研究发展的无人机项目已初步具备作战能力,并在实际的场景中得到一定的应用。

1.3　国内发展现状

中国也积极开展无人机蜂群的实验验证,目前总体上还处于自发式研究论证阶段。自2016 年起,中国电子科技集团先后完成了 67 架、119 架、200 架的固定翼无人机蜂群的飞行实验,演示了无人机密集弹射起飞、空中集结、多目标分组、编队合围、蜂群行动等行动[3]。国防科技大学针对无人机集群自主协同展开试验飞行,实验验证了 21 架固定翼无人机空中完成自主集结编队、飞向指定区域完成覆盖搜索、按需探测与抵近侦察等任务,验证了自适应分布体系架构、协同感知与行为意图预判、按需探测自组织任务规划、任务分配与编队调整、基于意外事件处理的集群自主飞行控制等多项关键技术[4]。北京航空航天大学结合生物群体智能深入研究无人机集群编队、目标分配、目标跟踪、集群围捕等任务的关键技术,2019 年完成了 20 多架无人机的机协同任务分配集群飞行验证。由中国空军装备部主办的"无人争锋"智能无人机集群系统挑战赛展现了对未来智能无人集群技术发展与应用的重视,挑战赛分别考核了无人机集群复杂环境下自主编队飞行,无人机集群协同感知识别,无人机集群目标跟踪、多目标分配和动态航路规划,模拟无人机蜂群空中回收、精准定位、精准编队,无人机集群自主协同对抗共五个方面的能力。

2 典型场景作战样式运用

2.1 典型作战场景

在敏感节点和重要活动期间,境外暴恐势力通过私自潜入及协助我境内反动势力等方式,煽动各类特定利益群体及不明真相的群众在某区域内的政治敏感区、经济核心区等关键点位策动游行示威闹事、冲击打砸重要目标、堵塞交通枢纽等活动。暴恐分子以网络群组为主要联通工具,在多个点位持续煽动暴力行动,采取"快闪式"手法,同一时间在多地发起暴力行动,或在一点结束后迅速转场至另一地点继续行动,目的达成后潜入错综复杂的建筑物中或藏匿到偏远山区。

2.2 无人机蜂群作战样式

反恐维稳行动中无人机蜂群作战的主要任务区域以城市地区和偏远山区为主,行动范围分散、环境复杂、区域较大,作战任务易受城市建筑物、山区树木沟壑遮蔽及复杂的电磁环境等影响,且骚乱暴乱事件和恐怖活动一般事发突然,无人机出动准备时间短,执行任务的时效性高。区分平时和战时两种情形对无人机蜂群在反恐维稳行动中的主要作战样式进行研究。

(1)平时作战样式

一是区域环境建模。可使用无人机蜂群对行动区域重点防卫地域、重要防卫目标、主干道路、典型建筑等进行高精度的数据采样、提取及融合,建立行动区域 3D 模型,构建形成环境数据库,为战时无人机快速前出事发地域遂行处置行动展开前期的数据准备。

二是定点巡逻监视。常态化部署在重点区域及主干道周边,无人机蜂群依靠既定的路线自动巡逻或人为控制进行区域监视,以此发现可疑情况及人员并实现远距离高清图像实时传输,同时可搭载专业拍摄装备或遥感检测平台,实时掌握重点区域及关键道路枢纽态势信息。

三是协同安保监控。在重要会议及重大赛事等活动期间,利用旋翼无人机携带方便,可悬停和垂直起降等优势,在重点区域高空部署旋翼无人机为安保警戒人员提供空中监控视角,实现区域的全维监控。无人机蜂群在空中执行监控任务可快速对较大范围区域实现侦察,可实时监控人员聚集密度及人员流向等信息,一旦发生异常突发情况,可第一时间将事发区域图像视频传输给现场安保人员,为其提供强有力的空中情报保障,实现协同快速情况处置。

（2）战时作战样式

一是侦察跟监。反恐维稳行动区域大、建筑物多造成地形复杂，仅依靠地面处置力量巡逻警戒，不仅时效性得不到保证，还容易出现盲区，耗时耗力。使用无人机搭载光电、红外、图像等不同的识别传感器，采用区域盘旋或悬停探测等方式，配合地面处置力量使用多无人机协同的方法从不同的角度和高度对区域情况进行实时多维侦察，达到及时发现暴恐分子和闹事分子非法活动的效果，为各级指挥机构提供实时现场情报。对于乘车逃窜藏匿的嫌疑分子，无人机蜂群可以快速发现车辆和人员并进行行踪，实现有效监控覆盖。无人机可对区域内影响安全稳定因素的实时掌握及已判明的目标的不间断跟踪监视，对新发现目标及时回传信息以判明情况，同时可使用小微、仿生无人机，进入楼宇、地下等密闭空间实施侦察，协助处置力量行动。

二是监视取证。在侦察区域大、地面环境复杂，或者由于社会因素等方面限制不利于人力实行监视取证任务时，依靠挂载在无人机上的照相机、摄影机、红外扫描仪等设备，实现对区域的侦察搜索，对恐怖分子的活动实现证据的取证拍摄，为后续的抓捕工作及事件真相的还原提供便利。无人机也可以搭载具备人脸识别、自动跟踪等技术的设备及红外线热成像仪达到更好监视不法分子的效果。

三是标记打击。在确保不会误伤平民群众的情况下，可通过无人机蜂群搭载强声、强光或抛投等不同设备，对藏匿的嫌疑分子，实施强光照射、心理震慑、甚至发射爆震弹、催泪弹等方式对其实施打击。也可以携带质量轻、后坐力小的航空机枪，配合地面处置力量的决策指示，对嫌疑分子实施火力打击。对混杂在人群中的嫌疑分子，由于平行视线受阻，可利用无人机蜂群挂载染色弹，从高空对嫌疑分子进行标记，为地面处置力量提供目指信息，引导地面处置力量追踪打击嫌疑分子。

四是通信中继。执行反恐维稳行动的区域往往环境复杂，建筑林立，甚至发生在山地、丛林等复杂地域，会阻隔或吸收无线电、微波等信号使通信传输受限，且地面通信设备一旦遭受破坏，会严重影响处置部门之间的通信联络，造成处置的不及时。携带通信中继设备的无人机蜂群可作为有效补充，在短时间内承担区域通信的作用，保障处置力量之间的态势互通、指令下达、信息传输等任务，解决通信联络问题。

五是网络封控。在偏僻地区或密闭环境中，可利用无人机蜂群对处置区域内的数字移动、WiFi、短波等通信链路实施干扰和屏蔽，使嫌疑分子之间的通信受阻，避免其相互联络增加处置难度。同时，可使用无人机对闹事分子携带和使用的各类无人装备进行信号诱骗和接管。

六是物资保障。可使用无人机蜂群为处于偏远地区及不利于物资保障区域的事件处置人员提供定点物资投送，保障处置人员的弹药、给养、药品等物资供给。

2.3　无人机蜂群作战应用

反恐维稳处置部门在获取现场态势及判明情况后，迅速明确处置决心及作战任务，处置力量按任务制定无人机任务规划需求，赴目标点位附近安全位置进行处置准备。到达事发点位后，携带不同载荷的无人机蜂群起飞后在空中按任务类型进行集结编队，而后向目标点位方向飞行。抵近后,携带通信中继载荷的无人机蜂群先在目标点位上空预先筹划的空域分散部署构建空中通信中继网。携带网络封控载荷的无人机蜂群进行协同干扰,致使暴恐分子之间的通信受阻。携带侦察监视和标记打击载荷的无人机蜂群组成异构协同编队,使用检索环境数据库或动态规划的模式对目标点位进行立体多维侦搜,在发现嫌疑目标后,回传实时高清图像信息给现场处置人员判明情况。在处置人员判明情况的过程中携带侦察监视和标记打击载荷的无人机蜂群实时跟踪监视嫌疑目标,待判明情况后处置人员给携带标记打击载荷的无人机下达软杀伤或硬杀伤指令。标记打击任务执行后,携带侦察监视载荷的无人机蜂群实时跟踪监视现场情况并回传给现场指挥人员评估研判,进行下一阶段的任务调整,若判明任务达到预期作战任务后编队返航。

3 关键技术

（1）自主避撞技术

反恐维稳行动中的无人机蜂群任务环境通常较为复杂,可能需要在树木林立的野外山区、建筑密布的城市街区甚至环境动态不透明的环境中执行任务,无人机蜂群不可避免的面临在环境中与各类障碍物发生碰撞的危险,避撞的主要对象有外部环境、内部个体及外部对抗物体,无人机蜂群的自主避撞技术有利于提高无人机执行任务时的生存能力。自主避撞技术主要包括针对外部因素的避障技术和针对多无人机蜂群内部因素的冲突消解技术。多无人机同时执行任务时因为轨迹交叉及环境中不确定因素的影响,无人机蜂群之间的距离在不断的调整,存在无人机之间的相互碰撞风险,冲突消解技术主要解决多无人机之间的冲突,防止发生相互碰撞。避障与冲突消解技术的使用确保了多无人机的飞行安全,现有的研究理论主要有基于路径规划的碰撞规避、基于优化控制的碰撞规避和基于反应式控制的碰撞规避等方法。

（2）抗干扰技术

反恐维稳行动中的电磁环境复杂,而无人机比有人机更加依赖电磁资源,无人机的定位、通信更容易被电磁干扰。同时,无人机对通信依赖的增加,要求其使用更大的主动发射功率,这使得无人机更容易被敌发现、跟踪、干扰和攻击,这对无人机数据传输的容量、带宽、作用距离、数据传输的抗干扰性和安全性均提出了更高的要求。无人机抗干扰能力提升主要体现在电磁防护能力、电磁兼容性能、数据链的抗干扰能力三个方面,其中提升无人机的电磁防护能力主要采用屏蔽电磁干扰、切断电磁通道、加装滤波器材等措施,提升无人机的电磁兼容能力主要采用对无人机内部设备进行电磁屏蔽处理和改进电磁兼容性设计等措施,提升无人机数据链的抗干扰能力主要采用电磁信号隐身、自适应干扰抑制、信源与信道编码等技术。

（3）协同控制技术

协同控制技术主要包括对无人机蜂群的任务分配调整、集群编队飞行、航迹规划等方面,用以实现对多无人机的协同控制,实现作战效果最优。无人机蜂群任务分配调整主要包括多无人机资源分配和目标分配两个方面,合理的资源分配方案可以在满足作战任务要求的前提下,尽可能节省无人机的资源消耗,而完备的目标分配可以保证无人机高效的完成任务,增加战场生存能力和作战效益[5]。集群编队飞行主要考虑编队保持和队形变换,根据作战环境、作战任务以及蜂群无人机自身状态变化,如何确保队形灵活快速、安全有效的变换,发挥无人机集群编队的最优效果。多无人机的航迹规划主要解决的问题是在复杂环境中,为多架无人机规划出一条或者多条满足自身性能约束和战术要求同时又能有效的避开战场威胁的最优飞行航迹。

(4)动态规划技术

无人机蜂群在执行任务时,一方面在作战初始阶段时根据环境和飞机特性进行全局任务规划,另一方面,在执行任务过程中针对作战进程开展实时动态规划。动态规划是指在无人机控制平台接受到目标引导后,能够完成基于任务环境、任务要求、飞机性能、任务指标等约束条件下的任务规划,为无人机蜂群提供执行任务的行动序列及执行任务的方式,使无人机蜂群的整体作战效能区域最优,从而确保携带不同任务载荷的无人机能够协同快速捕获目标,及时持续跟踪目标,实现对可以目标的属性识别和定位,提高对目标的侦察打击的能力。

4　结论

本文研究了反恐维稳行动背景下的无人机蜂群作战应用问题,梳理总结了可用于该场景下的国内外典型研究项目发展现状,论证了无人机蜂群应用在该场景下的可行性,研究表明国内还处于自发式研究阶段,但各领域对无人机作战应用的研究关注持续提高。本文构建了无人机蜂群运用的典型作战场景,研究提出了平时和战时两种模式下无人机蜂群的作战运用,拓宽了无人机蜂群的运用场景和建设发展思路。研究了反恐维稳行动中无人机蜂群作战应用的关键支撑技术,为新型无人机装备的建设发展提供理论支撑。下一步将在无人机蜂群应用在反恐维稳行动中的法律规制问题、跨部门的协同指挥控制和无人机蜂群博弈对抗等方面展开研究。

【参考文献】

[1] WEI M,HE Z,Rong S,et al. Decentralized Multi-UAV Flight Autonomy for Moving Convoys Search and Track[J]. IEEE Transactions on Control Systems Technology,2017(99):1480 - 1487.

[2] 王进国.无人机系统作战运用[M].北京:航空工业出版社,2020.

[3] 段海滨,申燕凯,王寅,等.2018 年无人机领域热点评述[J].科技导报,2019,37(3):82 - 90.

[4] WANG X,SHEN L,LIU Z,et al. Coordinated flight control of miniature fixed-wing UAV swarms:methods and experiments[J]. 中国科学:信息科学(英文版),2019,62(11):17.

[5] 苏雪.无人机集群作战的航迹规划和任务分配技术研究[D].哈尔滨:哈尔滨工程大学,2018.

对未来战争运用无人机蜂群作战的几点思考

袁 田 王 越 刘树杰

（陆军航空兵学院无人机中心，北京 101123）

【摘 要】无人机蜂群作战具有高度密集型、协同性、灵活性、低成本等特性，能以有限的成本、较低的人员伤亡和成本获得较大的作战效能，能够在不同战场环境条件下执行多样化作战任务。随着人工智能、分布式网络自主系统等迅速发展与应用，无人机蜂群作战能力得到了进一步增强。因此，深化无人机蜂群作战理论研究，加快无人机作战军事实践，是积极适应信息化、智能化战争条件下局部战争形态发展演变、争夺未来战场主动权的必由之路。

【关键词】无人机蜂群作战；未来战争；集群化；协同作战；全域化

无人机蜂群作战是指一组具备部分自主能力的无人机系统通过有人-无人操作装置的辅助，在一名或几名高级操作员监控下完成作战任务的过程，是未来智能化作战的重要形式。

1 无人机蜂群作战的主要样式

（1）战场侦察监视

在战场侦察监视行动中，无人机蜂群具有得天独厚的优势，在作战目标上空进行侦察监视时，续航时间长、扫描范围广、侦测精度高，且能够以其强大的突防能力抵近敌方前沿阵地或潜入敌后方纵深地带，通过不同无人机平台携带可见光照相机、标准或微光电视摄影机、红外扫描器和雷达设备等不同载荷，协同对敌方主要部署和重要目标进行现地实时侦察，完成侦察监视任务，同时发挥空中预警作用。

（2）电磁干扰对抗

一是引诱欺骗。在战斗发起前，空袭方可在进攻方向通过载机蜂巢大量投放无人机蜂群，充当诱饵或施放干扰，既可协同其他电磁干扰设备进行诱骗干扰，也可变换载荷来模拟不同型号、数量的作战飞机，形成虚假空中态势，引诱对方预警探测设备开机及防空火力、雷达作出反应，从而使对方暴露力量部署，或吸引消耗对方防空火力。二是提供掩护。作战过程中，无人机蜂群可直接为反辐射导弹等提供目标指示，也可携带电磁干扰设备、电磁脉冲弹、反辐射弹药等，对敌方作战系统进行干扰压制，为后续作战行动创造有利电磁环境条件，提供可靠电磁掩护。三是电磁攻击。无人机蜂群具有规模作战的优势，成千上万架无人机平台携带电磁对抗设备,同时向敌实施低成本饱和攻击,可迅速瘫痪对方预警探测设备,形成侦察监视盲区。无人机蜂群采用分布式作战方法,还可以更低的辐射功率和更少的自扰问题,达成更为精准的电磁攻击效果。

（3）集群饱和打击

根据作战任务需求,可将不同种类与性能的无人机相互搭配组合,形成特定的无人机蜂群编队,通过灵活多变的"聚"与"散"作战行动,对战场目标或区域进行"地毯式"饱和打击,充分发挥蜂群作战特点优势,快速压制对方,迅速达成作战目的。以无人机集群方式进行大规模运用,实施覆盖式、强压式打击行动,不仅能够以强大的突防能力与打击火力给对方造成重大损伤,还可以过度消耗对方作战资源与实力,迫使对方屈服,达成战略性作战目的。

（4）有人/无人协同作战

由大量低成本无人机组成的空中蜂群,可在有人战机的指挥控制下,突防进入高风险区域进行战斗,也可作为有人战机的僚机进行编队,给有人战机提供空中掩护屏障,大幅提升有人战机作战安全系数,减少战场人员伤亡。此外,可将原来单个或多个任务系统能力分解到一群更低成本的能完成同样任务的无人机身上,作为分布式无人机蜂群使用,进而降低高价位有人战机的作战成本。在某些情况下,无人机蜂群不必也不能完全取代有人战机,大量低成本、单任务无人机与少量有人战机协同行动,构成有人/无人共存的另一种"蜂群",将能更好地完成作战任务。

2　无人机蜂群作战的主要特点

（1）作战模式新颖多样,优势明显

无人机蜂群攻击具备自主动态规划能力,通过群内协同,可以完成更复杂和抽象的任务。在具备较高自主能力的情况下,操作人员可为集群攻击单元下达较为抽象的任务,或仅告知任务目的,让集群自行发现、打击目标并评估毁伤效果。无人机蜂群攻击在防空压制作战中具有数量和成本的优势。在饱和攻击下,敌方防空武器难以应对。集群攻击还有去除中心化的特点,使防空导弹这种成本昂贵且只能摧毁一定区域内目标的武器无法发挥效用。此外,集群攻击还可以通过配装多种毁伤载荷,以多样化的手段实现多层次的有序打击。

（2）作战对象多样,以高价值高威胁目标为主

采用具有一定规模的无人机机群对高价值高威胁目标进行探测打击,保证作战有效性的同时,有效降低采用高性能装备的人员伤亡和成本代价。主要作战对象包括海面驱逐舰、"宙斯盾"系统、地面防空系统等;作战区域包括地形复杂、目标动态杂乱的城市环境以及高危的拒止空间。无人机蜂群攻击是实现精确投放毁伤载荷的有效手段,能够以大量微小的毁伤载荷实现与现有毁伤载荷相当的毁伤效果,实现从精确打击到精确毁伤的进步,达到更理想的作战效果,减少附带毁伤。而且,可以降低对毁伤载荷尺寸和重量的要求,从而减少弹药尺寸或提升其他子系统的性能。

（3）战场覆盖全域化,攻势行动"无微不至"

在美国空军提出的《2016—2036年小型无人机系统飞行规划》里,描述了其构建横跨航

空、太空、网空三大作战疆域的小型无人机系统的目标,并在 2036 年实现无人机蜂群作战。无人机蜂群作战的核心关键技术之一是集群内的信息共享、智能决策和协同行动,这一技术的最终成熟,势必大幅推进陆、海、空、天、潜不同类型无人平台系统的军事应用,引发其他空间领域无人化蜂群作战系统大量涌现,集群概念将覆盖到陆、海、空、天、潜全疆域。由于蜂群作战系统所依托的是大量低成本、次复杂子系统,开发成本和牺牲成本远远小于传统的多任务复杂系统,可进行大规模部署而不用过分担心作战成本问题,作战单元能够散布到战场细微空间,战场控制方式从传统的"能力覆盖"向实际占领转变,传统武器系统的作战盲区和能力空白得到有效填补,进攻行动将充斥战场每个角落。

(4)侦察打击实时化,指挥控制"无缝对接"

侦—控—察打—评是作战行动的基本程序,形成了打击周期的闭合链路,而其中每一环节的执行效率则决定了作战行动周期的长短和最终作战效率。尽管无人机蜂群自主决策无法取代人在解决模糊问题和新问题方面的作用,但是自动化情报收集、传输、处理能够大幅提高战场信息数据的处理速度,加快作战节奏。同时,传统的功能高度集成的复杂任务系统经过分解,并赋予无人机蜂群各子系统之后,"侦""控""察打""评"呈现物理结构分散、作战功能一体的显著特征,这样保证了各个功能子系统的持续稳定,任务执行更加迅速高效,战场指挥控制更加流畅。

3 对无人机蜂群作战发展的几点建议

(1)无人机蜂群作战离不开多方技术支持

无人机蜂群作战如要实现,需要聚力推进编队飞行算法、无中心自适应网络、蜂群导航定位、远距离高带宽通信等关键技术的研发应用。同时,针对强对抗的高动态环境和大量数据分发等情况,还需攻克蜂群作战体系架构、蜂群协同作战算法、蜂群态势感知和共享、防电磁干扰与网电攻击、蜂群快速发射与回收等技术难题,需要集中力量推动多种技术共同发展,才能使无人机蜂群整体作战能力得到提升。

(2)无人机蜂群作战将影响未来作战规则

集群化作战是无人机未来发展的主要方向,也是影响未来战争形态的重要因素。研究表明,无人机蜂群作战能够形成规模优势,具有很强的战场生存能力和任务执行力,同时随着大数据技术、网络信息技术、AI 技术等高新科技加速发展应用,无人机蜂群将日趋完善成熟,给未来作战规则的改变革新提供强大推力。因此,须持续关注和研究无人机蜂群作战情况发展,积极适应由此带来的作战规则发展变化,及时抢夺作战优势,确保立于不败之地。

(3)无人机蜂群作战系统可推动战法创新

利用战场物联网、云计算、信息融合与共享、数据挖掘、数学建模等人工智能技术,打造超视距杀伤无人机蜂群系统武器闭环链。让无人机成为战场上传递信息的杀伤链节点,进而有效夺取战场信息优势、决策优势和行动优势。在多维复杂战场环境下,以战略无人侦察机作为空中节点,以数据链系统为支撑,建立全方位、全天候和全频谱的空中侦察和打击系统,进一步缩短无人机蜂群作战杀伤链时间。

（4）反无人机蜂群作战问题需高度关注

虽然无人机蜂群具有很多特点和优势,但也存在易受电磁干扰、个体防护能力较差等短板弱项。针对未来可能面临的无人机蜂群作战威胁,应加大反无人机蜂群作战问题研究,集中力量研究运用对抗反制的方式方法,如捣毁蜂巢、密集拦截、"蜂群"对抗、电磁瘫毁等等,以便更好应对未来无人机蜂群来袭威胁,有效夺取未来战场无人机蜂群对抗制胜权。

【参考文献】

［1］陈杰,辛斌. 有人/无人系统自主协同的关键科学问题［J］. 中国科学:信息科学,2018 (48):235 - 244.

［2］万华翔,张雅舰. 蜂群无人机对战场环境的影响及对抗技术研究［J］. 2018(4):68 - 72.

［3］LIM Y X,ALESSANDRO G,ROBERT S,et al. Avionics human-machine interfaces and interactions for mannedand unmanned aircraft［J］. Intell Robot Syst,2018(91):634 - 641.

"捕蜂捉影"——基于功能特性的无人机蜂群反制战术探析

赵　薇　党雪江　左晓桐

（陆军工程大学石家庄校区 无人机工程系,石家庄 050003）

【摘　要】无人机蜂群是以群体智能为核心特性,以饱和攻击为制胜关键的集群式无人化作战装备,强敌对手密集开展的蜂群作战项目研究对我防空体系构成极大威胁。只有通过战技融合的方式不断创新蜂群反制战法,才能实现强对抗环境下的非对称优势。从无人机蜂群的功能特性入手,分析了功能驱动下的 3 种蜂群作战行动,在此基础上梳理总结出无人机蜂群反制的战术战法,从 3 个方面提出对无人机蜂群反制作战的启示建议。下一步将紧跟无人机蜂群和反蜂群发展动态,为充实和完善可行性的蜂群反制战法提供支撑。

【关键词】无人机蜂群;功能特性;反制措施;战术战法

近来,有关无人机蜂群的新闻报道层出不穷:2021 年 7 月,以色列在与美英等国代号为"蓝色卫士"的无人机联合演习中,重点展示了蜂群战术的使用;2022 年 2 月,阿联酋国防部发布"狩猎者"2－S 蜂群无人机,将于 2023 年进行测试并投产;3 月,美陆军启动"融合计划 2022",拟为陆军开发小型无人机系统架构提供含有蜂群逻辑功能的新技术;5 月,美陆军在犹他州举实验性验证演习,测试网络化交互式空射效应无人机蜂群技术,为有人直升机执行空袭任务提供支撑。由此可见,支持人工智能的无人机蜂群作战受到各国军方的青睐,军方和工业界都致力于开发打击敌人的无人机蜂群的能力。新矛已利,盾将何求？在无人机蜂群技术快速发展的当下,我们应该清醒地意识到,尽管我国在蜂群技术的研究方面取得了一定进步,但与强敌对手相比仍然存在较大差距。面对"野蜂漫天飞舞"的现状,我们更应当未雨绸缪,从无人机蜂群反制的角度强化战术研究,积极谋划应对举措,才能提升面对强敌的非对称制衡能力,解决军事要地的面临的蜂群威胁。

1　功能驱动下的蜂群作战行动

对无人机蜂群进行反制,必须立足于对其功能特性的深刻理解。与功能集成的单体无人机相比,蜂群中的个体从结构和功能上似乎格外简单,但无人机蜂群不是简单的"1＋1＝2",其作战效能源于系统论中的"群体涌现性"原理,赋予蜂群在局部战场上创造出压倒性的力量优势击败对方。蜂群的作战能力围绕其功能特性,在质的层面得以跃升,能够完成单体无人机所无法完成的复杂任务和行动,凸显出无法比拟的作战优势[1]。

(1)协同感知与信息融合驱动的察打一体作战

蜂群中的每架无人机尽管只能感知局部、片面的战场态势,与单体作战的"各行其是"相类似,但微小个体之间可以通过信息网络,借助时域、空域、频域等方面相互协同,进行信息的交互和传递,"星星之火可以燎原",糅合蜂群整体状态和战情环境变化,在协同感知的前提下,利用网络将信息以聚类、关联、滤波、模式识别等多种手段分析后共享,获取任务区域内全面、准确的全局信息。蜂群一旦通过协同感知和信息融合建立并获取信息优势,就能在战斗中占据决策优势。如利用空间覆盖能力组成大型"天网",扩大侦察范围,拓展侦察角度,动态任务分配,依托本身体积小隐蔽性强的优势,携带轻型化侦察设备和精确杀伤武器,帮助寻找目标薄弱点或打击机会,引导空中火力实施目标清除,并对毁伤效果进行评估,实现对单一目标的全方位、无盲区、实时性监控,形成一个完整的 OODA 环。即使蜂群内部分无人机被击毁,也只会损失某个方向的信息,不会出现像预警机被击落后完全丧失对战场态势信息掌控的情况[2]。

(2)集群大量和去中心化驱动的饱和攻击作战

"饱和攻击"是 20 世纪 80 年代苏联海军司令提出的一种打击航母战斗群的战法理论,其核心是大量火力平台在短时间内的高密度连续攻击,但当时无论从战术的经济性还是技术的可行性,一般国家军队均难以实现。而无人机蜂群的出现,为这一作战构想的实战化运用带来曙光。"蜂群化"时代,数量将再次成为制胜的重要因素,无人机蜂群的作战能力与其编队规模成正比,只要通过足够有效的协同控制策略,多架无人机组成的编队就能充分凸显作战效能[2]。多种形式的快速部署、丰富类型的任务载荷、集中力量的聚能攻击、广域战场的空间覆盖,短时间内会令敌方防空反导系统的探测、跟踪和拦截能力迅速饱和导致瘫痪,迟滞敌杀伤链。去中心化的分布式作战,使蜂群没有所谓的"蜂王首领",任何一架无人机战损,群体可快速重建体系以保证群体稳定,最大程度降低了蜂群整体被破坏的敏感性,这种充满弹性化的自适应动态网络,保证了蜂群在执行饱和攻击任务时的作战能力,使"擒贼先擒王""牵一发而动全身"的传统战术黯然失色。

(3)低慢小隐和群体智能驱动的战情支援作战

战情支援作战与前两种作战行动相比,更多体现作战行动的灵巧性和保障性。目前绝大多数无人机蜂群呈现"低慢小"特征,滞空高度低、飞行速度慢、雷达反射面积、声音和体积小,综合来看就是隐蔽性好,最先进的相控阵雷达也难以探测,当被攻击目标探测到蜂群时,来不及调度导弹拦截,即使部分无人机被击落,蜂群作为整体仍可完成任务,沙特油田被胡塞武装无人机群袭击的例子就是佐证。以往传统作战若采取协同方式,必须要规定行动的时间、方法和步骤等信息,而无人机蜂群的群体智能强调"以作战目标为中心",基于目标自主筹划、自主协作、自主行动,在全域空间分配作战力量,选择最合适的手段、方法打击摧毁目标。通过搭载一些针对性的任务载荷,可以在敌方防区内执行渗透侦察、低空突防、精确打击、心理作战、弹药补给等任务,令敌猝不及防导致决策操作失误,为作战行动提供支持。

2　无人机蜂群反制战术战法

无论"软杀伤"还是"硬摧毁"的蜂群反制手段,强调从技术应用层面进行反制;探测、干扰、劫持、捣毁等蜂群反制思路,强调从体系防御角度进行反制。无人机蜂群反制战术战法,应立足于蜂群的功能特性与行动特点,将技术手段与体系防御思路相糅合,多节点、多方式开展功能联动,按照"毁点瘫体、以机制机、迷蜂布防"的战术原则,坚持"立体探测、智能预警、软硬结合、分割孤立、群力压制、快速清剿"的战法思路,实现快速预警、快速决策、快速抗击。

为抵消无人机蜂群具有的非对称作战优势,可从上述蜂群作战行动出发,在剖析其行动机理的基础上,设计相应的反制战术:

针对蜂群察打一体作战,围绕其协同感知、火力打击的行动核心,通过电子战等手段,切断信息通路,孤立蜂群个体,抑制群体涌现,并用察打一体无人机以火治火;针对蜂群饱和攻击作战,围绕其去中心化和数量优势的行动核心,通过防空火力消减摧毁,或借助自杀式武装格斗无人机以机制机;针对蜂群战情支援作战,围绕其低慢小隐、智能决策的行动核心,通过布下探测"天罗地网",以逸待劳,使蜂群及地面站无所遁形,加强反无人机装备的伪装防护,达到以假乱真、迷蜂布防的效果。

(1)立体探测,智能预警,梯次"捉影"

剿灭无人机蜂群的前提是探测发现。无人机蜂群具有"低慢小隐"特性,雷达对于此类低空低速飞行器的探测能力有限,使其"发现难"。但由于无人机蜂群自身续航能力有限,必须由载机将其运载至目标附近释放,以蜂群编队的形式向目标飞行,可以从这一角度出发,考虑对载机进行早期预警并打击,打掉载机等同消除载机上所有无人机的威胁,相当于"捣毁蜂巢",效果无疑是最好的[3]。可以采用雷达对载机进行持续监测,一旦蜂群被释放,则可以将雷达、光电、红外、无线电等多种搜索、识别手段结合进行联合预警,采用多点覆盖、前推扩大、梯次部署的形式,由前至后建立多道对空防线,对来袭目标的方向、数量、动态等进行实时监测,确保能够尽早尽远发现,借助空中、地面综合一体的探测网络,提高对无人机蜂群的侦察监视能力。要特别重视情报信息的快速传递和处理,建立高效的智能化情报处理体系,为处置预留充分时间。还要注意健全反无人集群指挥体系,务必精简、高效、快速,并根据要地防空级别,预先拟制应对不同规模无人机蜂群的各类计划、方案[4]。可以利用多种手段对作战指挥机构、高技术兵器阵地等重要目标进行隐蔽伪装,增大敌方无人机侦察、探测、作战的难度,降低其执行任务的效果,对抗敌蜂群携带的多种任务载荷的侦察和打击。

(2)软硬结合,分割孤立,环形"捕蜂"

监测到蜂群来袭后,要想方设法进行"捕蜂"。饱和攻击是蜂群作战的优势所在,可以采用"软硬结合"的战术,破坏和切割蜂群的规模体量,削弱和消除饱和攻击带来的火力压制。"软杀伤"就是针对蜂群无人机个体之间必须依靠通信系统共享信息的特点,通过链路夺控的方式,干扰、阻断甚至破坏蜂群的通信链路,扰乱敌蜂群内部的正常通讯,使其丧失集群作战能力,降低蜂群的作战威力,最大限度地保存己方的战斗实力。将"软杀伤"系统布置在防御体系外围,可以对蜂群实施电子干扰使其失控坠落,或被诱骗降落,如俄罗斯针对叙利亚反对派武装的无人机集群攻击,通过电子干扰成功降低了无人机集群数量,有效降低了攻击威力;也可对集群进行针对性的压制干扰,利用网络攻击技术,向集群的控制系统注入控制指令或病毒,进而俘获或使其自毁;或搜索无人机与控制站的通信信号,对地面站实施精准打击,从根源上切断蜂群无人机的通信,使其失控[5]。"硬摧毁"则是针对无法被"软杀伤"捕捉的无人机,主要用于核心区域和最后防线的防御,可以根据"低慢小"无人机目标的易损特性,采用定向能武器进行点面杀伤,毁伤蜂群无人机内部的电子元件,使目标失控坠毁,也可采用防空导弹加装爆破战斗部的方式,利用爆炸冲击波损坏无人机的机体结构和机内电子设备,使其完全丧失性能[6],通过枪、弹、炮与其他手段相结合的方式构建末端防御体系,从数量上减少蜂群的作战体量,溃散其群体,确保防线安全可靠[7]。

(3)群力压制,快速清剿,破局"蜂群"

面对无人机蜂群的群智作战,传统的清剿方式显得力有不逮,成本和效能均存在非对称性:定向能武器灵活性差,不适用于城市作战,输出功率不足可能导致有效作战半径较小;防空导弹用来攻击传统航空器效果明显,攻击无人机效果不明显,拦截效费比低下。经过对无人机蜂群作战的深入研究,可以采取蜂群对抗、群力压制的战术思路,用"蜂群"对抗"蜂群",实施多对多拦截,获得低成本、高效益。美国和加拿大都研制出了与蜂群对抗的小型无人机,采用多架协同攻击,通过撞击或释放弹药的方式摧毁无人机蜂群,达到拦截入侵无人机的目的,做到"以彼之道还施彼身"。利用蜂群低成本、分布式优势及察打协同能力进行反制,辅助传统防空系统进行防空探测,替代高价值防空导弹对来袭蜂群进行打击,将双方拥有的群体智能作为制衡的利器,能显著提高己方应对饱和攻击的防御和反制能力,从核心进行破局。

3 思考与启示

有矛必有盾。无人机蜂群作战的快速发展和对防空体系造成的巨大威胁,注定了无人机蜂群反制作战将在未来战争中扮演重要角色,特别是在我国无人机蜂群技术发展水平还无法与强敌对手相抗衡的情况下,更要重视反制蜂群的重要意义和战术战法的设计提升。

(1)提高蜂群反制的作战认知

2017年12月至2018年1月,叙利亚反对派武装曾两次利用无人机群袭击俄驻叙空军基地,俄军在第一次遭袭后迅速调整战术方案,在第二次遇袭时成功对敌机群进行反制。然而俄军动用了先进的"铠甲-S"防空导弹武器系统才堪堪抵挡住叙反对派武装用三合板和胶带拼接成的简陋无人机,"大炮打蚊子"暴露出无人机蜂群反制在战技上还存在缺陷。从战争设计的原则上看,必须将反无人机蜂群作战作为反无人机力量的重要使命任务,提高在无人机蜂群反制作战上的认知力度,深刻意识在当前和未来阶段,这场作战模式的变革对我军装备发展、国防实力提升的重要意义,下大力进行无人机蜂群作战的特性和弱点分析,通过技术牵引驱动和引领战术创新,以此建立反制蜂群的对策措施。

(2)紧盯蜂群反制的战法设计

目前各国对无人机蜂群反制的措施主要集中在技术领域,并取得了一定成果,但单一技术手段恐怕难以应对智能化水平日益提高的无人机蜂群,装备上的革新必须辅以战法上的创新才能形成真正的战斗力。具体到战术运用层面,如何设计多种武器协同的反制单元,如何融入区域联合的防空体系,如何形成连贯有效的战法体系并最终指导实战等问题还存在诸多空白。无人机蜂群反制作战是体系与体系的对抗,需要以联合作战的形式,将各种力量进行有机整合、优势互补,紧盯无人机蜂群作战的弱点,溯源反击,多法并举,不断梳理总结无人机集群和蜂群反制作战的战例启示,总结反制蜂群的基本思路,在加强对要地节点防护措施的同时,必须立足现有武器装备,建立攻防一体的反蜂群作战体系,做好新型战争下的作战机制和战术储备。紧盯强敌无人蜂群作战发展动态,掌握其技术成熟度,研判其当前具备的军事作战能力,为军队进行针对性的反无人机蜂群作战理论与技术研究、战法设计和攻防作战提供对策建议。

(3)拓宽军地协同的集智思路

我国民用无人机的发展异常蓬勃,在商业应用层面积累了丰富的经验。无人机蜂群反制战法的构建离不开技术与实践的融合创新,军方可以通过举办一系列的创新挑战赛,对接技术和战术上的应用需求,激发、激励广大无人机爱好者的参与热情,为新概念、新技术和新战术的演示验证提供展示平台[8]。同时,军方主管部门可广泛开展试验性验证工作,及时将民用技术中的"尖子生""排头兵"吸纳进装备预研和技术开发项目中,"虚位以待",给予"能者"广大的发展空间,将地方科技企业和人才引进来,促进军地联合健康可持续发展。

4 结束语

无人机蜂群正在由概念进入实战,研究应对无人机蜂群的反制战术,仍需不断地深入探索和实践。针对强敌对手在相关领域的技术优势和发展趋势,我们要主动摆脱机械化战争时代僵化的思维定势,充分挖掘和发挥自身优势去打,以能击不能,大力探索和研究无人机蜂群反制的战术战法运用,积极构设空地一体、打捕结合的反制体系,为促进反无人化装备研发与反制对策设计、占领未来战争制高点起到重要借鉴作用。

【参考文献】

[1] 张冬冬,王春平,付强.国外无人机蜂群发展状况及反蜂群策略研究[J].飞航导弹,2021(6):56-62.

[2] 胡乔林,焦士俊,刘剑豪,等.反美军无人机蜂群作战问题研究[J].飞航导弹,2021(12):88-92.

[3] 高显忠,王克亮,彭新,等.无人机粉碎机——硬杀伤式反无人机蜂群关键技术解析[J].国防科技,2020,41(2):33-38.

[4] 闫家鼎,谢海斌,庄东晔.无人机集群对要地防空的威胁及反制对策研究[J].飞航导弹,

2021(7):56-61.

[5] 罗俊,王芝燕.无人机探测与对抗技术发展及应用综述[J].控制与决策,2022,37(3): 530-544.

[6] 姜颖资,宋海博.爆炸冲击波对"低慢小"无人机毁伤效应研究[J].弹箭与制导学报, 2022,42(2):117-121.

[7] 焦士俊,刘剑豪,王冰切,等.反无人机蜂群战法运用研究[J].飞航导弹,2019(8):39-42.

[8] 胡利平,黄晓阳,梁晓龙,等.美军无人机蜂群作战研究动态及应对策略[J].国防科技, 2021,42(4):17-25.

第四部分

外军无人机蜂群/反制技术

美军无人机蜂群发展及作战运用探析

梁海军[1]　马家军[2]　孙浩亮[1]　张　震[1]

(1 陆军指挥学院,南京 210045
2 陆军炮兵防空兵学院,合肥 231200)

【摘　要】 基于无人机蜂群具有的独特作战优势和潜力,美军将无人机蜂群技术作为关键性科技方向进行重点发展,将无人机蜂群作战作为改变未来空天作战的新兴样式进行深入研究探索。通过对美军所启动的"无人机蜂群""低成本无人机集群技术""小精灵""进攻性蜂群使能战术"等项目的研发情况进行系统梳理,分析了美军无人机蜂群作战所具有的 5 个主要优长、4 种编组模式,研究了美军无人机蜂群作战 5 种典型行动,对美军无人机蜂群发展及其作战运用的认识和理解提供一定参考。

【关键词】 美军;无人机蜂群;研发;特点;编组;行动

无人机蜂群作战概念的产生受启发于自然界蜜蜂群居生活,通常指一定规模数量的具备单功能或多功能无人机,在网络信息体系的支撑下,通过信息交互、动作协同,密切配合完成一定任务。美军认为无人机蜂群作战是一种有效应对未来高端对手防空作战体系威胁的新型作战概念,可以集成和放大多个低成本无人作战平台的作战效益,在破袭拒止体系时具有非对称作战优势。

1　美军无人机蜂群研发情况

美军将无人机蜂群作战上升至国家战略,用于支持其"亚太再平衡"战略和第三次"抵消战略",并坚持通过顶层规划进行无人机蜂群发展超前布局,项目牵引推进蜂群技术革新和应用,理论研究支持蜂群作战概念创新,作战实验论证评估作战效能。美军先后发布《2002—2007 年无人机路线图》《无人系统一体化路线图(2013—2038 财年)》《2016—2036年小型无人机系统飞行规划》《2017—2042 财年无人系统综合路线图》《空军 2030 年科技战略》等文件,明确无人机蜂群作战概念,不断推动无人机蜂群发展建设。近年来,美国多家机构参与多项无人机蜂群项目的研发,不断推动无人机蜂群作战从理论设想向作战实践转化。

美国防部战略能力办公室 SCO 于 2014 年 9 月启动"无人机蜂群"项目,旨在探索战机突防后山鹑微型无人机高速发射,验证自决策、自协同等蜂群行为,目前已经进行上百次试验。主要机型为"灰山鹑"无人机,该无人机续航时间 20 min,机长 16.5 cm,质量 0.3 kg,飞行速度 20.8～30.6 m/s,主要采取 F‑16、F/A‑18 等战机投放的发射方式。2017 年 1 月,美军披露使用 3 架 F/A－18 战机释放 103 架该款无人机,演示了在远程控制站的指挥下,蜂群无人机可以进行蜂群编组、集体决策、自适应编队。

美海军研究局 ONR 于 2015 年 4 月启动"低成本无人机集群技术"项目(LOCUST),旨在研究释放一定数量的低成本消耗式无人机,通过蜂群自组网、自协调,完成对某一区域的全面侦察,并可以自主选择特定的体系节点或者重要目标进行打击。主要机型为"郊狼"无人机,该无人机续航时间 1.5 h,机长 0.79 m,质量约 6 kg,主要采取舰基、陆基投放或者发射管发射。无人机蜂群与发射平台一般保持较长的安全距离,可以在不被察觉的情况下远程战略投放,用于执行战场监视、情报侦察和自杀式攻击等任务。

美国防部高级研究计划局 DARPA 于 2015 年 9 月启动"小精灵"项目,旨在探索和研究无人机蜂群的发射、回收、高效控制等,实现无人机的重复使用、灵活运用。主要机型为"小精灵"无人机,该无人机续航时间最长可达 3 h,质量 320 kg,可以采取 C－130 等大型运输机空中平台防区外投放,舰基、潜艇等海基平台或者陆基平台远程投放等多种发射方式。美军设想用于隐蔽迅速渗透至敌防空区内,采取蜂群攻击的方式压制其防空作战体系,通过携带相关的载荷开展电子战、网络战从而瘫痪指通网络,并在完成任务后自主撤出战场,由相应载体回收。从公开情况来看,已经从概念设计、技术发展验证进入第三阶段的飞行验证研究。

DARPA 于 2017 年 1 月启动"进攻性蜂群使能战术"(OFFSET)项目,旨在研发包括无人机在内的无人系统蜂群更有效地规划和控制技术,通过无人系统蜂群的相互协作、协同控制、自适应编组执行赋予的压制防空系统、区域侦察等任务,以期可以在复杂的城市作战环境中发挥重要作用。目前已经进行 5 次"蜂群冲刺"试验,有序推进实现蜂群作战能力、战术运用的突破。

2 美军无人机蜂群作战优长分析

美军认为无人机蜂群可以通过自主、协同等技术聚合小型无人作战平台的作战功能,产生更强更优的作战能力,具有廉价、高效、灵活、抗毁等特点。

(1)模块设计,成本低廉

美军认为,无人机蜂群是应对不断发展的拒止环境威胁的有效手段,可以在国防预算受限的情况下减少对高端装备的更新换代,减少国防采购开支,发挥更大的作战效益。蜂群战术采用的无人机一般机型体积相对较小,一经设计研发成功即可模块化生产,制作成本低廉,损坏后容易补充,相比动辄上百万的导弹经济可承受性强。随着工业自动化生产、3D 等技术的发展,制作成本还会更低。美军 2017 年初公开的无人机蜂群项目试验所投放的"灰山鹑"无人机,即为 3D 打印的无人机,耗费较低。

(2)平台隐身,行动突然

美军在无人机蜂群平台的发展上注重微小型化、隐身化,比如在平台无人机制作上涂抹特殊的膜或者采用特殊复合材料降低红外可探测性,此外平台无人机电磁辐射信号比较弱、飞行噪音比较低,难以被光学、雷达、红外、声学等各种探测设备发现。一般发射平台抵近作战前沿甚至战略纵深进行投放,蜂群的投放方式灵活多样,来袭方向不确定,使得无人机蜂群可以隐蔽突然地实施行动,高效作战。

（3）自主控制,编组灵活

从美军典型无人机蜂群发展情况可以看出,无人机蜂群被释放后可以围绕特定的作战任务,根据一定的预编程序、组网协议进行自主行动、灵活编队,模块化组成担负不同任务的"联合体",在统一指控平台的控制下,执行情报侦察、火力打击或电子对抗等任务。如"小精灵"无人机可以自协同、自适应编队,实施对指定区域的全面侦察,并根据一定指令展开对特定目标的饱和打击。

（4）规模数量,聚优释能

无人机蜂群作战的显著特点是并行作战的平台数量众多,突然展开行动,能够在短时间"以量增效",对方在未能提早预警时,防御体系作战任务瞬间饱和,难以有效组织侦察、定位与跟踪,无法进行全覆盖火力拦截与毁伤。美军"山鹑"无人机蜂群、"郊狼"无人机动辄出动数百架平台无人机,从来袭目标数量看,防御方匹配拦截有一定压力。

（5）集群复原,群体抗毁

美军在无人机蜂群研发时,注重无人机蜂群作战体系效能发挥的抗毁性、稳定性、持久性。蜂群中部分无人机受损,不影响蜂群整体作战效能,剩余的无人机根据自组网协议、自适应编组要求等,在信息网络的支持下,迅速组成新的无人机蜂群,保证作战能力的连续性,具有较强的战场应急"恢复"能力。蜂群作战体系运转相对稳定,去中心化设计,适合执行有严密防御体系的要害目标的持续侦察、进攻战斗等。

3　美军无人机蜂群作战编组模式

为充分发挥无人机蜂群的作战优势,美军针对不同的作战任务、打击目标,区分无人机蜂群作战性能不同、携带载荷不同、协同方式不同,采取相应的作战编组以弥补单体无人机的不足,保证作战效能。

（1）基于自主协同的单构编组

一定数量的相同平台无人机携带相同的任务载荷所形成的"蜂群"编组。这种无人机蜂群主要靠多增效,便于指挥控制、自主行动。"蜂群"内单体无人机损坏易得到及时替代或补充,无人机蜂群作战能力"自愈"速度快,便于连续作战。"蜂群"内部无人机通过相对简单的信息交互、任务协议即可实现行动协同,蜂群算法、行动模型等相对简单,适合执行单一作战任务,比如区域侦察、饱和打击等任务。单构编组示意图如图1所示。

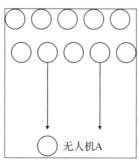

图 1　单构编组示意图

（2）基于内聚外联的异构编组

由不同单体的无人机或者相同的单体无人机携带不同的任务载荷组成的"蜂群"编组，无人机蜂群内部单体无人机优势互补、分工明确，依托特定交互协议、作战指令，由不同的发射平台依次投放，通过"蜂群"自组网自适应进行组网，或者由不同的发射平台同时投放，在网络信息体系的支撑下行动，指控终端远程控制下围绕特定作战目标进行作战。美陆军于 2022 年 4 月 25 日至 5 月 13 日在犹他州某试验场组织的"试验性验证网关演习"中，从地面和空中不同作战平台，分个批次发射 30 架交互式无人机蜂群用于在不同的任务阶段执行不同的作战任务。异构编组示意图如图 2 所示。

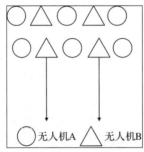

图 2　异构编组示意图

（3）基于人机配合的联动编组

将无人机蜂群嵌入有人作战体系，形成常规有人作战力量与无人机蜂群有机配合的联动作战编组，实现二者的优势互补，根据有人作战力量与无人机蜂群的作战性能在编组中分配不同的作战任务。比如无人机蜂群可以先行抵近作战前沿进行情报侦察，通过信息链路实时回传信息，吸引对方防空雷达开机探测甚至防空火力打击，有人作战力量在地面或者空中防御体系的威胁消除时，迅速出动进行高效、安全地作战。联动编组示意图如图 3 所示。

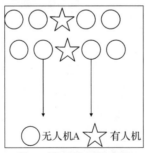

图 3　联动编组示意图

（4）基于云网互联的混合编组

有人作战力量、搭载不同任务载荷的无人机蜂群，依托广域分布的"作战云"、互联互通的信息链等构成混合作战编组，不同形态的作战力量属于不同的作战功能模块，既能发挥人的主观直觉判断优势，进行实时纠错，又能发挥无人机蜂群无畏作战、稳定作战、威慑作战、饱和作战的效益，各个功能模块的作战优长得到充分发挥，可以产生高效、灵活、多样的战法。但是对于协同控制、人机交互等要求较高，是无人机蜂群发展相对高级阶段的结果。混合编组示意图如图 4 所示。

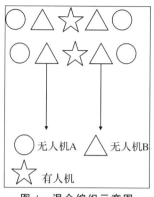

图4 混合编组示意图

4 美军无人机蜂群作战典型行动

从美军披露无人机蜂群的技术革新、试验演示、发展趋势等情况,可以推测其无人机蜂群的典型行动。

(1)渗透抵近侦察行动

美军无人机蜂群内平台个体大多是微小型无人机,机体雷达反射截面小,具备良好的隐身性能,比如美军"山鹑"无人机,机身长不足20 cm,单架质量不足0.5 kg,现有地面防空预警探测体系难以远程发现、跟踪。无人机蜂群凭借自身低可探测性可以秘密渗透、分散抵近至作战前沿、战略纵深、要害区域等处,利用携带的电子、光学、红外等侦察载荷,探察任务区域地形、作战部署等,全面感知战场态势,并将情报信息实时通过高速传输链路传回,为作战行动提供可靠情报保障,也可以引导空中战斗机、无人攻击机等发射精确制导弹药打击体系节点。

(2)迷盲诱骗扰乱行动

现代防空作战体系针对战斗机、武装直升机等已经具备相对成熟的预警探测、毁伤拦截技战术,强行突入防空方搭设的严密火力网可能会遭受较大损失。无人机蜂群生产成本相对较低,空袭方在发起进攻前可以通过载机发射一定数量的无人机蜂群,充当诱饵消耗对方的弹药,降低其作战潜力;或者飞临敌阵地周边,模拟电磁辐射信号诱骗对方雷达开机,使其暴露自身力量部署、位置参数,随后使用反辐射导弹将防空体系雷达定点清除,让其防空导弹无法发现跟踪目标;或者无人机蜂群与战斗机混合编组,混合打击,让防御方难以精确辨别,无法有效确定打击目标。

(3)分布信电支援行动

美军无人机蜂群根据任务需要、机身性能可以搭载通信、电子战等载荷,用于执行通信中继、电子对抗等作战任务。无人机蜂群投放至任务地域后,智能感知通信质量缺陷后,可以迅速自适应组网,建立稳定互联的全覆盖面状通信中继节点,具有抗干扰能力强、中继信道多等优点,以接力通信的方式延展通信距离、恢复通信网络,保证指挥链路的可靠高效。无人机蜂群可携带电子战设备、电磁脉冲弹等,抵近防御方作战前沿压制、干扰其预警探测体系、信息化指控系统,掩护后续突击行动。

(4)联动自主打击行动

从美军无人机蜂群作战能力发展来看,其无人机蜂群在智能化网络信息体系的支撑下,携带相应的载荷,能够智能自主感知战场态势,自主规划决策,自主交互协同,自主共享情报,根据作战进程、目标性质、毁伤要求等,可以动态自适应自修正编队,自主调整攻击任务,联动响应,优化打击清单,动态聚能,对敌实施多维度、多方向的攻击,或充当自杀式武器集群攻击重要目标。

（5）饱和毁瘫拦截行动

借助无人机蜂群自主识别、侦察一体、数量众多的优势,当面临敌方无人机蜂群袭扰时,为掩护要害目标或者重要行动,投放己方反制无人机蜂群,以"集群"对"集群"的方式毁伤拦截,解决常规防御武器装备难预警探测、难跟踪定位、难饱和拦截的问题。美军无人机蜂群具有模块设计、即插即用的特点,可根据作战需求,在蜂群内部灵活配置情报侦察、信息处理、火力打击等任务模块,形成兼顾兵力突击与毁伤拦截功能的饱和火力打击网,部署于陆基、海基、空基等平台,依令实施饱和拦截或支援其他行动。

5 结语

无人机蜂群是美军作为改变未来作战"杀伤链"设计、打破区域拒止环境的一项重要新型作战力量,是其实施非对称作战的一道伏兵,正大力推进作战概念开发、作战能力验证和运用方式探索。无人机蜂群融合了集群化、智能化、无人化等多重技术优势,是无人机作战的重要发展方向,作战运用前景广阔,具有较大的作战潜能,在战场侦察、协同打击、饱和进攻、欺骗迷盲等方面具有独特优势,是影响战争形态演变的重要因素。随着无人机蜂群相关技术的迅速发展,作战理论的不断完善,无人机蜂群将推动改变战争规则。必须动态关注以美军为典型代表国家的无人机蜂群发展和作战运用情况,系统掌握其发展态势,及时寻求应对之策,抢占未来战场无人机蜂群对抗主动权。一方面加强我无人机蜂群建设发展,充分借鉴美军无人机蜂群发展经验,提高对无人机蜂群战术的理解,鼓励作战概念创新和作战理论研究,深研无人机蜂群制胜机理,大胆突破装备平台、智能算法、支撑数据等方面的技术瓶颈,及时占领无人机蜂群技术高地,并紧前进行验证、列装,促进战斗力转化生成,实现追赶和反超;另一方面高度重视反无人机蜂群作战问题,充分预研预判无人机蜂群作战在不同场景下所带来的主要威胁和作战运用形式,瞄准无人机蜂群技术"软肋",系统加强我反无人机蜂群能力和条件建设,改进和优化预警探测体系,融合整合情报侦察资源,实现不同军兵种间、军民间情报侦察信息共享,全面加强低空空域管理,建立预警报知机制,解决"看不见"的难题,大力发展微波、激光等新机理武器装备,探索"软""硬"杀伤相结合的作战原理,深入研究反无人机蜂群作战理论,解决"打不着""防不起"的问题。

【参考文献】

[1] 万华翔,张雅舰.蜂群无人机系统对战场环境的影响及对抗技术研究[J].飞航导弹,2019(4):68-72.

[2] 李丰雨,曹文涛.反无人机"蜂群"作战难题如何破[N].解放军报,2020-9-15.

[3] 王彤,蒋琪,李磊.国外无人机蜂群电子战发展动向分析[J].外军信息战,2021(2):39-44.

[4] 胡利平,黄晓阳,梁晓龙,等.美军无人机蜂群作战研究动态及应对策略[J].国防科技,2021(4):18-25.

外军无人机蜂群技术研究现状及发展趋势分析

徐　敏　张东福　韩雅慧　谢　岳　朱　迪

(陆军航空兵学院 航空机械工程系,北京 101100)

【摘　要】将数量众多的无人机通过开放式架构有机组合到一起涌现群体智能的无人机蜂群,能够完成敌情侦察、战场控制、高效打击、毁伤评估等复杂任务,具有作战能力强、非对称效益好、环境适应性强的突出优点,是未来战争形态。外军尤其美军自 20 世纪 90 年代末期起开始了无人机蜂群的研究,并开展了一系列概念完善和技术积累工作。梳理了美军在蜂群无人机领域的顶层规划,跟踪了该领域典型项目的最新进展。从无人机蜂群战术、关键技术以及成本控制方面对无人机蜂群的未来发展趋势进行了展望。

【关键词】无人机;蜂群;现状;趋势;作战模式

引言

近年来,随着分布式系统理论、人工智能、信息论、大数据技术、网络技术、通讯技术等理论的发展与应用,无人机蜂群也由理论逐步走向现实,并在实战中登台亮相。例如,2018年 1 月 5 日,叙利亚反对派发射了 13 架携带了"爆炸装置"的无人机,组成无人机蜂群攻击叙利亚境内的俄罗斯赫梅明空军基地和塔尔图斯海军补给基地;2019 年 9 月 14 日,胡塞武装发射了由 10 架无人机组成的无人机蜂群,袭击了沙特境内的两处炼油厂,导致原油日减产达 570 万桶,引起全球关注。美国学者 John Aguilar 和 David Longfield 在其著作《蜂群战术与未来冲突》中指出,蜂群战将是继混战、集结战和机动战后的第四种冲突形态,也是最复杂、最高效、容错率最低的战争形式,这主要是因为,无人机蜂群能够通过能力互补的个体之间自组织、自协同,打通了"敌情侦察－战场控制－高效打击－毁伤评估"链路;同时通过信息交互、自主组合、群体突防,进而实现有效的饱和攻击。无人机蜂群战术完全颠覆了以功能集成、成本高昂的作战指挥平台为核心的作战样式。因此,对无人机蜂群技术现状及反蜂群策略进行研究具有重要意义。

1　无人机蜂群的概念及特点

无人机蜂群是指由数量众多的无人机组成的作战体系,其以多样化的单台无人机能力为基础、以协同合作能力为纽带、以群体智能为内核,通过开放式架构实现系统自组织,具有功能强、成本低、战场适应性强的突出优点。

1.1 自组织、自协调，作战能力强

(1)个体功能分布化

以 F-35 等为核心的作战平台，携带荷载集中，具有高度内聚、缺乏耦合的特点，部分功能受损极易导致整个系统瘫痪。而无人机蜂群系统侦查、控制、打击、评估等各功能则分散在各异构的小型无人机中，呈现出个体功能分布化的特点，并通过自协调、自组织实现整个系统的复杂功能。

(2)决策算法集群化

无人机蜂群的个体功能简单，但是各单体无人机之间却可以通过人工蜂群算法、遗传算法等实现决策集群化。在环境复杂、求解速度要求高的战场环境中，实现自适应组织；在部分个体功能受损的情况，实现任务自主协调。

(3)集群系统智能化

无人机蜂群依托自组织、自协同的网络，往往可以在局部战场实现"蝗灾"般的饱和攻击。一方面无人机蜂群可以有效提升己方的态势感知能力，另一方面其可以对敌方的预警系统和防空系统形成有效阻塞。通过无人机间的功能动态重组、信息实时交换、集群协同突防，实现集群系统的智能化，功能复杂化，最终实现高强度对抗环境下的饱和攻击。同时，当单架无人机受损时，无人机蜂群系统可进行功能重新分配，不影响系统整体功能，进而有效提高任务的成功率。例如，黄勇在 2020 年 1 月发表的《舰载近防武器对无人机蜂群的拦截分析》所做的研究表明，30 架无人机组成的蜂群，平均有 13 架无人机能够突破"宙斯盾"舰载近防武器系统的拦截。无人机蜂群集群系统智能化还表现在其可执行灵活多样的作战任务，包括预警侦查、充当拦截诱饵、有效打击以及作战效能评估等。

1.2 成本低、利用率高，非对称效益好

美国洛马公司前负责人提出了著名的"奥古斯丁定律"，即美国军费呈线性增长甚至不增长，美国舰机单价却呈指数增长。而组成蜂群的无人机的一个突出优点就是单机造价低。例如美国的郊狼无人机每台采购价不足 1 万美元；AFRL 编群战术空间所使用的无人机单价仅为 1 千～1 万美元；进行了两年实验的上百架灰山鹑无人机的综合成本也仅为 2 000 万美元。与之形成鲜明对比的是，一枚小型空射诱饵的造价约为 30 万美元，而一枚地空导弹的价格动辄上百万美元，甚至上千万美元。以上价格仅仅是无人机项目研发阶段的价格，相信随着技术和材料发展，价格还存在很大的压缩空间。

无人机还具有可回收再利用，重新布置任务，再次投入战场的能力。例如，美国"小精灵"无人机的设计寿命是循环利用 20 次。另外，不同于有人机作战过程中，受人员工作强度限制，飞机常处于间断工作状态，利用率不高，无人机常常可以长时间连续高强度工作，持续作战能力更强。

无人机蜂群实现有效、饱和攻击的核心能力在于软件和算法，不依赖于个体所携带的载荷性能，因此蜂群无人机可携带低成本载荷，从而降低平台成本。防守方为对无人机蜂群造成有效杀伤，需要投入高价值的雷达、火力打击等手段，且其工作强度趋于饱和，甚至动用造价上百万美元的防空导弹，这使得无人机蜂群体现出明显的非对称效益。

1.3 开发快、发射简单,战场适应性强

相较于 F-35 等多功能高端战绩,蜂群无人机由于每架无人机功能单一,所以开发成本和周期都要短很多,表现为蜂群无人机开发实验过程中对环境变化不敏感。

蜂群无人机对发射的要求也比较少,无论飞机还是汽车均可作为发射平台,发射方式可以选择弹射、伞降、投掷等各种方式。发射过程操作简单、维护保障需求少。

蜂群无人机虽然单机功能简单,但是可以存在多种功能的无人机,相互之间通过蜂群算法等实现自协调、自组织,进而实现系统的复杂功能。这一工作机理使得,无人机蜂群对单机功能受损表现不敏感,也就是具有较强的战场环境适应性,能广泛应用于海岛争夺、城市巷战、高空侦查等各种战场环境。

2 外军无人机蜂群技术研究现状

在 20 世纪 90 年代末,美国最先开始考虑蜂群作战的可能性,并提出了无人机蜂群作战的概念和理念。目前,在无人机蜂群技术方面,美军走在了前列。

2.1 美军无人机蜂群技术发展现状

2.1.1 美军无人机蜂群领域战略布局

美军在无人机蜂群方面的战略布局关键节点如表 1 所示。早在 2000 年,美国国防部预先研究计划局(DARPA)就启动了无人机集群空中战役研究计划。两年后的 2002 年,美国空军研究实验室(AFRL)对无人机蜂群作战效能进行了研究。2014 年,美国提出了"第三次抵消战略",明确了保持美军技战术领先的战略规划,其中包括通过分布式无人机蜂群自组织、自协调的方式分解高内聚作战装备功能,进而达到降低装备成本、提高装备在战场上的抗毁性、适应性和灵活性的目的。美国空军分别在 2015 年、2016 年和 2019 年分别提出无人机蜂群的作战概念,并持续推进无人机蜂群项目向前进展。

表 1 美军无人机蜂群战略布局

序 号	时 间	内 容
1	2000	DARPA 启动无人机集群空中战役研究计划
2	2002	AFRL 研究无人机集群作战效能
3	2014	在"第三次抵消战略"中,提出分布式作战概念
4	2015	《空军未来作战概念》提出无人机蜂群作战概念
5	2016	《2016—2036 年小型 UAV 系统飞行规划》进一步阐述无人机蜂群的概念
6	2019	《2030 科技战略》提及蜂群系统在"复杂性、不可预测性和大规模"战略能力中的地位

2.1.2 美军无人机蜂群典型项目进展

(1)"小精灵"无人机项目

美国国防部预先研究计划局(DARPA)于 2015 年推出了"小精灵"无人机项目,旨在验证无人机空中发射/回收技术。项目周期约为 4 年,分多阶段展开。第一阶段主要进行概念设计和论证,由 Dynetics 公司、通用原子公司、Kratos 公司和洛马公司联合于 2016 年 3 月

承接合同,项目金额 1 610 万美元。2016 年 9 月,举行的美国空军协会年度会议上,通用原子公司展示了"小精灵"无人机概念模型。第二阶段主要对第一阶段的设计概念进一步完善,并综合考虑"小精灵"无人机蜂群的作战能力、可行性、经济性等方面。DARPA 选择 Dynetics 公司和通用原子公司作为第二阶段的合作方,研发周期约为 1 年。2018 年,DARPA 选择 Dynetics公司作为第三阶段的合作伙伴,主要进行"小精灵"无人机蜂群的飞行试验验证,项目周期为 1 年 9 个月,合同金额 3 860 万美元。2019 年 11 月,"小精灵"无人机从 C-130 运输机上成功发射,飞行了 101 分钟。不过此次试验中,"小精灵"无人机并未采用空中回收方案,而是采用了伞降回收方案。然而在回收过程中,由于主降落伞未成功打开,导致"小精灵"无人机坠毁。下一阶段,将进一步开展空中发射/回收试验。

(2)"灰山鹑"无人机项目

麻省理工学院林肯实验室的学生于 2010 采用 3D 打印技术设计了采用全复合材料、锂电池推进微型无人机,并成功进行了飞行试验。该无人机投放质量 300 g,长 16.5 cm,翼展 30 cm,续航时间 20 min,飞行速度 75~110 km/h。美国战略能力办公室(SCO)于 2014 年启动"无人机蜂群"项目后,选择了以上微型无人机,并命名为"灰山鹑"。该项目旨在验证无人机蜂群地空姿态感知能力和干扰任务执行能力。美国防部披露的"灰山鹑"无人机项目最新试验情况为:三架大黄蜂战斗机 F/A-18F 于 2017 年在加州中国湖实验场,在 692 km/h 的飞行速度下,投放了 103 架"灰山鹑"无人机。在地面站指挥下,"灰山鹑"无人机蜂群在无预设程序的条件下,通过共享位置、速度、状态等信息,通过集群决策实现自组织、自协调、自适应编队飞行,并顺利达到预定目的地。

(3)无人机蜂群攻击战术项目

无人机蜂群攻击战术(OFFSET)项目由 DARPA 于 2016 年设立,并于 2017 年 1 月 27 日公开发布了项目招标书。项目旨在研究城市环境中无人机蜂群战术、有人-无人协同交互技术以及软硬件集成等关键技术。项目要求每种蜂群战术的开发时间小于 9 天,评估时间小于 15 min,部署时间小于 1 min。OFFSET 项目分三个阶段展开,第一阶段的目标是用 50 架(台)无人机(无人车)成功定位一个目标,该阶段合同由雷声 BBN 技术公司和诺格公司于 2017 年 10 月获得。第二阶段的目标是使用 100 架(台)无人机(无人车)在城市巷战中进行一次攻击,该阶段的合同由 Charles River Analytics 公司于 2018 年 6 月获得。第三阶段的目标是用 250 架(台)无人机(无人车)成功抢占城市中的一片区域,并最终实现在城市多个街区中执行 6 小时的任务。2022 年 1 月 11 日,雷声 BBN 技术公司雷声 BBN 技术公司领导的团队支持了 OFFSET 项目的第 5 次实地演示。此次演示中,蜂群由 130 架实物无人机平台和 30 架模拟无人机平台组成,由一个操作员在城市环境中控制,如图 1 所示。

(4)"空中拖网"项目

2016 年 9 月 13 日,DARPA 发布了"空中拖网"项目。该项目通过在分布式无人机平台上搭载光学、声学以及高性价比雷达等各种传感器,对城市复杂环境进行监视,并保持对低空慢速移动的(蜂群)无人机进行超视距监视和跟踪。该项目不仅可以为海外城市作战的战士提供保护,还可以为城市反恐提供助力。2021 年 4 月,该项目在弗吉尼亚州人口密集的城市进行了试验验证,DARPA 将继续寻找合作伙伴推进该项目。

图1　OFFSET项目第五次实地演示

2.2　欧盟及英国无人机蜂群技术发展现状

2016年9月,英国国防部组织了主题为"无人机蜂群"的竞赛,比赛中,多支参赛队伍实现了协同通信、集群干扰、视觉共享、区域侦测及目标跟踪等目标,赛事达到了既定目的。同年年底,欧洲防务局起动了"欧洲蜂群"项目,开展无人机蜂群关键技术研究,聚焦于集群决策算法、视觉协同以及网络共享等核心技术。由欧盟委员会信息社会技术计划提供资金支持的异构无人机实时协同与控制项目(COMETS)则聚焦于创建可行的无人机蜂群分布式控制架构,实现分布式图像与信息感知集成,进而实现异构无人机蜂群协同探测和监视。由欧盟委员会信息通信技术计划提供资金支持的面向安全无线的高移动性协同工业系统的估计与控制项目(EC-SAFEMOBIL)于2011年起动,旨在开发实现高动态无人机蜂群协同控制与行为预测的技术,最终实现无人机蜂群跟踪监视复杂环境中的目标时,能够协同工作。

2.3　其他国家无人机蜂群技术发展现状

俄罗斯一直在无人机蜂群领域持续发力,早在2016年7月,据俄罗斯塔斯社报道,将于2025年公布的下一代战斗机方案飞行速度可达4~5 Ma,且能指挥5~10无人机蜂群进行协同作战。次年,俄无线电子技术集团对外发表了新型作战样式,在该作战样式中,无人机蜂群与战斗机通过无人-有人联动,实现协同侦查和攻击。两年后的2019年,俄罗斯茹科夫斯基空军工程学院在莫斯科Interpolitex—2019安全展览中展示了名为"Flock 93"的无人机蜂群作战概念。按照构想,该无人机蜂群将有100余架无人机组成,无人机可垂直起降,射程超150 km,可携带2.49 kg的爆炸物,蜂群无人机间可以协同工作,配合无间的共同攻击地面车队等目标。除了俄罗斯外,韩国陆军也于2017年宣称将大力发展无人机蜂群战术,用于协同侦查、饱和攻击。

3　无人机蜂群技术发展趋势

无人机蜂群中大量的同构或异构无人机,以开放式架构为骨骼,以交感网络为神经,以群体智能涌现为大脑共同构建的有机整体。要实现各无人机间的协同工作,自主组织,还面临着很多难题需要攻克。展望未来,无人机蜂群作战的发展趋势主要如下。

3.1 攻坚克难,突破无人机蜂群关键技术

(1)自组织网络通信技术

蜂群无人机携带有多种载荷,包括图像传感器、通讯模组、雷达、攻击模块等。为完成复杂任务,无人机蜂群需要确定各自位置、目标位置、健康状况、续航能力等各种战场环境信息及自身信息,并实时进行信息交互,这些功能的实现依赖于实时、智能、可靠的网络通讯。目前无人机蜂群间的通讯形式是:单无人机通过机载通讯链路与地面控制站之间通讯,蜂群节点间的通讯多采用以地面控制站为中心的集中式网络架构[2]。这种通讯模式受限于单机性能以及通讯带宽的影响,无法满足蜂群内部大数量的通讯要求。因此,智能自组织网络通讯技术将是无人机蜂群需要重点攻克的技术难题之一。

(2)环境态势感知与认识技术

无人机蜂群态势感知与认知能力是实现集群决策的关键。蜂群内的无人机携带多种传感器,通过发展较为完善的多源信息融合技术,可以实时获得动态变化的战场情报。但是环境态势感知、认知与判断还完全依赖作战人员,这就不可避免的导致关键情报遗漏或认知偏差进而导致灾难性后果。环境态势感知与认识技术对算力提出了很高的要求,这需要解决两大问题:一是如何利用蜂群各无人机的硬件平台、数据交换、分布式算法等搭建的分布式计算环境;二是在多源信息融合技术的基础上,发展态势感知和环境认知算法。

(3)多主体任务规划、协同决策技术

集群任务规划及决策是无人机蜂群的核心能力。不同的任务在作战目标、时序约束、任务要求等方面存在显著的差异性,并且任务之间可能存在约束关系,因此如何规划最优作战策略显得尤为关键[3]。例如,根据作战任务特点和自身状况评估,生成任务模型与计划,在保证任务成功率的基础上,兼顾费效比。

(4)蜂群无人机战场投放与回收技术

受限于蜂群无人机的载荷能力与体积,其续航能力一般较弱,如何在短时间内快速投放大量无人机,使其在短时间内组成蜂群、形成战斗力,对于保证无人机蜂群足够的任务执行时间具有重要意义。在任务完成或被迫终止时,快速、安全的对幸存无人机进行回收,能够有效降低无人机蜂群的作战成本。无人机蜂群在投放和回收时,如何保证投放回收平台的安全也是需要重点关注的问题。

3.2 创新战术,充分发挥无人机蜂群技术优势

关于技术与战术的关系,恩格斯曾有过精辟的论断:"一旦技术上的进步可以用于军事目的,并且已经用于军事目的,它们便立刻几乎是强制的,而且往往是违反指挥官的意志,而引起作战方式上的改变,甚至变革"[1]。虽然技术可以决定战术,但是战术的优劣却可以决定技术的力量是不是可以得到充分的发挥。因此创新无人机战术,使得无人机蜂群的战斗力得到充分发挥具有重要意义。

与网络云类似,德普图拉提出的战斗云概念与无人机蜂群具有天然亲和性。战斗云强调空中、地面、海上与太空的信息共享,作战一体。在无人机蜂群中,则依靠异构的无人机间的数据实时分发共享,实现侦查、跟踪、打击、评估一体的云链杀伤。

3.3　降低成本,扫清蜂群无人机蜂群技术普及障碍

(1)提高单机智能水平,降低人力成本

将一系列有机构成的单任务无人系统组合成复杂、多任务的蜂群,如果单任务无人系统缺乏自主性,将会是致命性缺点,因为任何缺乏自主性的平台,都需要操作人员来控制,那么由人员产生的成本将会是高昂的,无人系统蜂群作战就将失去意义[4]。提高单机智能水平,不仅降低了对作战人员能力和数量的要求,还会有效降低蜂群内通讯的数据量,并降低对蜂群内带宽的要求,进而降低无人机蜂群的作战成本和提高其作战能力。

(2)采用模块化设计,降低研发生产成本

蜂群无人机形成压倒性优势需配备大量无人机,同时,执行不同的作战任务又对无人机性能提出不同的要求,因此,低成本和模块化将是蜂群无人机平台的未来发展趋势[5]。在设计研发阶段,基于功能分解和聚类分析,分别设计功能模块和通用模块,不同的模块之间采用标准接口,保证组装的快速性和便捷性。同时软件开发过程中,采用 DBM(Design Based Model)策略可有效缩短开发时间提高开发效率。同时开发开放式、标准化的软件架构,也可提高软件开发水平和模块化水平。

4　小结

本文在分析了无人机蜂群的概念及作战特点的基础上,对美军、欧盟和英国、其他国家在无人机蜂群领域的研究现状进行了梳理,重点研究了美军在无人机蜂群方面的进展,包括战略布局以及典型项目进展两方面。重点项目介绍了小精灵项目、灰山鹑项目、OFFSET项目以及空中拖网项目,这些项目显示出美军在无人机蜂群战法创新、关键技术攻坚、实验验证等方面的布局。在此基础上,从无人机蜂群战术、关键技术以及成本控制方面对无人机蜂群的未来发展趋势进行了展望,希望能为无人机蜂群的发展提供一定的启示和借鉴意义。

【参考文献】

[1] 杨中英,王毓龙,赖传龙.无人机蜂群作战发展现状及趋势研究[J].飞航导弹,2019(5):34-38.

[2] 罗阳,巩轶男,黄屹.蜂群作战技术与反制措施跟踪与启示[J].飞航导弹,2018(8):42-48.

[3] 焦士俊,王冰切,刘剑豪,等.国内外无人机蜂群研究现状综述[J].航天电子对抗,2019(1):61-64.

[4] 许彪,张宇,王超.美军无人系统蜂群技术发展现状与趋势分析[J].飞航导弹,2018(3):36-39.

[5] 董宇,高敏,张悦,等.美军蜂群无人机研究进展及发展趋势[J].飞航导弹,2020(9):37-42.